CONSTRUCCIÓN DE EMBARCACIONES EN PLÁSTICO REFORZADO

EDUARDO E. SICILIANO
Técnico Naval

CONSTRUCCIÓN DE EMBARCACIONES EN PLÁSTICO REFORZADO

El presente es una copia completa de la edición 1986 de CONSTRUCCIÓN DE EMBARCACIONES EN PLÁSTICO REFORZADO.

LIBRERÍA Y EDITORIAL ALSINA
PARANÁ 137 Ciudad Autónoma de Buenos Aires
Tel. 54 11 4373-2942
Telefax 54 11 4371-9309
info@lealsina.com
www.lealsina.com

Paraná 137 – C1017AAC Ciudad Autónoma de Buenos Aires-Argentina
Tel. 54 11 437391242 – Telefax 54 11 4371-9303
info@lealsina.com
www.lealsina.com

Queda hecho él deposito que establece la ley 11.723

IMPRESO EN ARGENTINA

ISBN 10: 950-553-137-0
ISBN 13: 987-950-553-137-0

Siciliano, Eduardo
Construcción de embarcaciones en plástico reforzado - 1a ed. - Buenos Aires : Librería y Editorial Alsina, 2006.
399 p. ; 0x0 cm.

ISBN 950-553-137-0

1. Embarcaciones en Plástico Reforzado-Construcción. I. Título
CDD 623.820 2

Fecha de catalogación: 17/02/2006

PRÓLOGO A LA CUARTA EDICIÓN

En el prólogo de las anteriores ediciones de Construcción de Embarcaciones en Plástico Reforzado, hacíamos referencia " creciente interés despertado en los últimos años por la navegación deportiva como consecuencia de la aplicación de los plásticos reforzados en la construcción naval menor ".

En estas dos décadas transcurridas, mucho se ha avanzado en la materia.

El conocimiento de nuevas técnicas de construcción empleando materiales como las resinas epóxicas y laminados a base de fibras de carbono de altísima resistencia mecánica, fueron poco a poco incorporando los P.R.F.V. a la fabricación de prototipos de esloras cada vez más importantes ya sea para fines deportivos o mercantes.

No obstante, la construcción de pequeñas embarcaciones empleando este tipo de material continúa vigente en algunas regiones de nuestro país, llevada a cabo por aficionados que hacen de esta artesanía, un hobby o un eventual medio de subsistencia.

Sobre esta base se concretó la reedición de esta obra. Muy poco se ha cambiado en lo que su contenido se refiere, priorizando que sea accesible al aficionado medio, generalmente ávido de resoluciones desprovistas de técnicas complicadas.

Como decíamos hace veinte años, nuestros anhelos quedarán satisfechos en la medida en que la misma pueda prestar una ayuda, a la vez que constituya una fuente de consulta para concreción de sus inquietudes.-

EL AUTOR

INDICE

CAPITULO PRIMERO

GENERALIDADES SOBRE EL MATERIAL

El rápido desarrollo de los plásticos en estos últimos años, ha contribuido en gran parte, a que se modificara la tendencia de emplear determinadas materias primas durante el proceso de fabricación de elementos de uso habitual en la vida del hombre, substituyéndolas con otras, nacidas como consecuencia de constantes investigaciones científicas y técnicas, entre las cuales los materiales plásticos ocupan un lugar privilegiado.

La construcción naval, no ha podido dejar de ser influenciada por este proceso evolutivo, y como resultado de esta evolución, sus cánones tradicionales se han visto alterados en la medida que la madera, así como también el hierro y el acero, usados durante décadas y casi con exclusividad para la construcción de embarcaciones, fueran éstas deportivas o para servicios especiales, han sido poco a poco desplazados por otros materiales cuyas propiedades físicas y mecánicas igualaban y hasta superaban a los reconocidos hasta hace unos años como insustituibles para la industria de las construcciones navales.

Consecuentemente, el descubrimiento y la posterior industrialización de los plásticos reforzados con fibras de vidrio, ha sido el punto de partida de un gran desarrollo industrial verificado en muchas de las ramas de la moderna tecnología, al punto que en la actualidad, se fabrican con este material, embarcaciones de todo tipo, carrocerías para vehículos, casas rodantes, tanques de nafta y combustibles diversos, vagones tanques para el transporte de líquidos, tuberías para el transporte de materiales corrosivos, piletas de natación, elementos de propaganda y decoración, y una extensa gama de elementos y aplicaciones que sería prácticamente imposible de enumerar dada la diversidad de los mismos.

La consecuencia más notable, en lo que al campo de la navegación deportiva se refiere, lo constituyó el lanzamiento al mercado internacional, de embarcaciones menores construidas casi íntegramente con plásticos reforzados.

La gran aceptación que obtuvo este tipo de embarcación, característico, destinada fundamentalmente a la navegación de placer, y cuyas cualidades han sido objeto de profundos ensayos y son hoy bien conocidos entre sus usuarios, posibilitó que en países que cuenten con un avanzado proceso industrial, se destinaran grandes capitales a los efectos del montaje y consecuentemente de la explotación de astilleros dedicados específicamente a la construcción en serie de este tipo de embarcaciones, lo que por otra parte, ha permitido y justificado la instalación de pequeñas industrias subsidiarias dedicadas especialmente a la reparación de las mismas.

Consecuentemente con ello, y como resultado de posteriores ensayos, se volcaron las experiencias acumuladas, en la construcción de

El reducido peso relativo de una embarcación construída en plástico reforzado, hace que sea susceptible de ser transportada sobre casi cualquier automóvil.

Foto gentileza de Outboard Marine Corp.

barcos de dimensiones mayores, al punto que en la actualidad se encuentran navegando cruceros y veleros oceánicos, y hasta buques para la pesca de altura cuyas esloras superan los 30 metros, y cuyo casco y elementos principales están manufacturados usando como materia prima los plásticos reforzados con fibras de vidrio.

Si se pretendiera hacer una generalización sobre la constitución de estos materiales plásticos, podría decirse que los mismos comprenden productos compuestos formados por determinadas resinas sintéticas de termo fraguado o termoendurentes, llamadas así porque durante el proceso del moldeo y en combinación con otros elementos que se adicionan en forma conveniente, pasan por una reacción química llamada de polimerización sufriendo una transformación irreversible, lo que hace que una vez obtenido el endurecimiento completo de las mismas, se mantengan en el estado físico resultante en forma casi indefinida.

Durante la fabricación de las piezas de fibra de vidrio, que fundamentalmente está referida al proceso del laminado de las mismas, dichas resinas, que hacen el papel de aglutinante, son complementadas con fibras de vidrio textil u otros materiales fibrosos apropiados, los que actúan a manera de elementos de armado y refuerzo.

Aunque existe una gran variedad de resinas termoendurentes o termofraguantes, cada una de las cuales posee sus propiedades intrínsecas, las más corrientemente usadas para la construcción de embarcaciones, son las resinas poliésteres.

Si bien en algunos casos se suele utilizar las resinas epóxicas, estas, aunque presentan mejores características que las mencionadas más arriba, resultan también más costosas y más delicadas en su manipulación, por lo que en la actualidad se usan casi con exclusividad las resinas poliésteres.

Estas resinas son el resultado de la combinación de ácidos dibásicos saturados, ácidos dibásicos no saturados, polialcoholes, y un agente de entrecruzamiento que es generalmente el monómero de estireno.

Las resinas poliésteres obtenidas mediante esta combinación de elementos, difieren asimismo en sus características en lo referente a su resistencia mecánica y física, absorción de agua, etc., según sea la proporción y el tipo de ácidos empleados durante el proceso de su fabricación; por lo que cada fabricante identifica mediante una denominación especial, a aquellos que mejor se adapten a una aplicación determinada.

En lo que a su apariencia física se refiere, la resina poliéster, en condiciones normales, se presenta como un líquido claro de consistencia viscosa, y un peso específico variable que puede oscilar entre un 1,10 y 1,17 aproximadamente, la que mezclada en debida proporción con ciertos agentes químicos, pasa de su estado líquido natural, al de una masa sólida infusible, en un tiempo relativamente corto, y a veces sin necesidad de calor ni presión.

Este fenómeno de endurecimiento llamado "polimerización", se obtiene por adición de un catalizador y un acelerante, sin aporte de calor, o simplemente por la adición de un catalizador y calor.

Un típico bote "pescador" construído en plástico reforzado. Se nota claramente el desnivel del costado a efectos de obtener una mayor resistencia en ese punto.

Foto gentileza Astillero Juanjo S. A.

Estos dos elementos, (catalizador y acelerador), incorporados a la resina separadamente, y en una proporción variable que debe estar en función de la temperatura y eventualmente de la humedad ambiente, tiempo de fraguado a obtener, y algunas otras consideraciones especiales que son asimismo de tener en cuenta, hacen que la resina gelifique primero y fragüe después, transformándose, sin desprendimiento de productos gaseosos o líquidos, pero sí de calor, en un cuerpo sólido, compacto e infusible, son características especiales.

Sin embargo la resina poliester en estas condiciones, se manifiesta como un material quebradizo y de escasa resistencia mecánica, por lo que, a los efectos de su utilización en la conformación de piezas laminadas, se la asocia con fibras de refuerzo que forman una especie de "armazón" del producto.

En alguna manera, el plástico reforzado con fibras de vidrio puede pues, compararse burdamente con el hormigón armado, puesto que en ambos casos se combinan para formar un cuerpo compacto y sólido, un material resistente a la compresión (el hormigón o la resina poliester respectivamente), con otro de refuerzo que debe necesariamente soportar las cargas de tracción (hierro redondo en el hormigón, fibras de vidrio en el laminado de resina poliester).

Para comprender cabalmente la función del refuerzo de fibra de vidrio, será suficiente con admitir que una fibra de tan solo 0,005 mm. (5 milésimas de milímetro), en condiciones normales resiste, sometida a un esfuerzo de tracción, una carga equivalente del orden de los 200 Kg./mm^2.

Esta extraordinaria resistencia específica, hace que se haga prácticamente imposible obtener estos valores en cualquier otro material, considerando sus principales dimensiones y su espesor.

Aunque se utilicen distintos tipos de compuestos de vidrio para formar estos filamentos o fibras, el más comúnmente usado es el denominado "vidrio E", el que en su composición posee una proporción de álcalis que no supera el 1 %, por lo que resultan inalterables frente a casi todos los agentes químicos.

La fabricación de la fibra de vidrio en forma de hilado textil, se funda en el estiramiento a gran velocidad de gotas de vidrio fundido, obteniéndose de esta forma filamentos elementales con un diámetro que varía entre 5 y 13 milésimas de milímetro.

Del proceso de tales filamentos, se obtiene toda la gama de los refuerzos de vidrio que las distintas aplicaciones prácticas requieren a saber:

Mats o esteras de vidrio, vulgarmente llamados fieltros:

Formados por fibras de unos 4 á 5 cm. de largo aproximadamente, aglomeradas con un ligante apropiado o trabadas en forma especial.

Se utilizan en aquellos laminados donde no se haga necesario obtener una resistencia mecánica orientada en una sola dirección.

Se fabrican también mats de fibras más largas para otros usos y con espesores menores, los que llegan a obtener un valor mínimo en los denominados "velos de superficie", destinados a mejorar el aspecto de la superficie de los laminados y fundamentalmente a servir de refuerzo a las capas de gel - coats.

Telas o tejidos de roving:

Están formados por hilados paralelos no retorcidos reunidos en números de 10 á 60 cabos, y se ofrecen en una gama muy variada, diferenciándose entre sí por la disposición de su trama y urdimbre, por el tipo y número de hilados que lo componen, y asimismo por su tratamiento de fabricación y acabado.

También se fabrican tejidos llamados "unidireccionales", formados por una fuerte urdimbre de hilados paralelos distribuidos en forma de trama, y otros tejidos especiales denominados "de alto módulo".

Del procesado industrial de las fibras de vidrio, se obtienen también los llamados "chopped strands", o fibras cortadas, constituidas por fibras aglomeradas de largo uniforme en longitudes que varían desde unos pocos milímetros hasta unos 5 cm. aproximadamente.

En todos los casos, sin embargo, los refuerzos de vidrio son tratados con aprestos especiales destinados a asegurar la perfecta adhesión de vidrio - resina durante el laminado.

Vista panorámica de un importante astillero italiano dedicado a la producción en serie de embarcaciones construídas en plástico reforzado.
Gentileza Revista CUATTROROUTE MARE.

Entre los otros refuerzos que podrían amalgamarse en los laminados a base de resinas poliester, pueden citarse a las fibras orgánicas como el yute, algodón, sisal, etc., que aunque podrían utilizarse por razones de menor costo de fabricación, no se adecuarían, por algunas razones especiales, al moldeo a baja presión o también llamado "de contacto", teniendo además el inconveniente que presentan una limitada resistencia mecánica y a la humedad.

Las fibras de amianto bajo la forma de fieltros, de tejidos o de fibras sueltas, se utilizan generalmente para obtener elementos fundamentalmente resistentes al calor.

Las fibras de sílice y las fibras sintéticas son usadas en algunas aplicaciones especiales, mientras que las fibras metálicas por último se emplean algunas veces para proporcionar a los plásticos reforzados, propiedades de conductores térmicos y eventualmente eléctricos.

LIMITACIONES DEBIDAS AL MOLDEO

Principios a considerar en función de los diferentes sistemas

Elementos del proyecto	Ejemplos	Formación por contacto o con saco elástico	Moldéo con doble molde	Fabricación con "compounds"
Radio interno mínimo		12 mm	1 mm	0,7 mm
Inclusión de orificios	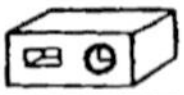	grandes únicamente	sí	posible
Incorporación de elementos estructurales		sí	posible	sí
Entrantes y rebajos	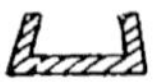	posible	posible	posible
Angulo mínimo	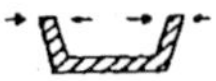	5º	1º	1º
Espesor mínimo		2 mm	0,2 mm	1,5 mm
Tolerancia sobre el espesor normal		± 10 %	± 0,1 a ± 0,5 mm	± 0,1 a ± 0,5 mm
Secciones onduladas		sí	sí	sí
Inserciones metálicas	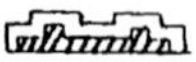	sí	posible	si
Mat de superficie	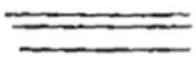	posible	si	no
Dimensiones máximas unitarias		sin límites	16/20 m²	1,5 m²
Refuerzos metálicos periféricos		desaconsejable	sí	sí
Sobrespesores		posible	posible	sí
Nervaduras		sí	sí	sí
Inscripciones en negativo o relieve		posible	posible	sí

La presente tabla fue extractada de "Guía del utilizador de piezas industriales en plástico reforzado", publicada por Vidriotécnica Textil S.A.C.I. – Buenos Aires

Si bien, algunos de los elementos citados en esta consideración general de los plásticos reforzados con fibras de vidrio, no intervienen, o muy rara vez lo hacen, en la construcción de una embarcación realizada en dicho material, los mismos se han citado con el objeto de que el aficionado que se aboque a la tarea de construir una embarcación bajo los criterios que se considerarán en esta obra, tenga un conocimiento general sobre ellos, pero, sin embargo, y como consecuencia de lo dicho, no es posible hablar de este tipo de material, sin entrar a considerar sus principales características y propiedades, las que referidas específicamente a la construcción naval, se hacen evidentemente notables superando en algunos casos a la madera, ya sea maciza o en sus compuestos laminados.

Entre las principales pueden citarse:

1o) Menor peso de la embarcación ya que, a igualdad de resistencia estructural, y a pesar de que su peso específico resulta más elevado que el de la madera, el uso del plástico reforzado permite un espesor mínimo en las zonas de mayor superficie del casco y cubierta, a consecuencia de su gran resistencia mecánica.

2º) Estanqueidad reducida a valores mínimos o casi nulos, desde que al moldear el casco y la cubierta en una sola pieza, se eliminan consecuentemente las juntas entre elementos constructivos.

3º) Mejor adaptabilidad del material a formas complejas, que además de conferirle belleza a la embarcación, hace posible en ocasiones que ésta obtenga un mejor comportamiento en la navegación. Dichas formas complejas, serían prácticamente imposibles de ser reproducidas con la madera, a no ser que se cuente con una mano de obra muy especializada y donde el tiempo demandado no tenga un valor prefijado en la fabricación.

4º) Excelente resistencia al impacto, además de una extrema facilidad de la reparación en el caso de producirse una vía de agua.

5º) Gran resistencia a los factores atmosféricos y a la constante inmersión en agua dulce o salada, eliminándose así, gastos de repintados y calafateados y/o eventuales recambios de tracas del

RESISTENCIA ESPECIFICA DE LOS PLASTICOS REFORZADOS CON RESPECTO A OTROS MATERIALES

MATERIALES	RESISTENCIA ESPECIFICA		
	A TRACCION	A COMPRESION	A FLEXION
PLASTICOS REFORZADOS	2 a 40	4 a 28	4 a 50
ACERO	6 a 12	6 a 12	5 a 10
DURALUMINIO	10 a 15	6,5 a 12	5 a 24
MADERA		3 a 25	8 a 16

$$\left(\text{Resistencia específica} = \frac{\text{Resist. absoluta}}{\text{Peso específico}}\right)$$

La presente tabla fue extractada de "Guía del utilizador de piezas industriales en plástico reforzado", publicada por Vidriotécnica Textil S.A.C.I. – Buenos Aires

forro, factores estos que deben de tenerse presentes en cascos de madera.

6°) Posibilidad de construir un cierto número de unidades partiendo de un solo molde, lo que en todos los casos y aún contando con poca experiencia, se hace factible de realizar en un tiempo relativamente más corto que usando el método tradicional de construcción en madera.

7°) Menor costo de mantenimiento de la embarcación, etc.

De todo lo expuesto, puede sacarse a conclusión que los plásticos reforzados con fibras de vidrio, merecen por sus cualidades intrínsecas, el lugar que ocupan actualmente entre los principales materiales o materias primas usadas para la fabricación de aquellos elementos que de una u otra manera, prestan un beneficio positivo al hombre.

☆ ☆ ☆

CAPITULO SEGUNDO

CONSIDERACIONES SOBRE EL DISEÑO

Es evidente que cuando el arquitecto naval, se aboca a la tarea de elaborar el proyecto de una embarcación cualquiera, debe necesariamente tener en cuenta una serie de factores que reunidos hacen que la obra terminada se encuadre en todos sus aspectos dentro de términos razonables.

Así, las principales dimensiones del proyecto y la relación que guarden entre sí; las líneas generales del casco, que deben adecuarse tanto al tipo de embarcación, como a sus dimensiones, lugar donde habrá de navegar, velocidad estimada, etc., y otros detalles igualmente importantes, deben ser estudiados de antemano al confeccionar los planos de la misma.

De entre dichos detalles importantes, merece destacarse el que supone considerar con qué tipo de material será construida la embarcación, el cual, no sería ni más ni menos que el que en definitiva haría posible la materialización del conjunto de líneas y detalles constructivos que componen el proyecto en cuestión.

En base a lo dicho en este último párrafo, si se estudiara, por ejemplo la posibilidad de conformar el forro o envoltura del casco, de una embarcación cualquiera, cuyas secciones fuesen redondeadas, es decir en "U", mediante la aplicación de paneles de madera contrachapada, fácil sería comprender que el material no se adecuaría en manera alguna a tal proceso, desde que la disposición particular de las vetas de las pequeñas placas que lo constituyen, harían que fuera susceptible de ser doblado en un sentido único, no correspondiendo, en consecuencia a las curvas complejas que se verificarían en todas las zonas de un casco de este tipo.

En cambio, sería sumamente sencillo el forrar una embarcación con fondo plano o aún con sencillas secciones de fondo en "V" empleando

Un pequeño crucero nevagando en situación de planeo. Obsérvese los "listones de deriva" del fondo del casco y el desnivel de las bandas tendientes a favorecer la rigidez de dichas zonas.

Foto gentileza de Astillero Juanjo S. A.

madera terciada, dado que todas las secciones del casco acusarían en su configuración general, simples líneas rectas.

Es decir, que según este criterio, que por otra parte no admite variaciones, debe verificarse una estrecha correspondencia entre las líneas generales de la embarcación y el material con que la misma ha de ser construida, y viceversa.

De acuerdo a lo dicho, cuando se planifique la fabricación de una embarcación en plástico reforzado, se deberán tener en cuenta de antemano, no solamente las líneas generales de su casco y/o cubierta (por nombrar las partes más importantes de su conjunto) sino también, y en forma muy especial, todos aquellos otros factores que de una u otra manera están ligados al material en sí.

Las líneas generales mencionadas, no ofrecerán mayores dificultades de ser reproducidas, dada la extremada plasticidad del laminado de fibra de vidrio que permite amoldarse con facilidad a casi cualquier forma compleja, pero no obstante y paralelamente a ello, no pueden dejarse de lado una serie de factores que en conjunto y tenidos en cuenta de antemano, facilitarán las tareas posteriores que insumirá el proceso constructivo de la embarcación, en lo que se refiere a la facilidad de moldeo, desmolde de la pieza ya terminada, adecuada resistencia mecánica de la misma, terminación de su superficie externa, etc.

El conjunto principal de dichos factores a tener en cuenta no solamente cuando se haga necesario construir el modelo de la embarcación a reproducir en fibra de vidrio, sino aún cuando eventualmente se piense usar como modelo, por ejemplo un casco ya construido en otro material, serían fundamentalmente los siguientes:

1°) Tratar de evitar en lo posible las superficies planas muy extensas, dado que en estos casos, el laminado de fibra de vidrio presenta escasa resistencia a la flexión, con el agravante de que pueden originarse algunas deformaciones causadas por una excesiva contracción del material, o bien por el efecto de "chupado", que se manifiesta como consecuencia de la implantación de algún refuerzo de índole constructivo, que necesariamente debe ir adherido por la cara interna del laminado.

Por otra parte, la gran resistencia específica del material del laminado de resina - fibras de vidrio, hace posible que sea suficiente un mínimo espesor para lograr una resistencia mecánica adecuada en ese punto, por lo que este pequeño espesor, si se lo compara con el área plana en cuestión, contribuirá a que se verifiquen las tales probables deformaciones ya mencionadas.

En general, el inconveniente que supone este caso concreto, puede ser evitado si se tiene la precaución de confeccionar el modelo de la pieza a fabricar, siguiendo el criterio de sustituir cualquier superficie plana de dimensiones importantes, por una superficie curva, que en todo los casos presentará mayor rigidez, o en su defecto, y si esto no fuera posible por tratarse de una zona del modelo que necesariamente debe corresponder a un plano, alterar la continuidad del mismo, con la adición de "nervaduras" o "nervios" de perfil adecuado, moldeados con el mismo material.

Estas "nervaduras" podrán asimismo, cumplir un cometido meramente estético o aún práctico, como ocurre por ejemplo con los relieves de la cubierta y costados del casco, los llamados "listones de deriva" del fondo de éste, etc.

Las consideraciones expuestas implican que, en lugar de construir un modelo de un casco cualquiera, por ejemplo, con secciones que en sus bandas y fondo, acusen líneas rectas, resultará más conveniente para aumentar su resistencia final, substituir dichas rectas por curvas sencillas, sin que se haga necesario que el conjunto de las mismas lleve a una excesiva complejidad.

Por otra parte, no debe olvidarse que tales formas curvas, serán copia exacta del modelo que por lógica habrá que construir previamente, lo que puede acarrear, en su momento, inconvenientes de índole constructivo.

En definitiva, téngase en cuenta de dar a los costados del casco de la embarcación a construir, formas curvas sencillas, las que no obstante serán suficientes para obtener una adecuada resistencia estructural de conjunto.

En la figura Nº 1, se muestran, a manera de ejemplo, algunas secciones de cascos, adecuadas a su moldeo en fibra de vidrio; como se desprende de la observación, dichas secciones están referidas más específicamente a la configuración de sus costados o bandas, las cuales, sin embargo, deben tomarse como ejemplos aislados ya que la variedad de formas puede llegar a ser bastante extensa.

Semejantes consideraciones pueden hacerse teniendo en cuenta lo que constituye el fondo del casco de la embarcación, aunque dada la función que cumple el mismo, en lo que a su forma implica, deberá ser tomado en cuenta no sólo desde el punto de vista de su resistencia estructural o de la resistencia mecánica del material con que será construido, sino fundamentalmente desde el punto de vista hidrodinámico.

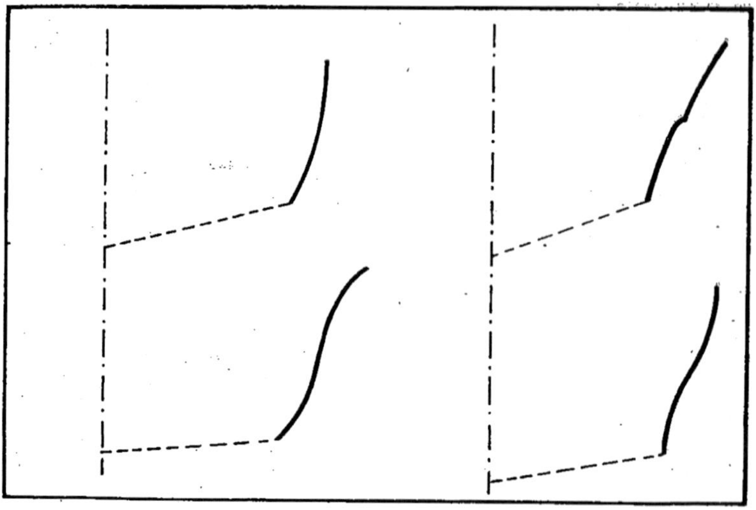

Fig. Nº 1: Algunos costados de cascos apropiados para su moldeo en plástico reforzado.

Esto se hace fácil de comprender, si se admite que no pocas de las virtudes de la embarcación, en lo que a su desempeño en el agua se refiere, dependen fundamentalmente de una adecuada conformación de su fondo.

Este criterio, sumamente importante de ser tenido en cuenta en el proyecto de la embarcación, debe verificarse plenamente en especial en aquellos cascos que deben desarrollar grandes velocidades relativas, como puede ser el caso concreto de lanchas de competición, tipo automóvil, y aún cruceros rápidos de dimensiones mayores.

En general puede afirmarse que el fondo de cualquier embarcación que se halle encuadrada dentro de los tipos mencionados, deberá resultar perfectamente plano, considerando su eje longitudinal, en por lo menos un tramo que resulte ser alrededor del tercio a la mitad de la longitud de la eslora efectiva o de flotación, detalle este, que puede ser fácilmente apreciado en la vista de perfil del plano de líneas que se muestra en la figura Nº 1 - A.

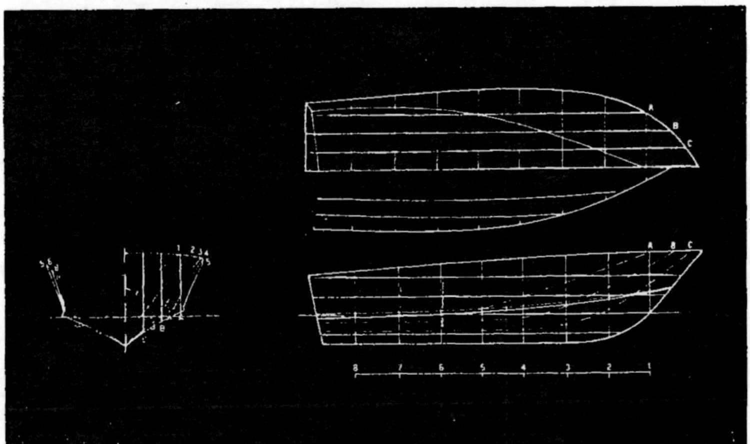

Fig. Nº 1-A: Interesante plano de líneas de un casco en "V" profunda. Obsérvese que desde la sección Nº 6 hasta el espejo de popa, el fondo resulta prácticamente plano a los efectos de que la embarcación pueda alcanzar fácilmente el estado de "planeo".

Dicha superficie plana, contribuye en gran parte a que la embarcación luego de superada una determinada velocidad, alcance en condiciones ideales, el estado de "planeo", el que se manifiesta cuando la misma navega con una sustentación dinámica parcial, manteniendo sumergida solamente una parte de su fondo, que en la generalidad de las veces, corresponde aproximadamente al tercio de la eslora en flotación.

La figura 1 - B, muestra en forma esquemática, la posición aproximada de un casco con respecto a la superficie líquida, que adquiere bajo las condiciones enunciadas.

Es muy importante asimismo, la configuración del fondo de la embarcación con respecto a su eje transversal; al respecto, la figura 2, muestra la sección maestra de un fondo muy generalizado en embarcaciones rápidas.

Fig. Nº 1-B: Posición aproximada que adoptará una embarcación navegando a la velocidad de "planeo".

Un pequeño casco con fondo en "V" navegando a la velocidad de planeo.

Dicho fondo o carena conocida como "tipo Hunt", posee la característica principal de presentar un perfil aproximadamente escalonado a consecuencia de contar con una serie de perfiles vulgarmente llamados "listones de deriva" o "dientes del fondo", los cuales adoptan formas aproximadamente trapezoidales o triangulares vistos en corte, y recorren al fondo en casi toda la longitud que comprende el mismo.

Estos "listones de deriva", cumplen una doble función, especialmente en cascos construidos con laminados de fibra de vidrio, ya que en primer lugar representan un adecuado refuerzo estructural al plano del fondo, necesario para aumentar de acuerdo a lo que se afirmara anteriormente, la resistencia a la flexión y al impacto del conjunto.

Debe tenerse en cuenta en este caso particular, que el plano del fondo debe soportar esfuerzos considerables, como consecuencia de los continuos golpes que se originan entre el fondo del casco y la superficie

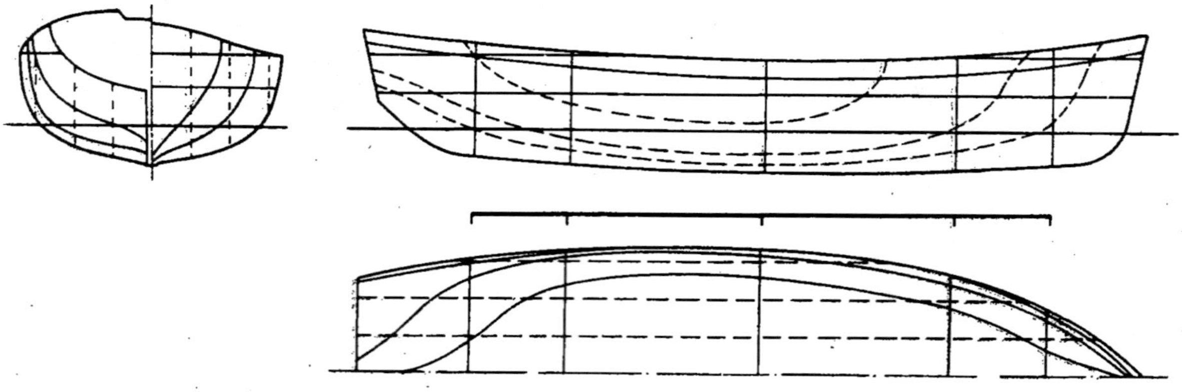

Plano de líneas de un pequeño velero de 4,05 m. de eslora, proyectado para su construcción en plástico reforzado por los astilleros SILMAR de Italia. Nótese las formas redondeadas del casco, que contribuirán a una mayor resistencia estructural.

La embarcación correspondiente al plano de líneas reproducido en la página 30, completamente terminada y a flote. Puede notarse el interesante diseño de la semi-cubierta que forma una sola pieza con los asientos.

del agua, en especial cuando la embarcación navega a alta velocidad sobre una superficie de agua ondulada por el oleaje.

En segundo lugar, estos "dientes del fondo", o "listones de deriva", como quiera llamárseles, contribuyen a aumentar en forma notable la capacidad de evolución propia de la embarcación, hecho que se verifica no solamente ante la tendencia de la misma en seguir un curso recto, sino principalmente cuando se la obliga a efectuar un viraje en un ángulo cerrado y a velocidades elevadas.

Bajo estas condiciones, la superficie lateral de los listones, actúa como una importante superficie de deriva contribuyendo a evitar que por efecto de su propia inercia, la embarcación derive excesivamente.

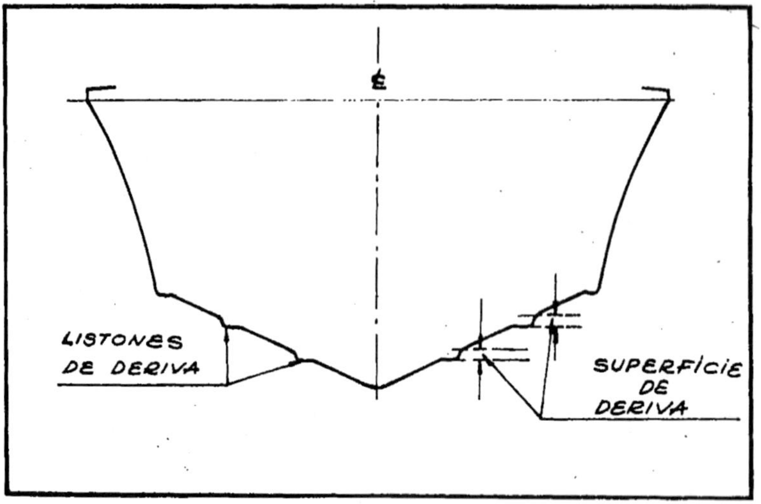

Fig. Nº 2: Sección característica de un casco con fondo en "V" correspondiente a una carena tipo Hunt.

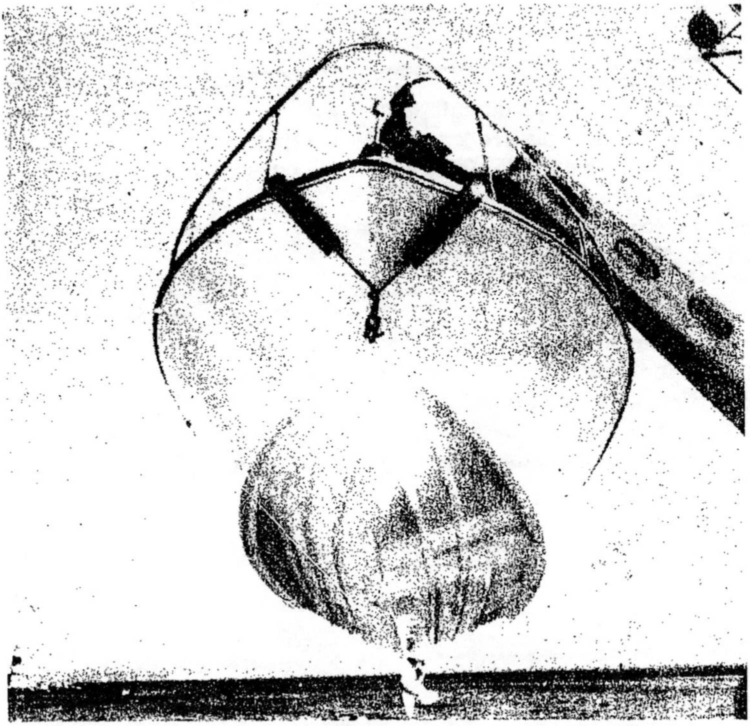

Perspectiva de un casco con carena tipo "Humt", dejando advertir la ubicación de sus "listones de deriva" o "dientes de fondo".

Otro tipo de fondo usado con preferencia en determinados tipos de cascos menores construidos en fibra de vidrio, es el que se conoce con el nombre de trimarán y que se muestra esquemáticamente en la figura Nº 3.

Este tipo de fondo, presenta entre sus características más salientes, una configuración general que resulta muy adecuada para ser reproducida mediante un laminado de fibra de vidrio, dado que su superficie quebrada, con desniveles muy marcados, favorece el aumento de su resistencia intrínseca.

Sin embargo, aunque una embarcación con fondo trimarán resulta en ocasiones más estable durante la navegación, presenta el inconveniente que su superficie desarrollada a igualdad de eslora y manga, es mayor que en el caso del fondo típico en "V", lo que teóricamente equivaldría a admitir, que se haría necesaria una mayor potencia para alcanzar una cierta velocidad que en el caso de cascos en "V", ya que la resistencia de fricción sería mayor.

Por otra parte, la realización de un modelo de casco trimarán, supone un diseño más complejo y consecuentemente un trabajo de realización más elaborado que a veces escapa a los conocimientos que pueda poseer el aficionado medio.

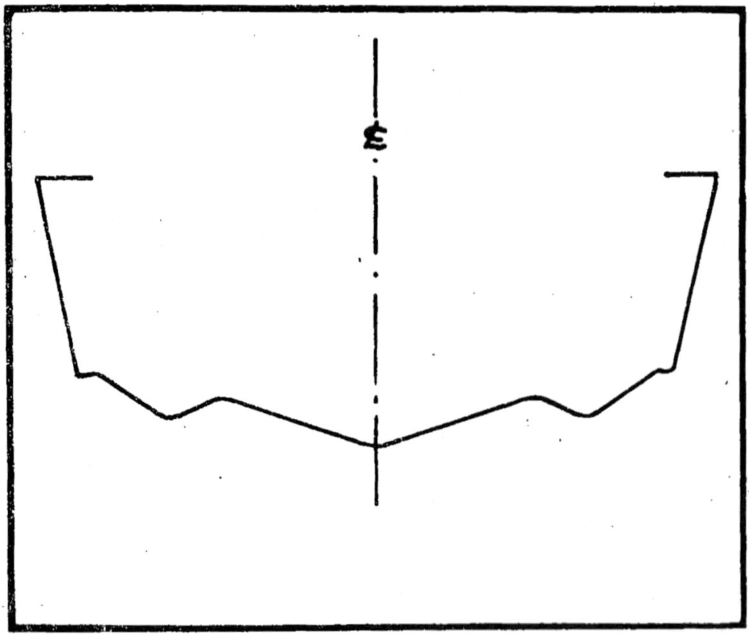

Fig. Nº 3: Típica sección transversal de un casco con fondo trimarán".

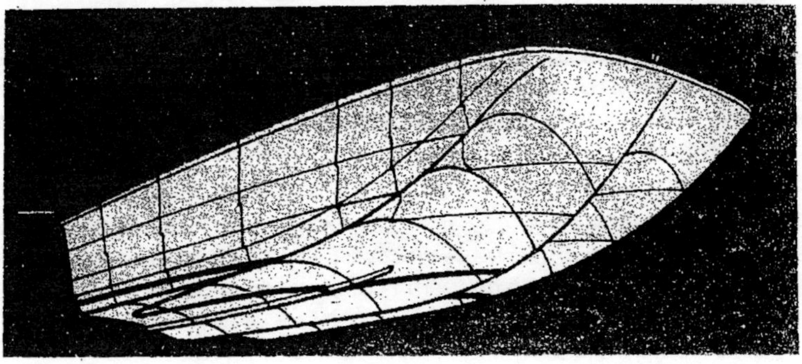

Perspectiva de un típico casco trimarán mostrando la ubicación de sus secciones transversales y líneas de agua.

Un pequeño casco con fondo tipo trimarán, en navegación.

De todas maneras, las consideraciones expuestas en lo que se refiere específicamente al fondo de una embarcación susceptible de ser construida en fibra de vidrio, no merecen tanta importancia en el caso particular de cascos de chinchorros, botes auxiliares y aún veleros de dimensiones menores, dado que la velocidad relativa de los mismos en general, no obtiene valores elevados.

En estos casos, sin embargo, debe respetarse la configuración de formas del casco y cubiertas respectivas, en la medida de adecuarlas al material del laminado con que serán construidas.

En consecuencia valen aquí los criterios expuestos al considerar lo favorable que resulta de conformar el casco y/o cubierta respectivos, de manera que se verifiquen superficies curvas, o eventualmente planas con adecuados perfiles de refuerzo.

La figura Nº 4, ilustra con el ejemplo de algunas secciones transversales, lo que se ha tratado de explicar en este último párrafo.

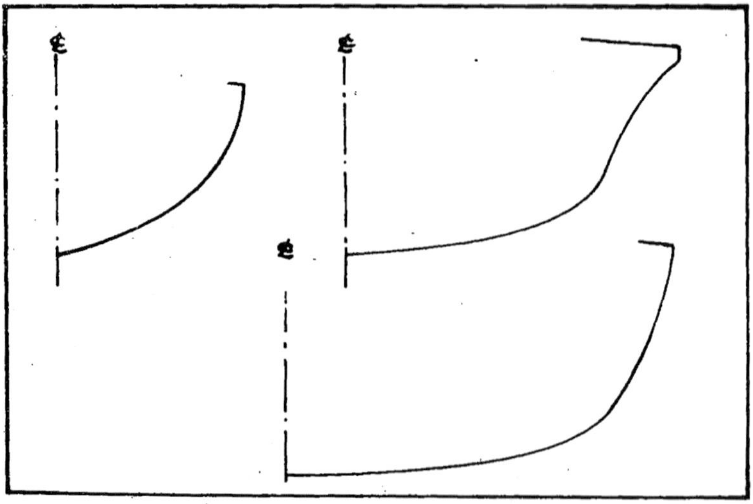

Fig. Nº 4: Tres secciones transversales de botes auxiliares y veleros pequeños adecuadas al moldeo en plástico reforzado

Un pequeño bote auxiliar, con típicas secciones redondeadas o en "U".

2°) Angulos correctos

Otro importante detalle a tener en cuenta al proceder a diseñar o construir el modelo del casco, de la cubierta, o de cualquier elemento de la embarcación para su posterior moldeado en fibra de vidrio, es la correcta disposición y dimensionamiento de los ángulos o aristas que necesariamente poseerán los mismos.

Este concepto se basa en que si bien, la fibra de vidrio impregnada con resina resulta sumamente plástica y fácil de moldear, aún en estas condiciones posee una cierta resistencia, por lo que al tratar de forzarla a copiar un ángulo muy agudo, la misma adoptará en forma natural, y en correspondencia con la arista resultante, una pequeña curva.

Este defecto traerá aparejado que en la esquina del modelo o aún del molde, sobre el que se esté laminando la capa de fibra de vidrio correspondiente, quedará en íntimo contacto con él, solamente la resina que a consecuencia de su estado líquido, presentará una mejor disposición a tomar y retener dicha forma.

En consecuencia, y esto es en general fácil de observar en zonas angulosas, lo más probable es que se originen dentro de la capa del estratificado o laminado, pequeñas cavidades huecas, aún después de producido el completo fraguado del conjunto, resultando de esta manera, un trabajo deficiente, desde que la pieza moldeada presentará en esa zona una muy escasa resistencia.

La falla explicada, que vulgarmente se la identifica como "aire" por asociación lógica con el contenido de la burbuja hueca objeto de la falla, traerá aparejado también que la resistencia mecánica en ese punto habrá perdido el valor de continuidad de conjunto, desde que estará solamente soportada por la pequeña masa de resina sólida la que con el uso, y en ocasiones, durante el proceso del desmolde, acusará una marcada tendencia a desprenderse o resquebrajarse dada, como ya se ha hecho notar, su escasa resistencia al impacto.

El problema de "dejar aire" en el laminado, tan comúnmente verificable en procesos realizados por personas que no posean suficiente

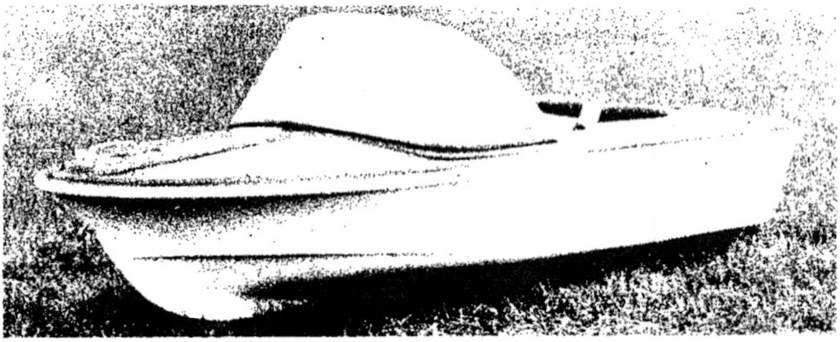

La inclusión de desniveles y molduras en el proyecto es importante, a los efectos de lograr una adecuada resistencia del laminado de fibra de vidrio. Obsérvese en la embarcación de la fotografía, la profusión de dichos elementos, tendientes a lograr tal objetivo.

práctica en el manipuleo y trabajado de los plásticos reforzados, puede ser eliminado o por lo menos, reducirlo a términos admisibles, si se tiene la precaución al construir el modelo, de substituir todos los ángulos agudos o de poco radio que se verifiquen en el mismo, por curvas más abiertas y consecuentemente resultantes de radios más generosos, los que como medida de precaución, en ningún caso deberán de ser inferiores a los 5 milímetros.

Bajo estas condiciones, el laminado de fibra de vidrio - resina, al ser moldeado, adoptará una forma más natural, amoldándose con facilidad a la superficie de contacto correspondiente ya sea en el modelo o en su molde, de tal manera que las burbujas de aire que eventualmente pudieran haber quedado como consecuencia de un laminado defectuoso, realizado por manos inexpertas, podrán ser admitidas sin mayores inconvenientes dadas las pequeñas dimensiones con que resultarán.

De todas maneras, es necesario dejar bien sentado que fundamentalmente un laminado de poliester, en general podrá reconocerse como bien elaborado cuando en el mismo no se visualicen burbujas de aire, por lo que se recomienda al aficionado trabajar con cautela, extremando todas las precauciones para evitar que se produzcan.

Estas precauciones suponen la obtención de un modelo con curvas y ángulos admisibles de acuerdo a lo ya explicado, como así también el efectuar un correcto impregnado del material de vidrio, trabajar con la resina debidamente diluída a fin de que la misma posea una adecuada densidad; efectuar, mediante pequeños golpeteos de las cerdas del pincel con que se esté laminando, una presión adecuada que se verifique en todos los puntos de la capa del material de manera de obtener una íntima adhesión entre las superficies, y por último, trabajar con cierta prolijidad.

Las figuras Nº 5 y 6, permiten apreciar a simple vista, lo que se ha tratado de explicar en lo que se refiere al correcto dimensionamiento de ángulos de moldeo en el modelo a construir, mientras que el detalle de la figura Nº 7, muestra específicamente la configuración correcta que debe dársele a los "dientes" o listones de deriva del fondo del casco, a fin de que admitan un correcto laminado del material, en la medida en que el mismo se adapte sin dificultad a la forma correspondiente en ese punto.

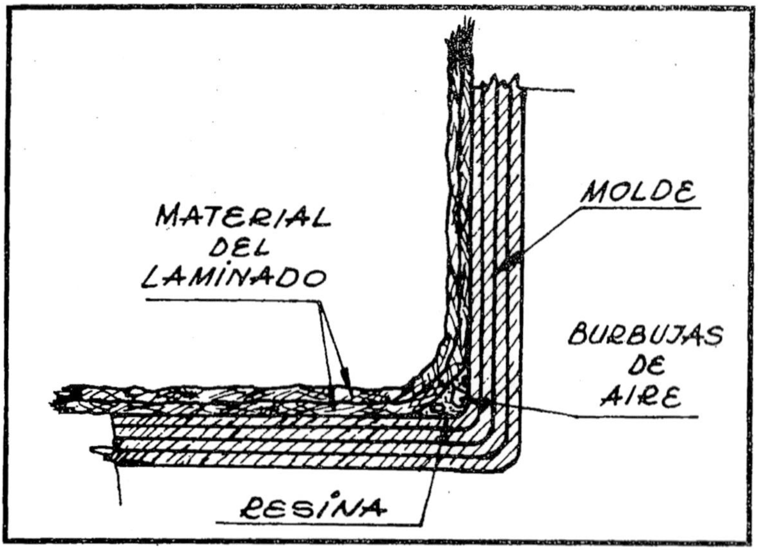

Fig. Nº 5: Angulo de moldeo incorrecto. El material de fibra de vidrio no adopta la forma del molde, verificándose en consecuencia, la aparición de burbujas de aire.

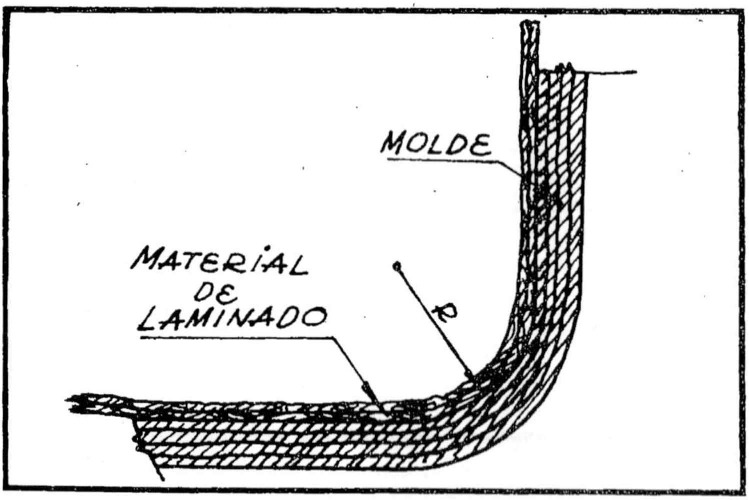

Fig. Nº 6: Angulo de moldeo con un radio "R" adecuado. Los fieltros de vidrio se amoldan adecuadamente.

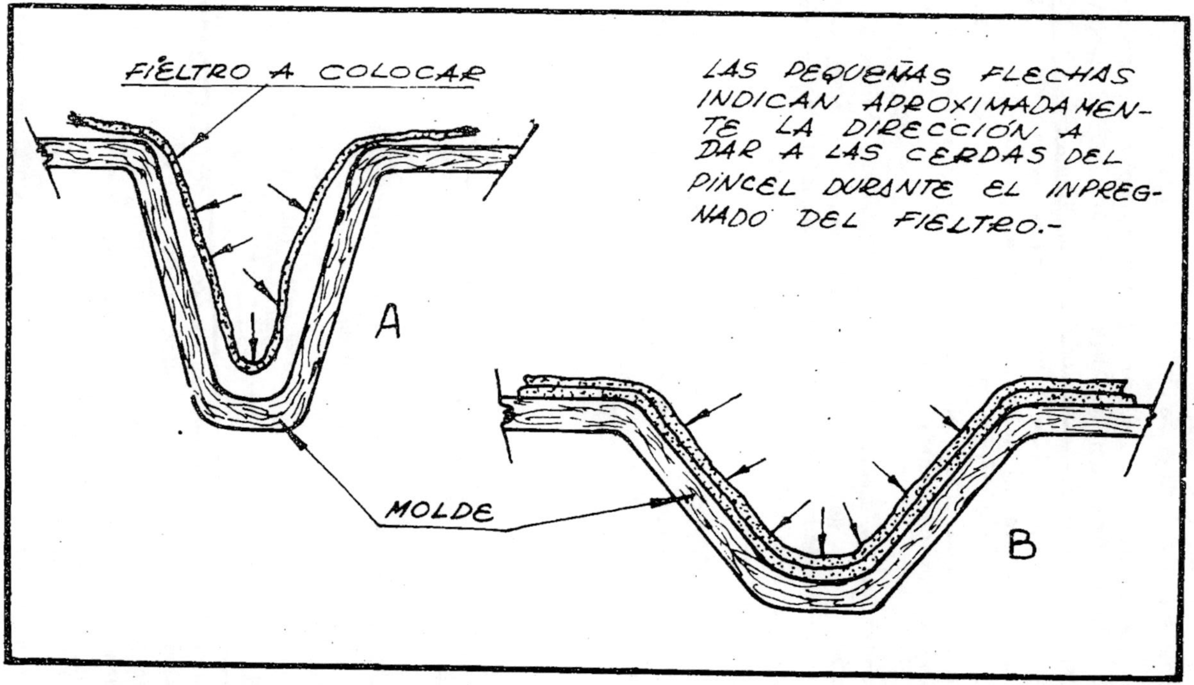

Fig. Nº 7: Dos cortes correspondientes a los "dientes" del fondo del casco. Obsérvese que si bien ambos son susceptibles de ser moldeados, el "B" acusará una mayor facilidad durante la impregnación del material de vidrio en razón de su mayor amplitud.

3º) Establecer una correcta "salida".

Dado que en estos últimos párrafos se ha hecho referencia a las principales características con que debe contar un adecuado diseño y consecuentemente el modelo resultante de este último, para que sea susceptible de ser reproducido en plástico reforzado, no es posible dejar pasar por alto, la necesidad de considerar lo que vulgarmente se da en llamar su "salida", entendiéndose por tal, a la facilidad con que la pieza de fibra de vidrio elaborada, debe ser susceptible de ser retirada de su correspondiente molde o matriz.

Concretamente, la "salida" de un modelo cualquiera, representa la inclinación mínima que deben poseer cualquiera de sus superficies verticales, considerándolas aproximadamente paralelas a la dirección de desmolde, a los efectos de que su original, pueda desmoldarse en forma natural, es decir sin forzarlo excesivamente.

Este criterio permite admitir, que si se supone estar construyendo el modelo correspondiente a cualquier parte de la embarcación, como puede ser su casco, su cubierta, etc., debe pensarse de antemano, de qué manera y en qué dirección se habrá de producir el desmolde de la pieza terminada.

Así, por ejemplo, en la figura Nº 8, se muestra en forma esquemática el corte de lo que podría llamarse una pieza elemental, un perfil cualquiera tomado al azar, ya moldeado en el interior de su correspondiente molde o matriz

Si se considera que el desmolde de la pieza terminada se efectuaría según la direccion de las flechas, fácil sería comprobar que la pieza en cuestión, al carecer de una adecuada salida, no podría ser retirada en forma normal de su molde, ya que el ancho inferior A de la pieza, supera a la medida de su ancho superior B.

La simplicidad de la figura mencionada nos exime de una explicación más extensa sobre la misma, y para ampliar aún mas el criterio expuesto, se muestra en la figura Nº 9, un caso semejante, es decir, otro perfil elemental ya moldeado en su matriz correspondiente, pero donde se ha tenido en cuenta una "salida" correcta.

De la simple visualización de dicha figura, es fácil deducir que la pieza no ofrecerá dificultad alguna en ser desmoldada, antes bien, este proceso se verá favorecido como consecuencia de la inclinación que acusan los costados de la misma.

Sin embargo, dada la importancia que implica, la salida debe tenerse en cuenta no solamente asociándola a las áreas del modelo que posean mayor superficie, sino también en aquellos puntos que parezcan menos importantes a simple vista, pero que en determinado momento acusarán, en el proceso de desmolde, un efecto de "agarre", haciendo que se dificulte éste, lo que equivaldría a admitir, que en el modelo se hace necesario calcular de antemano la salida en todas sus partes, independientemente de la dimensión y forma que las mismas posean.

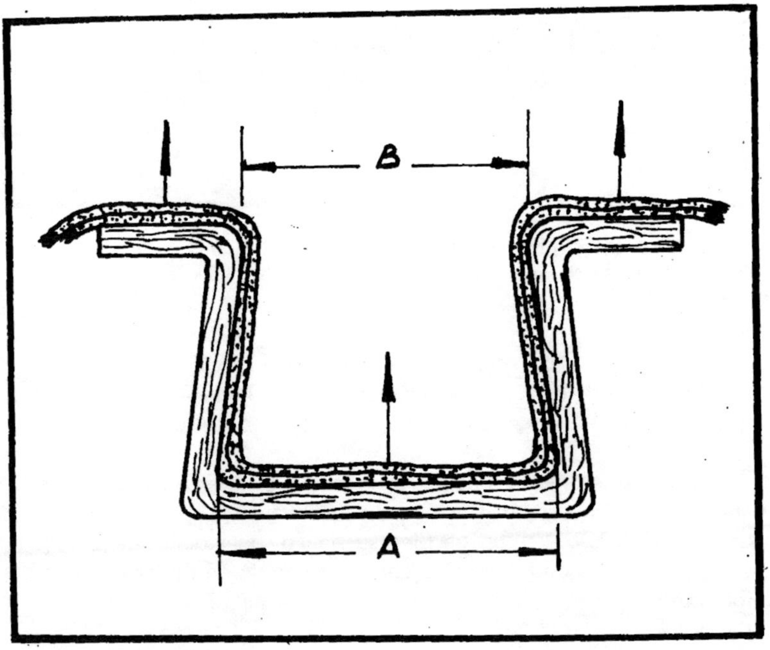

Fig. Nº 8: Una pieza moldeada en su correspondiente matriz, mal diseñada en razón de no haber tenido en cuenta una "salida" adecuada. Las flechas indican la eventual dirección del desmolde, (imposible en este caso).

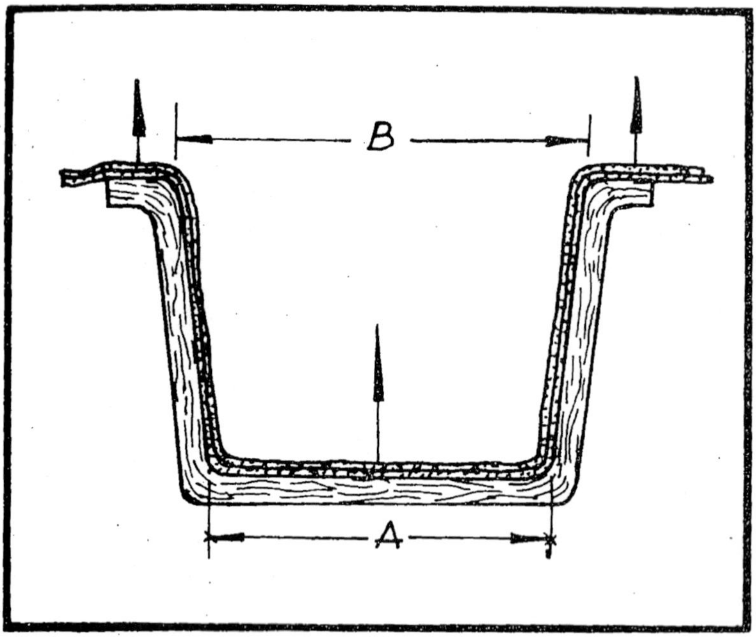

Fig. Nº 9: Un perfil moldeado en su matriz acusando una "salida" positiva. Su desmolde es factible sin mayores inconvenientes.

La figura Nº 10, toma como ejemplo una sección cualquiera de un modelo de casco en "V", incorrectamente diseñado y construido, desde que no se tomó en cuenta la salida mínima en todos sus sectores.

En efecto, si bien sus costados y fondo, acusan un ángulo de salida adecuado, no ocurre lo mismo con la zona de la quilla, y listones de deriva del fondo, cuyos perfiles se han dispuesto de manera que se visualizan zonas de "agarre" a consecuencia de no haber previsto para los mismos, una salida correcta, con respecto a la dirección de desmolde.

Si se considera que esta dirección es la que indica la flecha en la figura, puede admitirse que el casco moldeado podrá ser retirado de su correspondiente molde, ya sea inutilizando éste, o en su defecto, habiendo tenido la precaución de hacerlo desarmable, es decir por ejemplo unido al centro, en correspondencia al plano de crujía.

Pero si bien este criterio se sigue en la fabricación de piezas cuya configuración general no admite otras soluciones, no se recomienda para el caso específico del moldeo de un casco y su cubierta correspondiente, dado que la ejecución de un molde enterizo, facilita en gran parte lo que significa todo el proceso de la construcción del mismo.

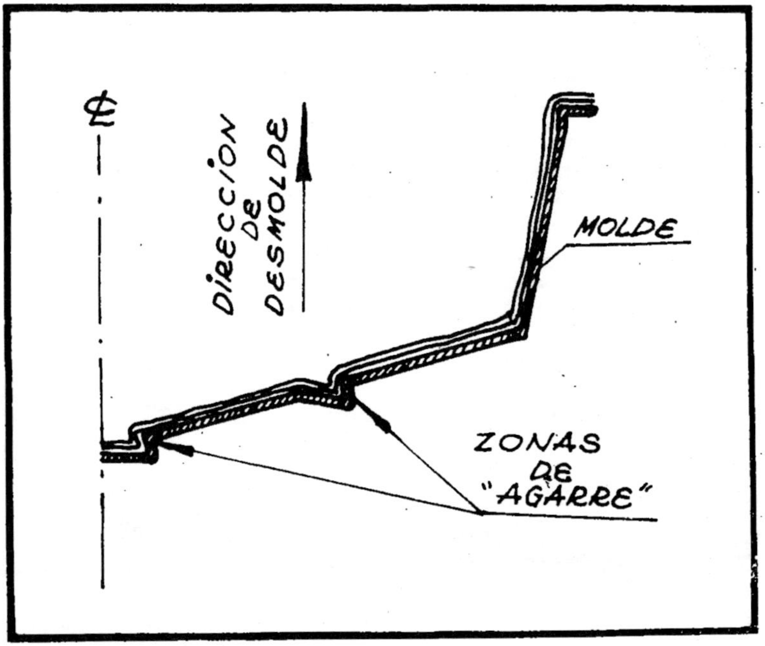

Fig. Nº 10: Una sección de casco en "V" en su matriz o molde. Se verifican dos zonas de "agarre" que tornarán imposible el desmoldado de la pieza en la dirección indicada.

La figura Nº 11, muestra por oposición, la forma adecuada que debe poseer un casco cualquiera, en este caso del ejemplo con fondo en "V", cuyas salidas han sido previstas en forma satisfactoria; se ve en dicha figura que todas las zonas del casco, independientemente de su mayor o menor área, se corresponden entre sí al tener todos sus lados orientados con un ángulo de salida que está en relación a la dirección con que se supone se va a efectuar ésta, y que resultaría ser la que indica la flecha.

Sin embargo, dado que el hablar de "salida", supone el considerar una magnitud angular, a los fines de una apreciación general, puede indicarse como correcto un valor mínimo de aproximadamente 2%, entendiéndose por esto que una superficie de un metro de longitud, debe de poseer una inclinación mínima de 2 cm. con respecto a la

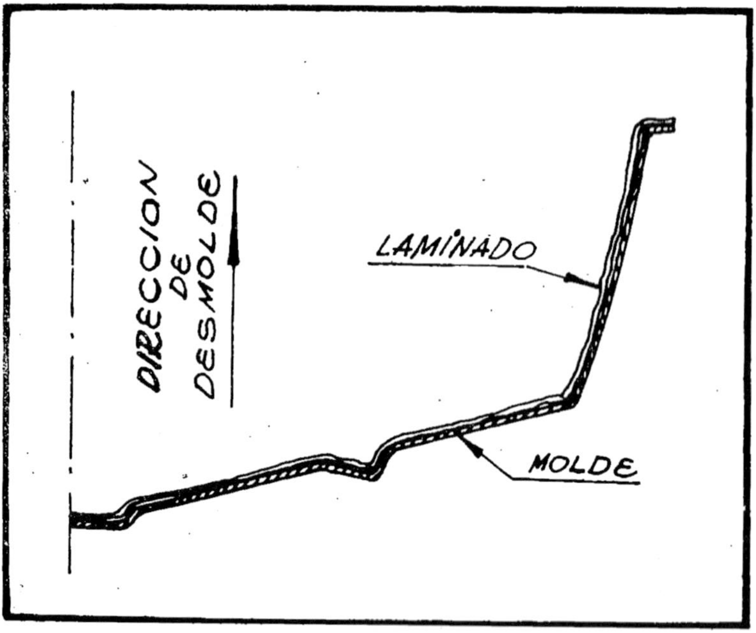

Fig. Nº 11. Seccion de casco en "V" correctamente proyectado para su realización en plástico reforzado. Su desmolde es fácilmente realizable.

vertical; estas dos medidas, como lo muestra la figura Nº 12, definen un ángulo, llamado "ángulo de salida", que según lo explicado, es el mínimo aconsejable para todos los casos, y el que debe ser respetado independientemente de la superficie que abarque.

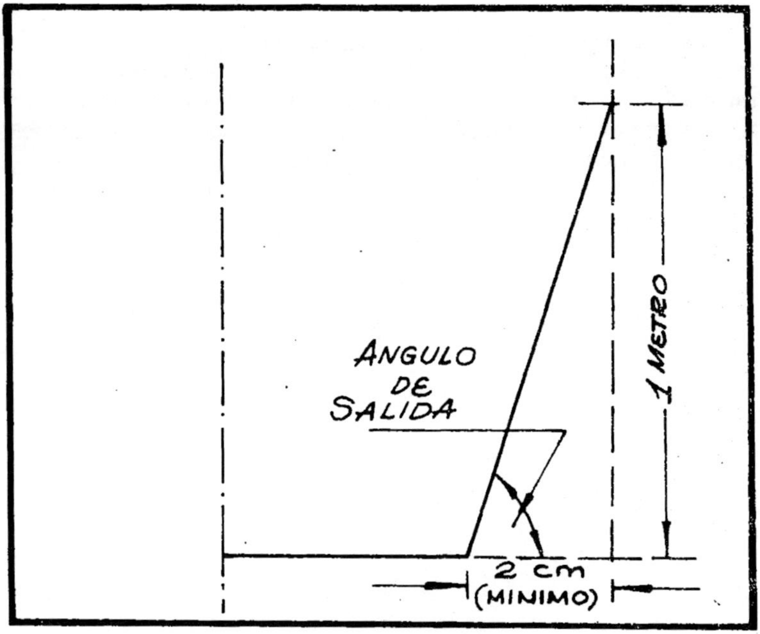

Fig. Nº 12: Interpretación geométrica del ángulo mínimo de salida. (No en escala)

De todas maneras, puede suponerse sin temor a error, que la facilidad con que la pieza terminada pueda ser susceptible de ser desmoldada fácilmente, está en relación directa con la inclinación o ángulo de salida que posean sus paredes verticales, en la medida en que al hacerse mayor éste, también se facilitará el proceso de desmolde, por lo que el ángulo mínimo indicado debe respetarse, y si no se contradice con la configuración general de la pieza a fabricar, es preferible aún, en todos los casos, darle un valor mayor.

Concluyendo, debe aceptarse que un diseño, y por consecuencia el modelo resultante del mismo, que se elabore con la intención de ser reproducido con fibra de vidrio, sea este el casco, la cubierta y por extensión, cualquier otro elemento de la embarcación, debe contar principalmente con todos los atributos mínimos que han sido objeto de las explicaciones precedentes.

El seguir este criterio, supone superar de antemano, tropiezos de índole constructivo fundamentalmente, y errores de apreciación que en algunos casos resultarán irreparables una vez llevados a la práctica, con el agravante de que la mayoría de las veces, se reconocerán lamentablemente cuando la construcción de la embarcación, punto culminante de todo proceso, como así también de cualquiera de sus partes, se encuentre prácticamente en su faz final.

☆ ☆ ☆

CAPITULO TERCERO

COMPONENTES USADOS DURANTE LA FABRICACION

UTILES DE TRABAJO

El proceso de la construcción de una embarcación menor en fibra de vidrio, representa para un gran número de personas, aún familiarizadas con algún tipo específico de trabajo manual, una tarea ardua y laboriosa, cuando no, imposible de llevar a cabo por el aficionado de medianos conocimientos; y por oposición, para muchas otras, tal proceso no es más que una simple tarea circunscripta principalmente a laminar capas de telas de vidrio, debidamente impregnadas en resina.

En la creencia de que ambos conceptos carecen de fundamento adecuado, débese por lógica, considerar un criterio que resulte ser un término promedio de los anteriores, reconociendo asimismo que a los fines de llevar a feliz término tal proceso constructivo, deberán tenerse en cuenta de antemano todos, o por lo menos la mayoría de aquellos factores que en definitiva tendrán una marcada influencia en la labor realizada y consecuentemente, en lo que representa el resultado de dicha labor: la embarcación terminada en este caso, la que se evidenciará tanto desde el punto de vista estético, como así también del de su desempeño y eficiencia durante la navegación.

En este capítulo, en consecuencia, se tratarán en forma global, los factores mencionados, bajo la forma de los componentes, útiles, y herramientas a usar, los que en conjunto jugarán un papel muy importante durante todo el proceso de fabricación.

Es de hacer notar, sin embargo, que la mención de dichos elementos, estará referida fundamentalmente al procesado y trabajado de los materiales de vidrio y resina poliester, teniendo en cuenta que los mismos no resultarán familiares al concepto general sobre todo a aquellas personas que no hayan realizado experiencias constructivas empleando plásticos reforzados.

Sin embargo, y como comienzo lógico, no es posible mencionar ningún elemento accesorio, sin tener en cuenta en primer término, dónde se habrá de efectuar todo el desarrollo del proceso constructivo de la embarcación, o lo que es lo mismo, considerar el lugar, local, o taller de trabajo.

LUGAR DE TRABAJO

Uno de los principales detalles a tener en cuenta cuando se encare la construcción de una embarcación en fibra de vidrio, es la adecuada instalación y disposición del taller donde se habrán de llevar a cabo todas las operaciones que el proceso constructivo requiera

Sobre el particular, puede decirse que es aconsejable el disponer, en lo posible, de un local más bien amplio, de tal manera que al contener un gran volumen de aire, pueda disipar en forma natural, los vapores tóxicos que se originarán a consecuencia del manipuleo de algunos solventes, por lo que se recomienda asimismo, que su techo sea más bien elevado.

Independientemente del material de sus paredes y techo, es conveniente que el piso esté formado por mosaicos comunes o madera, lo que sin lugar a dudas hará que sea posible una más fácil limpieza del suelo, debiéndose tener la precaución de encerar a éste convenientemente antes de empezar a trabajar con la resina y sus componentes, a fin de que la capa de cera evite la adhesión de las gotas y restos de resina que eventualmente puedan caer al suelo durante la fabricación.

El local deberá contar además con aberturas adecuadas, de manera de lograr una adecuada ventilación, y fundamentalmente con una buena iluminación natural, siendo conveniente, por otra parte, el disponer de elementos de luz artificial, prefiriéndose en este caso particular, los tubos fluorescentes, los que se dispondrán de manera de conseguir que la luminosidad de los mismos llegue en forma uniforme a todos los sectores de la pieza a fabricar.

Es recomendable asimismo, y en lo que se refiere al interior del local, tratar por todos los medios de evitar la penetración de polvo y hollín, como así también, hacer que se logre en su interior, una temperatura de 15ºC como mínimo, siendo lo ideal que el ambiente, especialmente cuando se esté realizando el trabajo de laminado y aplicación del gel - coat, se mantenga a una temperatura constante de alrededor de los 20ºC, lo que puede ser verificado en todo momento y en forma adecuada, mediante un termómetro común de pared.

De todas maneras, y si no fuera posible obtener estos valores de temperatura en forma natural, es conveniente emplear artefactos de calefacción, con preferencia del tipo a gas o eléctricos, dejando de lado a las estufas de leña y a las alimentadas a petróleo, por el inconveniente de que los mismos, al quemar sus combustibles, pueden despedir partículas de hollín y pequeños cuerpos extraños.

Lo ideal, en consecuencia, sería uno o varios calefactores del tipo de las conocidas pantallas de rayos infrarrojos, alimentadas con garrafas, de manera de poder adecuar su ubicación de forma que no irradien el calor en forma local, sobre alguna sección del o de los moldes, y en especial cuando en su interior se esté laminando la pieza correspondiente, ya que podrían verificarse inconvenientes en el fraguado del material, así como también excesivas contracciones del mismo, por lo que además se deben evitar los cambios bruscos de temperatura y las corrientes de aire que incidan directamente sobre el molde.

Como es lógico suponer, el número de los artefactos de calefacción deberá estar adecuado a la amplitud del local en sí, y a su altura.

El complemento de una pileta, instalada de preferencia en el interior del local, o en su defecto muy cercana a éste, y de fácil acceso, resultará también muy ventajoso, desde que la misma servirá no solamente para el lavado de los útiles de trabajo, sino también, y fundamentalmente, para poder cumplir en forma cómoda con la tarea de higienización de las manos, la que deberá ser efectuada con bastante frecuencia, dado que en general las resinas y los demás solventes usados, pueden causar quemaduras e inconvenientes al estar en contacto prolongado con la piel, por lo que estos contactos deben evitarse en lo posible, sobre todo al manipulear los solventes, ya sea durante su uso, transvasado, etc.

De todas maneras las dificultades que puedan acarrear los mismos, se solucionarán la mayoría de las veces, mediante un prolongado lavado de la zona de la piel afectada, con abundante agua pura y jabón común; esto trae como consecuencia la necesidad de recomendar el tener la pileta, en todo momento libre y despejada, a los efectos de que sea posible utilizarla en algún caso de urgencia.

El local de trabajo, debe contar con un lugar apropiado, fresco, donde sea posible tener almacenados los envases de los elementos a usar, siendo preferible que el mismo se encuentre en lo posible fuera del alcance de los niños o de manos inexpertas; lo ideal para estos casos, sería un armario amplio, provisto de puertas con cerraduras, o eventualmente una estantería de dimensiones adecuadas.

El taller debe contar con elementos adecuados para el desarrollo de las distintas operaciones de fabricación. En la fotografía se está laminando una pieza, correspondiente a la cubierta de una embarcación menor.

Asimismo, dada la combustibilidad de la mayoría de los solventes usados, estos deberán encontrarse en todo momento lejos del fuego, o de fuentes de calor intensas, por lo que es preferible además, tomarse la costumbre de no fumar en el interior del local, o por lo menos, de hacerlo, tener la precaución de apagar muy bien las colillas de los cigarrillos, así como también los fósforos, si es que estos se usaron para el encendido.

PRECAUCIONES PARA EL OPERADOR

Es conveniente que el aficionado que deba trabajar en el moldeo de las diferentes partes de la embarcación, y aún alguna otra persona que oficie de ayudante, guarde una serie de precauciones simples, que sin duda alguna harán más agradables las tareas correspondientes, a la vez que evitarán algunos efectos, que por la naturaleza del material, pueden resultar algo molestos.

En principio, se recomienda el utilizar ropas de trabajo fuertes, y en lo posible que se consideren de desecho, pues las mismas, al estar en contacto con los distintos materiales, al cabo de un cierto tiempo se tornan prácticamente inservibles.

Si se piensa en utilizar guantes, no es conveniente que los mismos sean de goma, ya que el material de éstos a menudo se deteriora fácilmente cuando está en contacto directo con algunos solventes, por otra parte, mantienen excesivamente el calor y la humedad naturales de las manos, lo que en ocasiones origina una sensación molesta.

Es preferible, en cambio, usar guantes de tela fuerte, más bien holgados, o en su defecto si se prefiere trabajar directamente con las manos al descubierto, lo que a veces resulta más cómodo al realizar las distintas tareas; sin embargo en todos los casos, es muy conveniente tener la precaución de encerar abundantemente aquellas, antes de manipulear los componentes.

El objeto de este encerado previo, que puede ser efectuado con cera común en pasta, frotada entre las manos a manera de jabón, es el de formar una capa aislante sobre la piel evitando así, y por la característica natural de la cera que actúa como un eficaz desmoldante, que sobre las manos se adhieran gotas o restos de resina, las que una vez fraguadas, resultarán bastante rebeldes a ser eliminadas.

Es por ello, que se reitera la necesidad de verificar una constante higienización de las manos a intervalos regulares, procediendo luego de que sean secadas, a encerarlas nuevamente como se explicara anteriormente; sin embargo, luego de esta última operación, debe de evitarse tocar con las mismas, ya sea o bien las telas de fibras de vidrio a utilizar, o bien la superficie del laminado que eventualmente se encuentre en proceso de construcción, dado que, como se explicara en un párrafo anterior, la cera actúa como un eficaz desmoldante que por lo mismo dificultaría la correcta adhesión entre las distintas capas de estratificados.

Para eliminar los restos de cera de las manos, y eventuales restos de resina o fibras de vidrio impregnadas con la misma, da buen resultado el usar a manera de toalla, un trozo de arpillera limpia, la que frotada sobre las zonas de la piel afectadas, arrastrarán, por la textura de su tramado, a dichos cuerpos extraños.

MATERIALES A CONSUMIR

RESINA:

En nuestro País, existen varios establecimientos industriales que producen resinas poliésteres con distintas características y propiedades; sin embargo, la que debe utilizarse en estos casos, es la adecuada específicamente al uso náutico, cuya identificación particular, estará dada por el mismo fabricante quien, seguramente también prestará su asesoramiento al futuro usuario, en lo que respecta a sus características más salientes, como así también sobre las consideraciones a tener en cuenta durante su uso y aplicación.

La resina poliester, se expende bajo la forma comercial, envasada en recipientes metálicos de 20 y 50 kilogramos, así como también en tambores metálicos con una capacidad aproximada a los 200 Kg.

De todas maneras, la cantidad de resina a adquirir deberá adecuarse, como es lógico suponer, a las dimensiones generales de la embarcación a contruir, y asimismo al número de unidades que se tenga planeado fabricar partiendo de su correspondiente molde, sin embargo en forma general, y a nivel del aficionado, es más conveniente trabajar con los envases comerciales de 20 y 50 Kg., lo que además de permitir un mejor aprovechamiento del material, facilitará el manipuleo de los mismos.

Dado que la resina poliester, tiene invariablemente, y a contar desde la fecha de su elaboración, una vida útil, preestablecida por el mismo fabricante, se hace necesario la recomendación de adquirirla en la seguridad de que sea lo más "fresca" posible, es decir, con una fecha de elaboración reciente.

Generalmente en el mismo envase, el fabricante indica la posible fecha de vencimiento del producto por lo que, si bien esta indicación se hace siempre teniendo en cuenta un margen de seguridad, debe tomarse como norma, el utilizar completamente toda la resina antes de la fecha señalada.

Tomando esta precaución se evitarán inconvenientes y gastos inútiles del material, desde que la resina luego de pasada su fecha de vencimiento, pierde en parte sus propiedades que le son comunes, diciéndose entonces que se encuentra "vencida", dificultando y eventualmente en casos extremos, tornando prácticamente imposible su utilización.

Consecuentemente, y para atenuar en parte el proceso de vencimiento, la resina debe almacenarse en lugar fresco, teniendo la precaución de evitar en lo posible que fuentes intensas de calor o rayos solares, incidan directamente sobre ella, o los recipientes en que esté contenida, dado que en general bajo estas condiciones se acelera el proceso de vencimiento mencionado.

El empleo de la resina, está acondicionado al trabajo a efectuar, ya que si bien, en algunos casos se utiliza pura, es decir tal como se expende en forma comercial, la mayoría de las veces y para el caso de su utilización en la impregnación de telas de vidrio para laminados, preparación de masillas, etc., se suele alterar la densidad de la misma ya sea aumentando ésta, lo que se consigue mezclando la resina poliester con otro tipo de resina llamada "tixotrópica", o en su defecto volviéndola más fluída mediante la incorporación de algún diluyente adecuado, en proporciones que cada fabricante estime como más conveniente.

Al hacerse esta apreciación, se da por entendido que independientemente de su utilización específica, la resina, ya sea pura o mezclada con otros componentes, debe ser acelerada y catalizada convenientemente y según proporciones adecuadas que el mismo fabricante, en base a ensayos particulares, preestablece.

RESINA TIXOTROPICA O PREGEL:

Es una resina poliester, cuya característica más saliente en lo que a su aspecto físico se refiere, es la de presentar una muy elevada densidad.

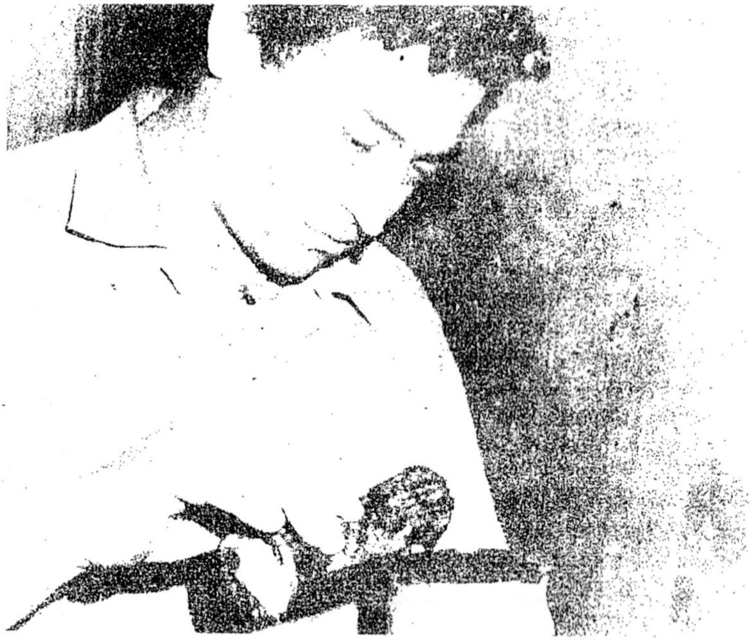

El acelerado y/o catalizado de la resina debe efectuarse en las proporciones adecuadas de acuerdo a la temperatura ambiente y al tiempo de fraguado a obtener.

Tiene la propiedad de ser tixotrópica, de ahí su denominación genérica, es decir, que colocada sobre planos verticales, o con elevada pendiente, no acusa tendencia a desplazarse hacia abajo, por lo que se la emplea con preferencia en la fabricación de los gel - coats, dado que los mismos, entre las propiedades que deben poseer, se cuenta la de permanecer estáticos sin que se produzcan "chorreaduras", aún aplicados sobre superficies de paredes aproximadamente verticales como pueden ser, por ejemplo, los costados del casco de la embarcación a construir.

La resina tixotrópica, conocida también bajo el nombre de "pregel", posee en su composición sílice en suspensión impalpable, o también llamado "aero - sil", que tiene la particularidad de contribuir a evitar el eventual cambio de tonalidad de los pigmentos que se adicionan a la resina durante el proceso de elaboración de los gel - coats.

Esta propiedad resulta particularmente beneficiosa, en el caso de la preparación de masillas a base de resinas tixotrópica, para la reparación de eventuales fallas en las superficies de laminados tratados previamente con gel - coats, en cuyo caso, se debe guardar una estrecha correspondencia de colores, sin variaciones aparentes de tonalidad.

Además de estos usos específicos, la resina tixotrópica o pregel, es utilizada para aumentar la densidad propia de la resina poliester, lo que se hace necesario de obtener en algunas aplicaciones particulares; asimismo, convenientemente acelerada y catalizada, fragua en condiciones similares a aquélla, siendo también susceptible de ser diluída con monómero de estireno.

La resina tixotrópica, se expende en forma comercial, por kilogramo, en envases metálicos con capacidades variadas que van desde 1 á 20 Kg.

GEL – COAT:

El gel - coat, es esencialmente, un preparado a base de resina tixotrópica, a la que se adicinan pigmentos colorantes, hasta lograr el color deseado, así como también substancias plastificantes para que sea posible obtener un adecuado brillo en su superficie final, una vez aplicado a manera de pintura.

Asimismo, dado que el gel - coat, aplicado a soplete en forma de capa fina, constituye la llamada superficie de terminación de las piezas moldeadas mediante laminados de fibras de vidrio - resina, debe de contar con algunas características muy especiales, por lo que su elaboración insume un delicado proceso, durante el cual, se somete al preparado elemental de gel - coat, a un maquinado especial, de manera de eliminar al máximo probables impurezas y gránulos pronunciados que de no ser así, se visualizarían en la superficie final una vez aplicado.

Generalmente se fabrican gel - coats para diversos usos específicos, por lo cual puede, sin mayor error, hacerse una subdivisión según tres tipos fundamentales:

1º) **Gel – coat de molde:**

Posee características referidas especialmente a una mayor capacidad de desgaste a la abrasión, por lo que se lo utiliza preferentemente para formar la superficie de moldeo, es decir, la cara interna del molde que eventualmente sirva de base para el laminado de un determinado número de piezas.

Es de hacer notar, que las operaciones de moldeo, desmolde, y eventuales retoques del molde o matriz, que necesariamente han de verificarse toda vez que se construya una unidad original, atentan contra la superficie interna del molde en la medida en que ésta irá sufriendo un desgaste progresivo que estará en relación directa con el número de unidades a fabricar.

Tal desgaste, llevado a valores extremos, hará que el molde se torne prácticamente inservible cuando ya no fuera posible una reparación, que en ocasiones se suele realizar a los efectos de poner al mismo nuevamente en condiciones óptimas para su uso, por lo que es evidente que el gel - coat, que en definitiva constituirá la superficie de moldeo, deberá contribuir a que ésta presente una adecuada resistencia.

2º) **Gel – coat incorporado:**

Es el utilizado para formar la superficie exterior de la pieza moldeada, es decir que constituye la primera capa, coloreada en este caso, del conjunto que comprende el laminado completo de la pieza a fabricar.

Este tipo de gel - coat, así como también el anterior descripto, posee entre sus características más salientes, la de manifestar sobre la superficie exterior de la capa aplicada, una cierta "pegajosidad" sensible al tacto, que se mantiene luego de la aplicación, y aún después del fraguado completo del producto, por un período de tiempo de aproximadamente 24 horas.

Esta pegajosidad resulta particularmente ventajosa desde que contribuye a que se produzca una íntima adherencia con la primera capa de laminado de fibra de vidrio, que se extenderá sobre la capa de gel - coat al laminar la pieza.

3º) Gel – coat de terminación:

Se usa generalmente para repintados de piezas moldeadas en fibra de vidrio, que hayan sido reparadas, o aún para aquellas que se fabriquen teniendo en cuenta un pintado posterior, como pueden ser por ejemplo, las piezas de carrocerías para automotores.

En su composición, intervienen también substancias plastificantes que se le adicionan preferentemente para que se haga posible obtener un brillo final adecuado, el que en todos los casos, sin embargo, se realza efectuando un posterior proceso de pulido con pastas y emulsiones especiales.

El gel - coat, independientemente del uso para el que habrá sido elaborado, se expende en una importante gama de colores, y en ocasiones, algunos fabricantes proceden a su aceleración, previo al envasado, detalle éste que se hace necesario de tener en cuenta cuando se lo utilice en la práctica.

Su venta, a nivel comercial, se hace por kilogramo, siendo comunes los envases con capacidades entre 1 y 20 kilos.

MONOMERO DE ESTIRENO:

Se utiliza preferentemente para diluir la resina poliester, y consecuentemente para disminuir su densidad, pero en ocasiones, se lo suele utilizar también para la limpieza de los útiles de trabajo, como pueden ser por ejemplo, los pinceles y rodillos de impregnar, espátulas, etc.

Cada fabricante de resina aconseja cuál es el porcentaje óptimo para que la misma pueda ser diluída en base a la incorporación del monómero, sin embargo, puede darse una idea general, estimando una proporción de alrededor del 10 %, en peso de resina, tomándose para el monómero de estireno un peso específico igual a la unidad.

En base a estos conceptos, puede admitirse que para un volumen de resina equivalente a un peso de un kilogramo, deberá incorporarse a los efectos de su disolución, alrededor de 100 gramos de monómero de estireno, o lo que es lo mismo, 100 $cm.^3$ de éste.

El monómero de estireno, es un líquido claro, de olor penetrante y tóxico, por lo cual debe evitarse la inhalación prolongada de los vapores del mismo, así como también los contactos continuados con la piel, ya que posee un poder cáustico sobre ésta pudiendo, en ocasiones originar quemaduras.

Es combustible, por lo que durante su manipuleo deben extremarse las precauciones en lo que se refiere a mantenerlo en todo momento alejado del fuego o de fuentes de calor intensas.

El monómero de estireno, se expende en general envasado en recipientes metálicos, con capacidades de hasta 20 litros.

CATALIZADOR:

Se lo utiliza en combinación con el acelerador, para que sea posible obtener el fraguado o endurecimiento de la resina, y su denominación genérica es Peróxido de metil-etil-cetona.

Su uso, en lo que a la proporción con la resina se refiere, se halla acondicionado fundamentalmente al tiempo de fraguado que se desee obtener.

De todas maneras, este lapso, debe corresponder a la temperatura del ambiente en que se esté trabajando, así como también al tamaño de la pieza en fabricación, ya que en el caso específico de una pieza de dimensiones importantes, debe tenerse en cuenta de antemano, el tiempo que demandará el laminado de cada una de sus capas, adecuándolo, con un margen de seguridad, al tiempo de fraguado de la resina que se esté utilizando.

Generalmente el catalizador, se adiciona a la resina en una proporción variable que oscila entre el 0,5 y el 2 %; sin embargo, cada fabricante indicará cuál es la proporción más adecuada para su uso, en correspondencia con el tiempo de fraguado y temperatura ambiente.

Se expende en forma comercial, en envases de vidrio, con capacidades desde 1 litro aproximadamente, y también en damajuanas.

El uso y manipuleo del catalizador, debe ser efectuado con ciertas precauciones.

Además de guardarlo en un lugar fresco, deben evitarse contactos prolongados con la piel, pues puede producir quemaduras, siendo asimismo, combustible y altamente tóxico.

ACELERADOR:

Su nombre genérico es octoato de cobalto, y valen para el mismo las consideraciones referidas al catalizador, en cuanto a su uso y precauciones a tomar durante su manipuleo.

Generalmente se usa incorporado a la resina, en proporciones que van desde el 0,3 al 1,5 %, dependiendo estas cifras, de la proporción de cobalto que intervenga en su composición, así como también de la temperatura existente en el lugar de trabajo.

Se expende comercialmente por litro, envasado en botellas y damajuanas.

NOTA: Es necesario que tanto el catalizador, como el acelerador, permanezcan en todo momento aislados el uno del otro, dado que por su composición química GENERAN AL ESTAR EN INTIMO CONTACTO UNA MEZCLA EXPLOSIVA.

En consecuencia debe de tenerse presente no usar para el fraccionado de los mismos una misma probeta, y si fuera necesario hacerlo así, téngase la precaución de lavar perfecta-

mente con agua y jabón la misma, antes de volcar en su interior cualquiera de los elementos citados.

El acelerador, al igual que el catalizador, resulta altamente venenoso, por lo que se torna peligrosa su ingestión, además debe de evitarse que se deposite sobre la piel, pues en contactos prolongados, puede producir quemaduras.

ACETONA:

La acetona que se utiliza en estos casos, es la que se conoce vulgarmente, expendible en farmacias y droguerías.

Como, dada su composición, disuelve la resina poliester y sus compuestos, se la usa con preferencia para la limpieza de los útiles de trabajo como pueden ser pinceles de impregnar, rodillos, espátulas, etc.

En estos casos, y a fin de abaratar el consumo de la misma, es posible adicionarle hasta un 40 % en volumen de alcohol de quemar común, no perdiendo, a pesar de ello, las propiedades de solvente para el uso indicado.

También la acetona debe utilizarse tomando ciertas precauciones, pues además de ser altamente inflamable, su volatilización genera vapores tóxicos.

AGENTE DE DESPEGUE:

Este producto, cuya composición responde al nombre genérico de alcohol polivinílico, y que vulgarmente se lo conoce también como "desmoldante", se lo utiliza durante el proceso de la construcción, a los fines de que el laminado de fibras de vidrio y resina, se adhiera a la superficie de moldeo correspondiente.

Tiene la propiedad de que, luego de extendido sobre esta última, mediante una esponja común o un trapo, forma, al secarse, una delgada película protectora que hace las veces de capa aislante, impidiendo de esta manera, el poder de adherencia de la resina el cual verificado sobre la superficie del modelo o del molde, impediría el proceso de desmolde correspondiente.

Dicha película protectora, una vez efectuada la operación de desmolde de la pieza, puede ser fácilmente removida mediante un lavado de la superficie tratada, con agua tibia y jabón.

El agente de despegue, se expende comúnmente por litro, envasado en botellas o envases de plástico.

CERA EN PASTA:

Se usa con criterios similares al agente de despegue ya que, aún sin ser tan efectivo como éste, tiene también la propiedad de anular el poder de adherencia de la resina.

Sin embargo, su utilización en estos casos, está fundamentalmente acondicionada al encerado de las superficies de moldeo, y consecuentemente, a obtener un brillo adecuado en éstas.

Independientemente de su composición química, se recomienda el uso de la cera en pasta de color natural, es decir, exenta de anilinas, dado que éstas, eventualmente pueden comunicar su color a los laminados de la pieza a fabricar.

TALCO INDUSTRIAL:

El talco industrial, es usado para la preparación de masilla susceptible de ser utilizada en reparaciones de poca importancia, o donde no se deba tener en cuenta una uniformidad de color, ya que el talco tiene la particularidad de oscurecer la masa preparada.

En el compuesto de masilla, hace las veces de aglutinante de la resina, dándole así, la consistencia necesaria para ser trabajada a espátula.

El talco industrial, fácilmente obtenible en droguerías, se expende por kilogramo, y debe tenerse la precaución al adquirirlo, que en lo posible carezca de impurezas y gránulos pronunciados.

SILICE EN POLVO:

Al igual que el talco industrial, el sílice en polvo impalpable, o también llamado "aero - sil", se lo utiliza con preferencia para formar masilla a base de resina poliester, resina tixotrópica, o gel - coat.

Su uso está especialmente indicado para servir de aglutinante en aquellas masillas que se destinen a reparar superficies ya coloreadas, dado que tiene la propiedad de no variar la tonalidad del pigmento adicionado a las mismas.

En consecuencia puede ser utilizado en estas condiciones para la reparación de la superficie del molde y aún de la superficie exterior de piezas terminadas, en cuyo caso, para guardar una uniformidad de pigmentación entre la zona a reparar y el resto, puede ser homogeneizado a los efectos de obtener una masilla, con el mismo gel - coat usado como capa de terminación en la pieza a reparar.

Entre el resto de los componentes más imprescindibles, que usualmente son utilizados en todo el proceso de la construcción de una embarcación en fibra de vidrio estarían los siguientes:

Pasta de pulir de grano fino.
Cera común incolora con siliconas.
Emulsión lustradora.
Masilla a la piroxilina.

Los tres primeros son empleados con preferencia para obtener el brillo final en las superficies de moldeo; en cuanto a la masilla a la piroxilina, se utiliza para el enduído de la superficie exterior del modelo, como así también en reparaciones que sean susceptibles de efectuar antes de su pintado final.

TELAS DE VIDRIO A USAR

En párrafos anteriores, se consideró la función que acusa el tejido de vidrio, en los laminados a base de resinas poliésteres, pudiendo establecerse que la fusión de ambos materiales, constituyen el llamado estratificado (conjunto vidrio-resina).

Si se tiene en cuenta que dicho estratificado debe poseer una resistencia mecánica y un espesor acorde a la pieza o zona de la embarcación a fabricar, resultará evidente que estos valores de resistencia y espesor, deberán ser obtenidos no solamente laminando un elevado número de capas, lo que por otra parte traería aparejado un excesivo peso estructural, y un gasto inútil de material, sino fundamentalmente considerando las propiedades del material que constituirá cada una de dichas capas del laminado.

En consecuencia, para cada tipo y dimensión de embarcación a construir, y aún teniendo en cuenta las zonas de la misma, en lo que a su resistencia se refiere, debe adecuarse el uso de las distintas variedades de fieltros y telas de vidrio que se fabrican en la actualidad.

Sin embargo estas consideraciones, así como también el cálculo estimativo de de los materiales de vidrio que se usarán, se hacen más adecuadas de mencionar en los capítulos referidos específicamente al moldeo de la embarcación en sí, por lo que aquí, cabe mencionar solamente las principales características de los mencionados materiales, y en qué forma usual se presentan en el comercio a los efectos de su adquisición.

En base a lo dicho, es posible hacer una división general de las telas de vidrio más corrientemente usadas en construcción de embarcaciones menores en plástico reforzado, según tres grupos principales:

Fieltros.
Telas o Tejidos de roving.
Velo de superficie.

Todos ellos se encuentran en el comercio bajo la forma de rollos de longitudes y pesos más o menos comunes, pudiendo ser adquiridos también en algunos casos en longitudes menores, es decir fraccionados en medidas lineales, según las necesidades particulares y el tamaño de la embarcación a fabricar.

FIELTRO:

El fieltro o "mat" más comúnmente usado, es el llamado vulgarmente "de 450", queriéndose significar con esta denominación, que el peso del mismo por metro cuadrado alcanza a 450 gramos.

Aunque como ya se ha visto en un capítulo anterior, existen fieltros con pesos mayores, y consecuentemente de mayor espesor, no se hacen recomendables para el moldeo de pequeñas embarcaciones o piezas de las mismas, dada su mayor tenacidad.

El mencionado mat o fieltro de 450 gramos, se expende en forma comercial bajo la forma de rollos de alrededor de 1,20 metros de ancho, y cuyo peso suele alcanzar aproximadamente los 30 kilogramos.

TELAS DE ROVING:

Las telas de roving, que se suelen incluir en el laminado, a fin de que éste obtenga un mayor valor de resistencia, se identifican y diferencian según el número de cabos con que cuenten, pudiéndose mencionar como las más usadas las siguientes:

De 15 cab

Con un espesor de 0,40 mm. y un peso aproximado de 330 gramos por metro cuadrado.

De 30 cabos:

Con un espesor de 0,60 mm. y un peso de 600 gramos por metro cuadrado.

De 60 cabos:

Cuyo espesor alcanza a 0,60 mm., y cuyo peso es de 770 gramos por metro cuadrado aproximadamente.

Todas estas telas o tejidos de roving, se expenden en rollos de 0,90 m. de ancho y en longitudes diversas, pudiéndose adquirir asimismo en forma fraccionada, por metro lineal.

VELO DE SUPERFICIE:

El velo de superficie se utiliza casi exclusivamente para servir de adecuado refuerzo a la capa de gel - coat, y eventualmente como capa final del laminado a fin de que sea posible obtener una mejor terminación en la superficie interior de éste.

Su aspecto físico se manifiesta como una tenue urdimbre de filamentos de vidrio formando un tejido de espesor mínimo y escasa resistencia estructural, sin embargo está perfectamente adecuado a los usos mencionados, y en lo que a servir de refuerzo a la capa de gel - coat se refiere, su empleo se hace insustituíble.

El peso del velo de superficie alcanza a un valor aproximado de 30 gramos por metro cuadrado, y como en el caso de los fieltros y telas de roving, se expende comercialmente en rollos cuya longitud oscila entre los 60 y 70 metros, pudiéndose adquirir asimismo, en forma fraccionada, de acuerdo a las necesidades que se posean.

UTILES DE TRABAJO

De la misma manera como acontece con cualquier otra tarea manual, la construcción de una embarcación en plástico reforzado partiendo del molde o de su modelo, según el caso, supone el disponer por parte del aficionado que se aboque a esta tarea, de una serie de herramientas y útiles de trabajo que serán sumamente necesarios a través de todo el proceso que insuma la construcción en sí.

En los párrafos siguientes, se pretende brindar una guía práctica cuya función principal, además de considerar en forma particular cada uno de estos elementos, será la de enumerar aquellos que resulten más adecuados para las distintas tareas a realizar, que supuestamente comprenden desde la preparación del molde, hasta la terminación final de la embarcación.

Es de hacer notar que todos los útiles de trabajo y/o herramientas a considerar, ya sean manuales o eléctricas, deben ser susceptibles de estar al alcance de la mano en el momento en que han de ser empleadas; esta observación supone como consecuencia, la necesidad de contar con un lugar dentro del local en que se trabaje, adecuado a la ubicación de las mismas.

Este detalle, como otros que se han enumerado anteriormente, posee capital importancia si se tiene en cuenta que los materiales a utilizar presentan cierta disposición natural por perjudicar en lo que a la prolijidad se refiere no solamente a las herramientas con que se lo trabaje, sino también al lugar donde se realice la construcción.

Es por ello que se recalca la necesidad de guardar un estricto orden, y una adecuada prolijidad en lo que se refiere a la higiene de las manos, ya considerada anteriormente como así también a la limpieza del local y herramientas, etc.

Es conveniente contar de antemano con todos los útiles y herramientas que se mencionarán luego, y, como se dijera, destinar un armario, estantería o eventualmente un tablero adosado a la pared, donde dichos elementos puedan ser ubicados.

Estos elementos o útiles de trabajo, para darles un nombre más genérico, pueden ser enumerados según la siguiente lista, sin pretender por el lugar que ocupan en la misma, asignarle una mayor o menor importancia en su función:

PINCELES:

Se utilizan fundamentalmente para la impregnación del fieltro mediante la resina, o durante el proceso del laminado de las distintas capas de estratificados a los fines de amoldar el material de vidrio a las formas correspondientes del modelo o molde.

Se recomiendan los comunes usados para pintar, de buena calidad y de cerda más bien dura, y de un tamaño aproximado que correspondería al número 20.

El uso correcto de los pinceles, debe estar acondicionado más que nada, al correcto lavado de sus cerdas luego de que fueran utilizados; dicho lavado debe ser efectuado en un recipiento limpio, ya sea con acetona o usando monómero de estireno.

Luego de una profusa inmersión en cualquiera de estos solventes, de manera de asegurarse que entre las cerdas no hayan restos de resina en proceso de gelificación, deberán lavarse abundantemente con agua pura y jabón común de cocina, repitiendo, luego de enjuagados varias veces, esta operación, hasta obtener una completa limpieza de los mismos.

Si no se han de utilizar de inmediato, se recomienda envolver la cerda de los pinceles en un papel, a fin de que se mantengan en condiciones óptimas como para ser usados nuevamente.

Nunca deben dejarse pinceles sucios con resina en proceso de gelificación, ni menos aún en el interior de recipientes conteniendo restos de resina en iguales condiciones, ya que una vez verificado el fraguado de la misma, los pinceles se tornarán inservibles.

RODILLOS DE LANA DE PINTOR:

Estos rodillos, son los comúnmente usados para el pintado de paredes, debiendo preferirse los de lana, en razón de que los fabricados con espuma de goma, son atacados por la resina y sus componentes y solventes.

El uso del rodillo, permite laminar superficies planas sobre todo, de áreas importantes, en un tiempo relativamente más corto que utilizando los pinceles, pero en cambio, éstos últimos resultan más eficaces para el moldeo en aquellas zonas más engorrosas, como pueden ser, ángulos pequeños, nervaduras de refuerzo, formas complejas, etc.

Conviene disponer de dos o tres rodillos del tipo descripto, a fin de utilizarlos en su momento, inclusive de esta forma, se tendrá la seguridad de contar con un repuesto si se diera el caso de que el usado hasta ese momento haya quedado eventualmente inutilizado por la resina fraguada.

Asimismo, la limpieza de los rodillos, debe ser efectuada convenientemente, y de acuerdo a las recomendaciones dadas al hacerse referencia a la limpieza de pinceles, es decir removiendo primero la resina con monómero de estireno o acetona, y procediendo luego a un profundo lavado con agua y jabón, hasta que se tenga la seguridad de que no hayan quedado vestigios de aquélla.

RODILLO DE HIERRO:

Este tipo de rodillo, cuya construcción puede ser efectuada por el mismo aficionado, se utiliza preferentemente para eliminar las burbujas de aire de dimensiones importantes, que inevitablemente se producen durante el proceso del laminado, como así también para adherir estrechamente las distintas capas de fieltro impregnadas con la resina, durante la laminación de las distintas piezas.

La configuración general de este rodillo puede apreciarse en la figura Nº 13, donde se ve, que el mismo consta de una varilla de hierro convenientemente acodada, en uno de cuyos extremos se incluye un mango de madera común, para facilitar su manipuleo.

En el eje principal resultante, se encuentran insertadas arandelas comunes de hierro, de diámetro conveniente, y un número determinado de las llamadas ruedas dentadas, que se utilizan para la rectificación de piedras amoladoras; dichas rueditas dentadas, se insertarán a su vez en el eje correspondiente, en forma alternada y separadas por una o dos arandelas, hasta conseguir la longitud de rodillo deseada.

En el extremo libre del eje de hierro, se colocará una pequeña chaveta que soporta el conjunto.

En la figura Nº 14, se dan las dimensiones principales de las distintas piezas a emplear, pudiéndose variar las mismas, de acuerdo al criterio del constructor.

La limpieza del rodillo, luego de su uso, debe hacerse al igual que en el caso de pinceles y rodillos la lana, mediante una profunda inmersión de sus partes afectadas por la resina en un recipiente adecuado que contenga acetona o monómero de estireno, manteniéndolo así un cierto tiempo, luego de lo cual se retirará para su secado, lo que se consigue permitiendo que el solvente usado, se evapore en forma natural.

Si por alguna causa, el rodillo ha quedado inutilizado momentáneamente, como consecuencia de estar trabadas las rueditas dentadas por la acción de la resina fraguada que pudo haber quedado entre ellas, o aún de trozos de fieltros impregnados con resina y ya fraguados, se hace necesario eliminarlos para lo cual es conveniente colocar el rodillo "empastado", sobre una llama preferentemente de gas, manteniéndolo así un cierto tiempo; con lo que los restos de resina y fieltros, se quemarán a consecuencia de su combustibilidad, siendo más fácil en estas condiciones, retirarlos de entre las piezas móviles, lo que se logra pasando el rodillo aún caliente, sobre una superficie dura y repitiendo la operación hasta que se verifique su completa limpieza.

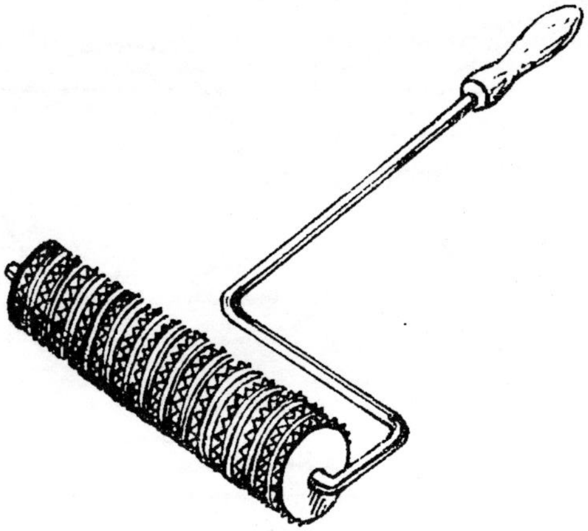

Fig. Nº 13: Un típico rodillo de hierro usado para la impregnación del fieltro.

ESPATULAS:

Dado el continuo uso a que serán sometidas, es conveniente disponer de varias espátulas, siendo las más recomendables las de alrededor de 5 cm. de ancho de hoja.

Sin embargo conviene tener a mano algunas más pequeñas para el eventual masillado de zonas poco accesibles, así como también contar con una más ancha llamada vulgarmente "paleta", para usar durante la operación de enduído del modelo.

Es imprescindible además proceder a afilar convenientemente por lo menos dos de las mencionadas en primer término, a los efectos de

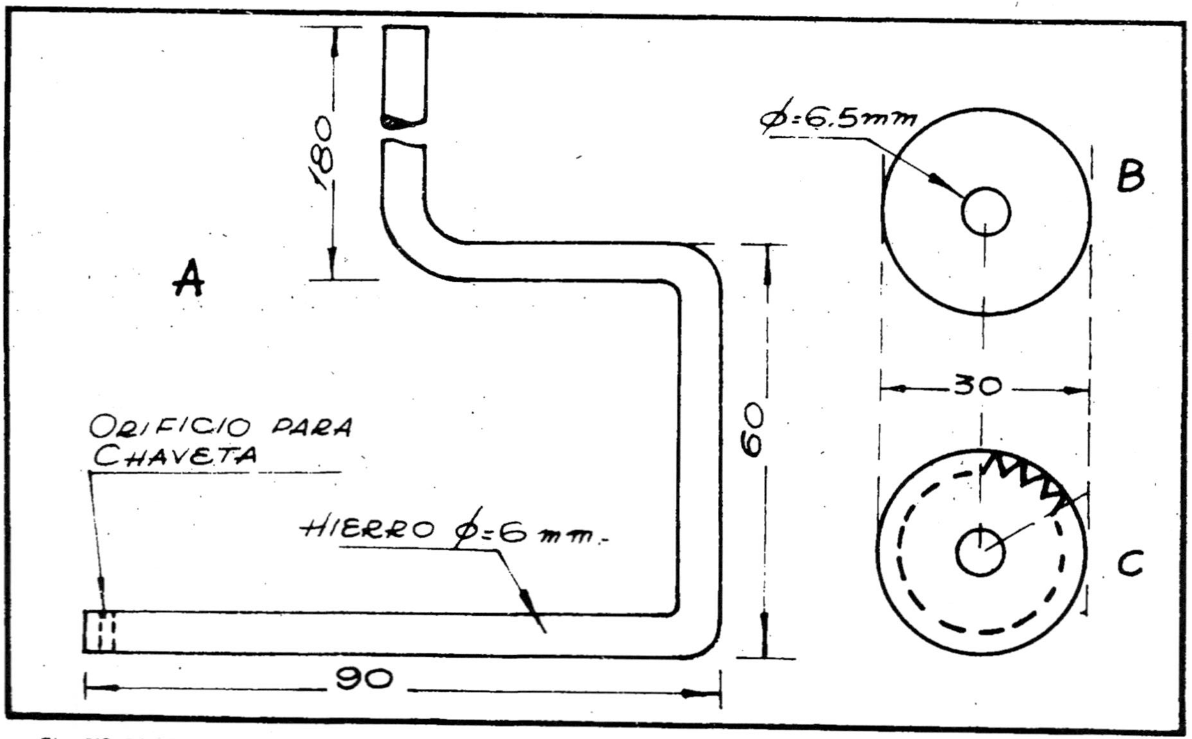

Fig. Nº 14· Despiece del rodillo mostrando sus elementos principales: A: Varilla acodada – B: Arandela común – C: Arandela dentada.

utilizarlas a manera de trincheta durante el corte de las distintas telas de vidrio.

Las espátulas afiladas, resultan muy prácticas para este fin, aconsejándose en este caso, disponer de una chapa metálica fina que pueda asentarse sobre una mesa plana y sobre la cual se realizará el corte de las distintas telas y fieltros con el auxilio de una regla de madera o mejor aún metálica; así también, se adecuan perfectamente al proceder a perfilar el sobrante de material de laminado en las piezas moldeadas, el que en estos casos debe ser realizado antes de que produzca el fraguado del material, es decir cuando el mismo se halle en proceso de gelificación.

Las espátulas, y sobre todo aquéllas destinadas a estar en contacto directo con la masilla a base de resina, deben mantenerse perfectamente limpias, por lo que conviene eliminar inmediatamente luego de usadas, los restos de material que pudieran haber quedado depositados sobre su hoja.

Esto se logra fácilmente, sumergiendo la espátula con los restos de resina o masilla aún sin fraguar, en acetona o monómero de estireno, y frotando a continuación la hoja, con un trozo de arpillera limpia o una tela de trama gruesa.

Si la espátula por alguna causa, ha quedado "empastada" con restos de resina fraguada, o masilla en las mismas condiciones, ha de ser limpiada ya sea con el auxilio de otra espátula, o bien con una herramienta de filo más o menos cortante como puede ser por ejemplo, un cortafrío.

No se pretenda someter la hoja a la llama del fuego, pues aunque bajo estas condiciones la eliminación de los residuos se verificará más rápidamente, en cambio la flexibilidad y tenacidad de la misma, quedará reducida a consecuencia del "destemplado" originado por el calor de la llama.

TRAPOS VARIOS:

Tanto sea para el lavado y/o secado posterior de los elementos de trabajo, como así también para otros usos diversos que más adelante serán tratados, el disponer en el taller de una buena cantidad de trapos limpios en desuso, se hace imprescindible.

Se aconsejan aquellos que por su textura no desprendan pelusas, los que serán usados preferentemente para el proceso de lustrado manual de las superficies de moldeo; tal pueden ser por ejemplo, los que deriven de sábanas en desuso y otros similares, sin descontar una buena cantidad de otros recortes de trama gruesa o arpillera para la higienización de las manos y útiles de trabajo.

Dichos trapos pueden ubicarse en un cajón de manera de tenerlos siempre al alcance de la mano en el momento en que se haga necesaria su utilización.

RECIPIENTES VARIOS:

Los más necesarios para el trabajo son aquellos destinados a contener la resina cuando se efectúe la impregnación a pincel de los distintos laminados.

Son aconsejables de una capacidad máxima de alrededor de un litro, sirviendo muy bien para estos fines, los envases de aceites y lubricantes usados para automotores, fácilmente obtenibles en estaciones de servicio.

Es de hacer notar que luego de retirada completamente su tapa superior, estos deben ser sometidos a una limpieza profunda para eliminar cualquier vestigio de aceite sobre sus paredes, dado que de existir el mismo, dificultaría el proceso de gelificación de la resina, ya que al igual que la cera, el aceite o cualquier producto oleoso, actúa como un eficaz desmoldante.

El envase, en consecuencia debe ser lavado de preferencia con agua pura caliente y detergente común enjuagándolo luego y secándolo perfectamente, dado que no es aconsejable tampoco que restos del agua de lavado entre en contacto con la masa líquida de resina.

Para una mayor comodidad en el manipuleo de estos recipientes, se aconseja adosarles a manera de asa, un trozo de palo de escoba o listón de 2 x 2 cm. de sección y de una longitud de 10 cm. aproximadamente, tal como lo muestra la figura Nº 15.

Este pequeño taco de madera se sujetará en posición mediante el auxilio de un clavo de cabeza colocado desde el interior del recipiente y en correspondencia con la costura del mismo para darle más rigidez.

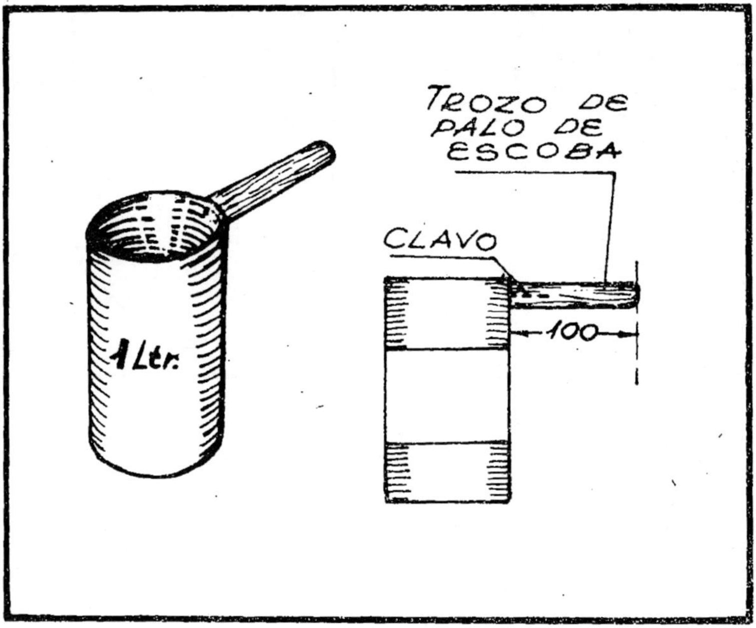

Fig. Nº 15: Práctico recipiente para manipulear cómodamente la resina durante su uso en el impregnado de fieltros.

Otros recipientes que serán útiles en su momento, son aquellos derivados de aceite, aguarrás, etc. en sus tamaños de 5 y 20 litros, los que al igual que los anteriores, deberán limpiarse perfectamente luego de abiertos siendo conveniente adosarles una manija de alambre grueso, ver figura Nº 16.

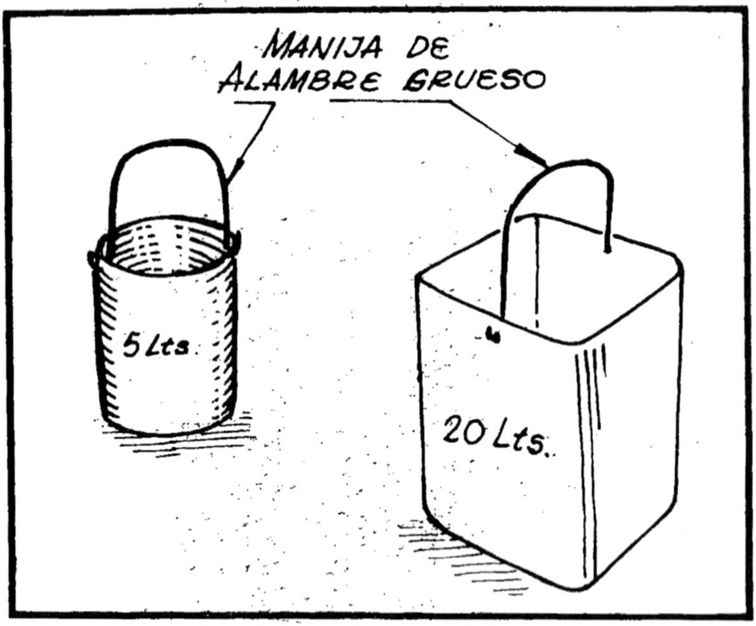

Fig. Nº 16: Dos envases muy prácticos para el mezclado de resina, gel - coats, etc.

PROBETAS GRADUADAS:

Su uso está acondicionado a la necesidad de poder medir con cierta exactitud, determinados volúmenes de catalizador, acelerador y monómero de estireno al preparar la mezcla de resina, gel - coat, etc.

En consecuencia deben tenerse por lo menos dos de estas probetas con una capacidad máxima de 50 y 200 cm^3, para el uso del catalizador y acelerador, y otra de alrededor de 500 cm^3, para medir volúmenes de monómero al diluir resinas y gel - coats.

Asimismo, tanto el catalizador como el acelerador como se dijera anteriormente, deben mantenerse separados en todo momento, pues la unión de los mismos genera una mezcla explosiva, en consecuencia se reitera la necesidad de medir cada uno de estos a los fines de su utilización, en su correspondiente probeta, lo que equivale a admitir concretamente que en la probeta de catalizador no debe nunca medirse acelerador y viceversa.

Si por razones de fuerza mayor, ello debe ser efectuado, previamente téngase la precaución de lavar perfectamente bien la probeta con abundante agua y jabón.

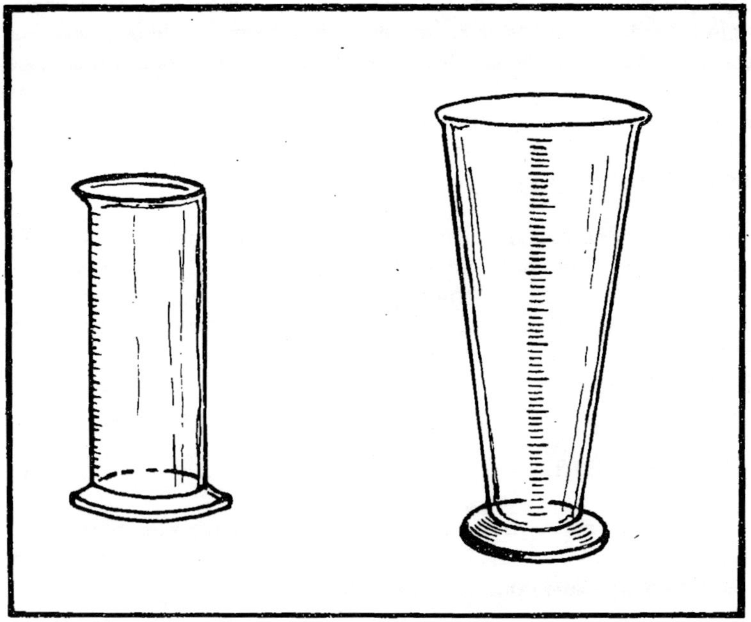

Fig. Nº 17: Probetas graduadas a utilizar para medir cantidades de acelerador, catalizador y monómero.

ESCOFINAS:

Es conveniente disponer de varias de ellas, de preferencia de grano mediano y grueso y en lo posible de buena calidad; esto último se destaca en especial, dado que el material de fibra de vidrio y resina resulta sumamente duro y con gran poder abrasivo, de ahí que los dientes de la escofina deben ser de un acero lo suficientemente tenaz como para soportar el desgaste ocasionado.

PULIDORA ELECTRICA:

Aunque la adquisición de una pulidora eléctrica supone un gasto mayor, que la mayoría de las veces no se encuentra al alcance del aficionado de medianos recursos, el disponer de una de ellas, con los accesorios que comprenden discos abrasivos y paño para pulir, se hace en ciertos puntos de la construcción, insustituíble, no solamente teniendo en cuenta el menor tiempo relativo que demandaría la operación a realizar, comparándola con su realización en forma manual, sino en el resultado a obtener.

La pulidora con sus distintos discos abrasivos para desbastar, y discos de paño para lograr brillo final, es empleada a través de casi todo el proceso constructivo de la embarcación, ya sea para retocar superficies de laminados, emparejar bordes de piezas moldeadas, en alguna eventual reparación, y finalmente para el pulido final de superficies de moldeo y piezas terminadas.

PASTA DE PULIR:

La pasta de pulir, vulgarmente usada en el lustrado de pinturas, se adapta perfectamente a ser aplicada sobre la superficie final de piezas moldeadas con resina poliester y fibra de vidrio.

Conviene adquirirla en recipientes no de mucha capacidad, para evitar que luego de abiertos y ante la posibilidad de tenerlos almacenados durante un cierto tiempo, se produzca la evaporación de los solventes que integran la preparación de la pasta, en cuyo caso ésta se resecaría excesivamente perdiendo algunas de sus propiedades.

De todas maneras es aconsejable, para evitar también el inconveniente citado, que la pasta de pulir sea guardada en un lugar fresco dentro del local en que se trabaje.

MESA PLANA PARA CORTAR FIELTRO:

El destinar una superficie plana adecuada para el cortado de los distintos tejidos de fibras de vidrio a los fines de su utilización, resulta muy conveniente desde que permite efectuar el trabajo con mayor exactitud y comodidad.

Dicha superficie, puede estar constituída por una mesa plana común, o en su defecto un tablero asentado sobre dos caballetes como lo muestra la perspectiva de la figura 18; siendo conveniente en cualquiera de los dos casos, que se cuente con un plano de por lo menos 1 x 1,50 metros, de manera de ofrecer la mayor comodidad posible al constructor.

El tablero en cuestión, en su cara superior puede ser cubierto con una chapa de hierro común, de espesor fino, la que además de resguardarlo de los filos cortantes de la espátula y tijeras, facilitará la tarea al ofrecer una superficie más sólida para el cortado.

VIDRIOS PARA IMPREGNAR:

El objeto de los mismos, es el de servir de apoyo durante el impregnado con resina de los diferentes fieltros que posteriormente se colocarán sobre el modelo o molde a los efectos de realizar el laminado de la pieza en fabricación.

Lo ideal sería un trozo de cristal cuadrado de aproximadamente un metro de lado, asentado sobre una mesa plana o un tablero colocado a una altura conveniente; sin embargo puede servir para el caso, cualquier recorte de vidrio más fino, el que lógicamente deberá ser tratado extremando las precauciones en su uso.

Conviene, antes de comenzar a impregnar los fieltros sobre el vidrio, extender sobre toda su superficie superior, una generosa capa de cera en pasta o mejor aún de agente de despegue, a los efectos de evitar la adherencia entre ambas superficies en contacto.

Fig. Nº 18: Para el cortado de los fieltros es muy cómodo disponer de una superficie plana ubicada a una altura conveniente.

COMPRESOR:

El disponer de un compresor con su correspondiente soplete para pintura, se hace necesario para obtener en determinados pasos de la construcción, un acabado que sería imposible de lograr a mano, tal el caso de la aplicación del gel - coat, pintado o repintado de piezas ya moldeadas mediante resina pigmentada, etc.

Es conveniente que el mismo tenga una capacidad de presión de unas 150 atmósferas.

BALANZA:

La balanza como útil de trabajo, se presta a los fines de poder apreciar el peso de determinados componentes que entrarán en la fabricación, tal sea el caso de pesar volúmenes de resina, trozos de fieltros fraccionados, cantidades de gel - coats etc.

La balanza más indicada para estos casos, y a nivel de una construcción de poca envergadura, sería la común usada en negocios de venta de comestibles con una capacidad de alrededor de los 10 kilogramos como máximo.

MAQUINA DE AGUJEREAR ELECTRICA:

Lo ideal sería contar con el auxilio de dos tamaños de este tipo de perforadoras, una con mandril hasta un diámetro de 6 mm., y otra de menor revoluciones con un mandril para albergar mechas de hasta 12 mm. aproximadamente, ambas con su correspondiente juego de mechas, las que además de ser de un acero suficientemente tenaz, deben mantenerse en todo momento bien afiladas, ya que el laminado de fibra de vidrio perjudica visiblemente el filo de las mismas al pretender perforarlo.

PROLONGADOR:

El prolongador, que puede ser fácilmente construído por el mismo aficionado, debe poseer una longitud adecuada a las dimensiones del lugar de trabajo y a la posición de los diferentes tomacorrientes que se encuentren instalados en el mismo; sin embargo una medida mínima de alrededor de 5 metros sería aconsejable.

Es conveniente preveer para el mismo, de una eficiente descarga a tierra, para lograr una máxima seguridad durante el empleo de las máquinas eléctricas.

TIJERA PARA CORTAR FIELTRO:

Como complemento de la ya mencionada espátula con bordes afilados, es conveniente disponer además de una tijera para el cortado de los distintos fieltros de vidrio a usar.

La más recomendable, es la usada para el tusado de la crin de caballos, pero en su defecto, puede substituirse por una como las usadas por los sastres.

LIJAS DE MADERA Y AL AGUA:

Es necesario tener en el taller, una buena provisión de estos papeles abrasivos en sus tipos para madera y de los llamados al agua; los primeros conviene adquirirlos en texturas mediana y gruesa, en cuanto a los segundos la variedad debe ser necesariamente mayor a los efectos de adecuarlos a las necesidades de terminación de superficies.

El uso de la lija debe efectuarse mediante el auxilio de un taco de corcho o de madera con una cara cubierta por un trozo de goma dura, tal como lo muestra la figura Nº 19; dicha goma puede mantenerse en posición mediante cemento de contacto, o en su defecto ser fijada con tachuelas comunes, teniendo la precaución de embutir bien sus cabezas.

Es conveniente preparar varios tacos de este tipo, de distintas medidas para adecuarlos a las superficies a lijar.

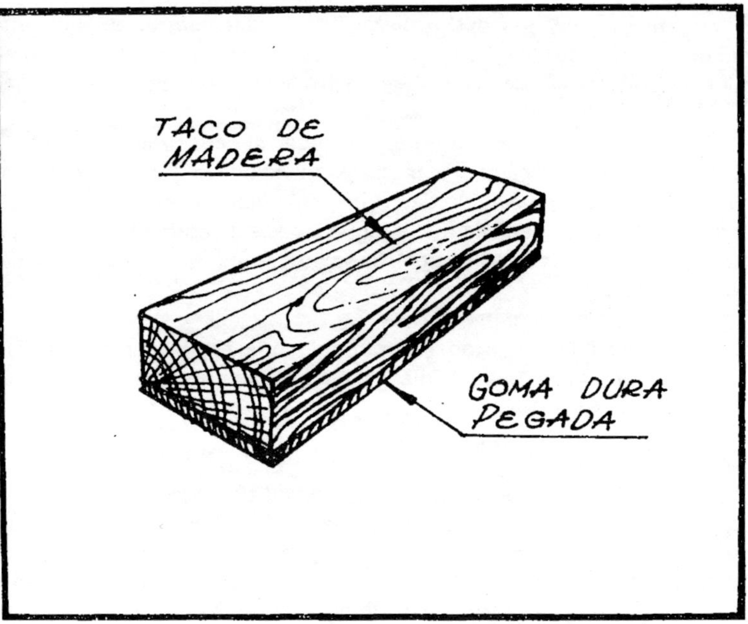

Fig. Nº 19: Un taco adecuado para lijar.

MASCARA ANTIPOLVO:

Se hace necesario aquí, la necesidad de reiterar que en general todos los compuestos derivados de resina poliester y fibras de vidrio, deben ser manipuleados y trabajados extremando las precauciones.

La máscara antipolvo representa desde todo punto de vista, un elemento sumamente útil para evitar a la persona que esté realizando cualquiera de las tareas inherentes a la construcción, la ingestión de vapores tóxicos producidos por la volatilización natural de algunos solventes, así como también de polvo en suspensión, elementos éstos, que se originan en forma más notable durante el sopleteado del gel - coat o cualquier resina pigmentada, o durante el pulimento de sectores o superficies de laminados o piezas terminadas, con el auxilio de la pulidora eléctrica; en este último caso, el polvo resultante posee características que hace que resulte nocivo al ser aspirado.

En consecuencia, es aconsejable que el constructor tenga la precaución de colocarse la máscara mencionada, antes de iniciar cualquiera de las operaciones descriptas; haciendo extensiva la recomendación a cualquier persona que aunque no esté en contacto directo con dichas emanaciones de solventes y/o polvos, se encuentre muy cerca del lugar de trabajo.

De ser posible asimismo es preferible que estas operaciones sean efectuadas en lugares bien ventilados, y aún al aire libre.

. . . .

Entre los elementos accesorios de esta lista, pueden mencionarse aquellos destinados a la limpieza del taller, limpieza que debe hacerse con bastante frecuencia; y finalmente también algunas herramientas comunes que sin duda el aficionado deberá poseer, como ser: tenaza y pinza, destornilladores, maceta de goma, esta última para usarla durante la operación de desmolde; sierra de cortar metales con surtido de hojas, serrucho común para madera, varias prensas a tornillo de preferencia de las llamadas "de coliza", cinta métrica de metal, martillos, etc.

☆ ☆ ☆

CAPITULO CUARTO

CONSTRUCCION DEL MODELO Y MOLDE

A través de las explicaciones efectuadas en las páginas anteriores, han sido mencionados repetidas veces, los términos "modelo" y "molde".

La importante función que cumplen cada uno de estos elementos en el proceso de construcción de una embarcación, o cualquiera de sus partes, utilizando como materia prima la resina poliester reforzada con fibra de vidrio, así como también su estrecha vinculación a dicha construcción, hace que se haga necesaria una consideración especial en lo que respecta al modelo y su correspondiente molde o matriz, tanto para que el aficionado profano en este tópico, posea un conocimiento teórico real de la función que cumplen cada uno de ellos, como para precisar en forma más concreta el proceso evolutivo de la fabricación de la embarcación en sí, o cualquiera de sus partes.

Así como en el desarrollo constructivo de cualquier tipo de embarcación, efectuado según el método tradicional y usando de preferencia la madera, deben realizarse un determinado número de etapas que comienzan desde la consideración del proyecto en sí, hasta la terminación final de la obra, la fabricación de una embarcación de plástico reforzado con fibra de vidrio, puede ser generalizada a grandes rasgos teniendo en cuenta los siguientes elementos principales:

1°) Un proyecto adecuado, tanto a las necesidades del futuro usuario, como así también a las particularidades del material, consideración ésta última, tratada en el segundo capítulo.

2°) Un modelo construído en madera, yeso o metal que será en definitiva la materialización del proyecto primitivo.

Este punto en particular, puede ser susceptible de variación, si se sonsidera que cabe la posibilidad de utilizar a manera de modelo, ya sea una embarcación construída en madera, cuyas formas y dimensiones generales se adapten para su construcción en fibra de vidrio, ya sea otra embarcación construída directamente con este último material.

3°) Un molde, también llamado "matriz", el que puede definirse como el "negativo" del modelo, desde que dado que se construye sobre éste, resulta por lo mismo, con su cara interior lisa.

Dentro de este molde o matriz así obtenido, se efectuará el moldeado de la o las distintas piezas que se deseen fabricar, las cuales representarán la culminación del proceso, y como es lógico suponer, poseerán dos características fundamentales en la medida en que resultarán idénticas en formas y dimensiones al modelo primitivo, y poseerán lisa su superficie exterior.

Es decir, concretamente y en términos más sencillos que, para obtener una embarcación o cualquier pieza o elemento de la misma elaborada con plástico reforzado, es necesario disponer de antemano de un molde que haga factible el moldeo de la pieza en su interior y, dado que este molde de carácter "negativo", debe ser copia exacta de un modelo "positivo" se hace también necesario en primer lugar, disponer de un modelo.

Esta somera explicación, representa lo que podría llamarse, el desarrollo normal del proceso de fabricación de cualquier elemento utilizando fibra de vidrio, y a los efectos de su ilustración práctica, se muestra en la figura 20, la secuencia gráfica de lo explicado, tomando a manera de ejemplo, una pieza elemental de forma aproximadamente cúbica.

En la figura anterior, el detalle (A), representa el modelo de la pieza a obtener, construído en madera o yeso, o eventualmente combinando ambos materiales.

El (B), muestra el molde o matriz construído mediante laminados alternados de fibra de vidrio-resina, sobre la superficie exterior del modelo.

El detalle (C), representa el molde obtenido a consecuencia de esta última operación.

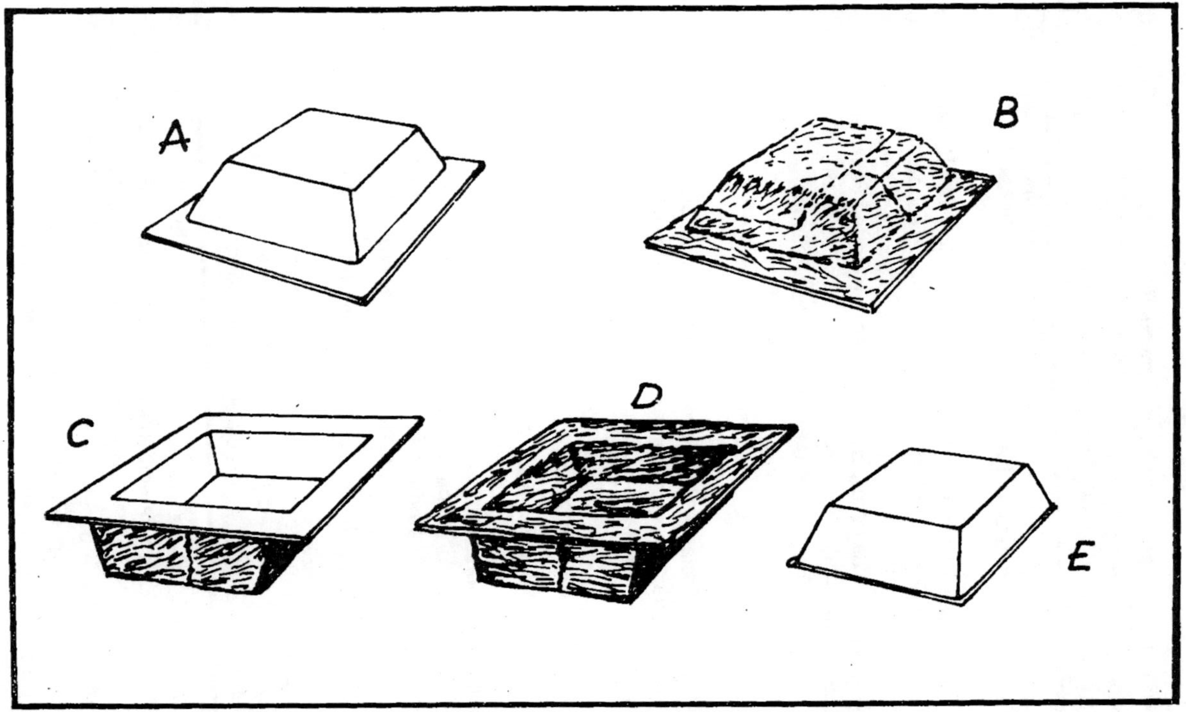

Fig. Nº 20: Secuencia gráfica del moldeo de una pieza en plástico reforzado partiendo de su modelo.

En (D), ya se ha moldeado mediante laminados de fibras de vidrio-resina, la pieza en el interior del molde o matriz, utilizando como superficie de contacto, la interior de ésta.

Y por último, en el detalle (E), se muestra la pieza ya "desmoldada" y lista para su terminación final.

Como puede observarse, la pieza en cuestión resulta idéntica en forma y dimensiones al modelo primitivo, identificado con la letra (A)

Esta secuencia de pasos, vista así en forma esquemática, requiere una explicación particular para cada uno de ellos, en la medida en que la construcción y preparación de cada uno de los elementos considerados, supone una serie de extensas consideraciones en lo referente a su obtención partiendo de un proyecto pre-establecido.

En consecuencia, y siguiendo el orden lógico previsto, y por otra parte inevitable, se considerará en primer lugar el proceso de la construcción y preparación del modelo.

CONSTRUCCION DEL MODELO EN MADERA:

La construcción de un modelo de casco o cubierta, (tomados estos como elementos principales), de una embarcación menor para su posterior realización empleando plástico reforzado, supone o puede ser susceptible de ser dividida en dos etapas que serían:

a) La construcción en sí de la estructura que forma el modelo.

b) La preparación de la superficie exterior del mismo, referida específicamente en este caso, al pulido necesario para que sea posible laminar sobre dicha superficie el correspondiente molde o matriz.

El punto (a), puede eventualmente hacerse innecesario, si fuera el caso de disponer de una embarcación ya construída de madera o fibra de vidrio y a la que destine para servir de modelo; en este caso particular, se hará necesario solamente el realizar la operación de obtener una adecuada textura de superficie exterior, y consecuentemente preparar la misma para el paso inmediato posterior, es decir, la obtención de su molde.

El primer plano de la fotografía, muestra el molde correspondiente a la cubierta de un velero de dimensiones mayores cuya matriz de casco se observa más al fondo.

Sin embargo, descontando este hecho aislado, y como iniciación lógica, debe por fuerza considerarse la construcción del modelo en sí partiendo de su proyecto.

Ante todo, es necesario dejar bien entendido que un modelo de casco y cubierta de una embarcación, o cualquiera de sus elementos adyacentes, debe constituir de por sí, e independientemente de los materiales utilizados en su construcción, una estructura adecuada perfectamente a los tratamientos que a posteriori ha de soportar como consecuencia del proceso evolutivo del trabajo tendiente a obtener su calco, o dicho en otras palabras una o varias piezas con su misma forma y dimensiones.

En base a los conceptos vertidos, puede admitirse que el modelo debe ser construído con la mayor exactitud posible, teniendo en cuenta su proyecto, a la vez que es necesario que posea una estabilidad dimensional extrema, como así también una rigidez estructural lo suficientemente elevada, como para que sea posible que los movimientos naturales y por otra parte, inevitables, de sus partes y de su material a consecuencia de los factores climatológicos (cambios bruscos de temperatura, humedad, etc.) se encuadren dentro de valores admisibles.

Este detalle se hace particularmente necesario de ser tenido en cuenta, cuando la construcción del modelo se realiza íntegramente en madera.

En este caso particular, y dada la disposición natural de este material a sufrir alteraciones dimensionales con los cambios de temperatura y/o humedad, aún habiendo previsto el empleo de maderas de buena calidad y bien estacionadas, se hace necesario el dotar a la estructura que forma el modelo, de una serie de refuerzos ubicados convenientemente para evitar tales probables deformaciones.

Estos refuerzos deben formar en su conjunto, una especie de reticulado y la disposición de los mismos, como es lógico suponer, dependerá de la forma y dimensiones del modelo.

En las figuras Nº 21 y 22, se dan como ejemplo dos cortes, longitudinal y transversal respectivamente, de un modelo de casco construído en madera, donde se observa una adecuada disposición de refuerzos estructurales.

Al margen de todo lo expuesto, y dado que la construcción del modelo en madera, presenta cierta semejanza con el proceso constructivo de una embarcación realizada exclusivamente con este material, no se harán aquí, las consideraciones profundas del tema, que se justificarían más en una obra referida específicamente al mismo*, sin

* Véase la obra del autor *"Diseño y construcción de pequeños botes, cruceros y veleros"*

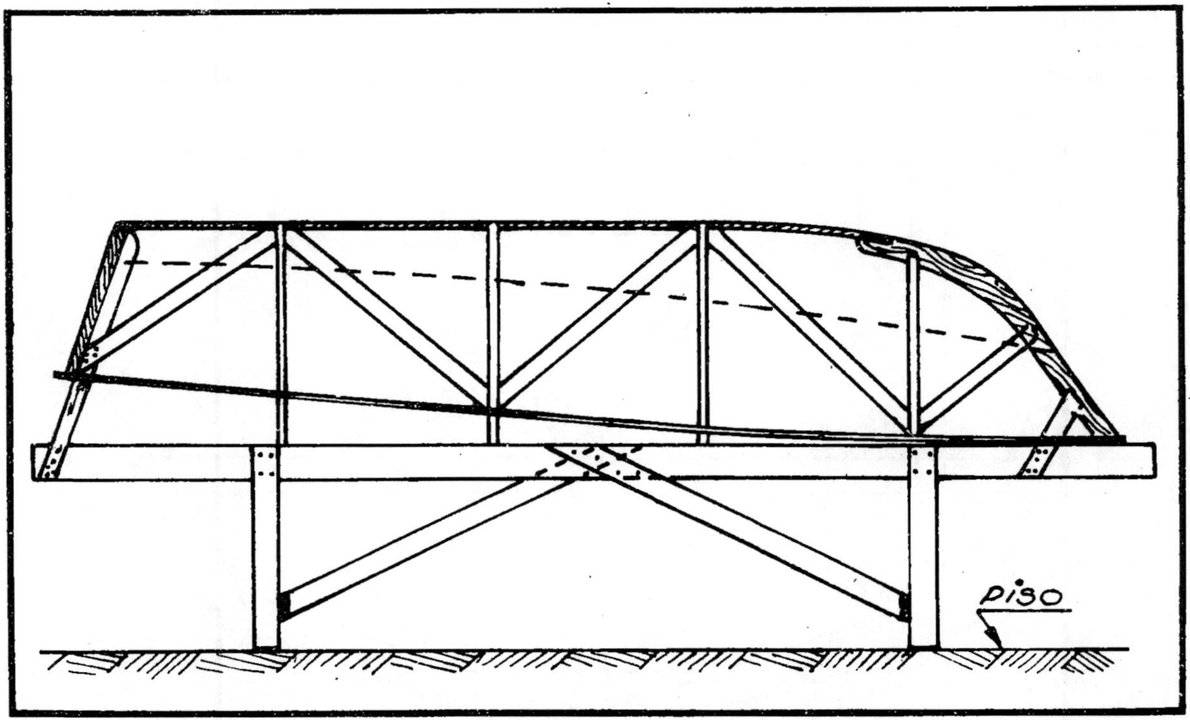

Fig. Nº 21: Corte longitudinal esquemático de un modelo de casco de madera, mostrando una adecuada distribución de refuerzos estructurales.

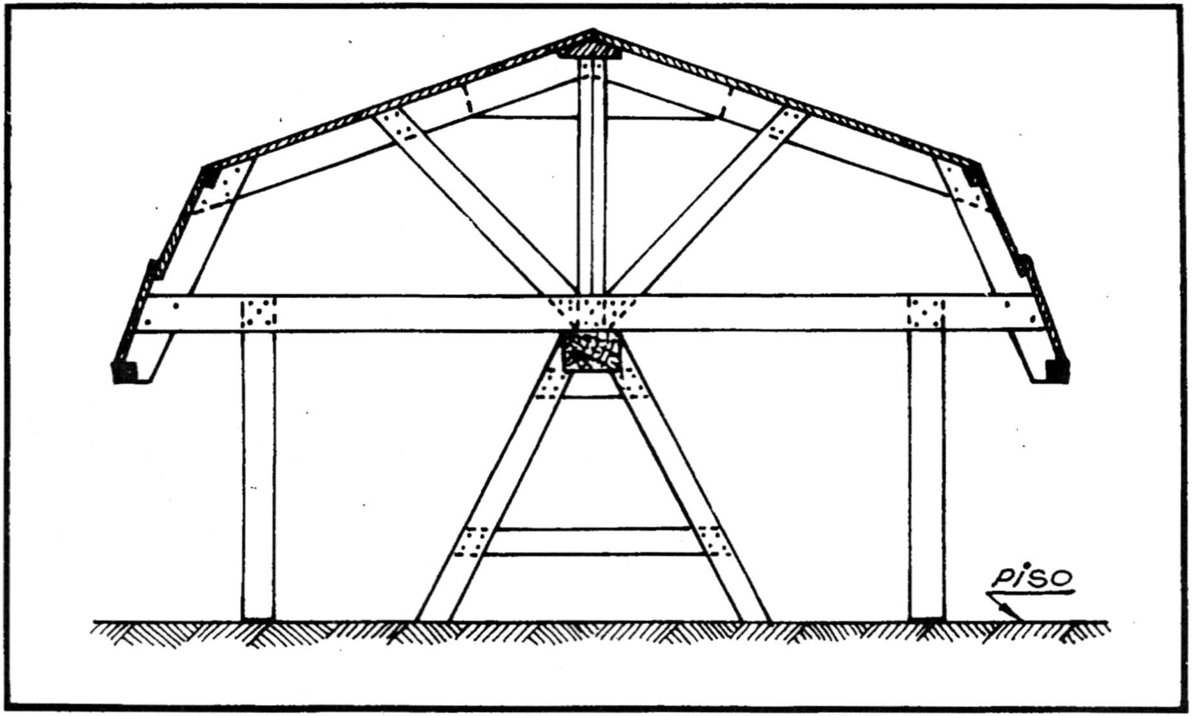

Fig. Nº 22: Conveniente disposición de refuerzos y puntales, en correspondencia con una cuaderna del modelo de casco en madera.

embargo el construir un modelo, exige que sean tenidos en cuenta una serie de factores importantes tendientes a obtener, en principio, una estabilidad de formas efectiva, y una rigidez de conjunto suficiente para que le sea posible soportar, sin deformaciones visibles, los tratamientos posteriores, así como también los procesos de laminado que se llevarán a cabo sobre su estructura.

El factor principal del conjunto de los mencionados, está estrechamente vinculado con el material a usar en su construcción.

Es fundamental, en consecuencia, recalcar la necesidad de obtener un tipo de madera que se adapte a estos fines, pudiéndose admitir que al respecto las más adecuadas resultan ser el pino blanco, siguiéndole en orden de importancia el cedro y eventualmente el pino de la variedad Spruce.

El pino blanco, insustituíble para esta clase de trabajos, se hace difícil de conseguir, por lo que se lo sustituye la mayoría de las veces por el cedro de la variedad misionero, el que se lo combina con el pino Spruce para el caso de refuerzos de estructura y piezas de menor importancia.

Estos dos tipos de maderas, resultan fáciles de trabajar, debido a su escasa dureza natural, a la vez que poseen una adecuada estabilidad dimensional aún en el caso de variaciones notables en los factores climatológicos.

De todas maneras, se reitera la necesidad de utilizar maderas lo suficientemente estacionadas para evitar deformaciones posteriores, lo que se puede lograr, en principio adquiriendo el material en estas condiciones, o en su defecto efectuando un estacionamiento previo a su utilización, manteniendo las tablas y listones a usar un período de tiempo suficiente, en un lugar ventilado y seco o directamente a la intemperie, de manera de lograr que el aire circule por todas las caras de las tablas.

El secado natural de la madera, se obtiene disponiendo las piezas de la misma, en forma de pila, es decir una sobre otra, e intercalando entre las caras de las tablas, trozos de listones de rezago de manera que queden separadas.

Esta forma, ya tradicional de disponer la madera para su secado, se conoce vulgarmente con el nombre de "empalillado", y su aspecto general se muestra esquemáticamente en la figura Nº 23.

Fig. Nº 23: La madera "empalillada" para su secado natural.

Asimismo, los listones de madera a utilizar en la construcción del modelo, deben mantenerse unidos hasta el momento de ser empleados en la misma, mediante simples ataduras vinculando varios de ellos, dado que su escasa sección en general, respecto de su longitud, influye a que los mismos presenten cierta tendencia a sufrir reviraduras y deformaciones, efecto éste, que se hace más probable cuando se cortan de tablas excesivamente "verdes".

Es fundamental también tener la precaución de destinar para aquellas partes del modelo que deban mantener una estabilidad extrema de formas, las tablas del tronco o rollizo que por la configuración natural de sus vetas, se hagan más recomendables para estos fines.

Esto tiene particular importancia en el caso del modelo del casco de la embarcación a construir, en el conjunto de su envoltura exterior o forro, dada la gran superficie relativa del mismo, como así también aquellas zonas de la cubierta que presenten una superficie de área considerable.

En general, puede admitirse que las tablas resultantes del aserrado de cualquier rollizo o tronco que se adaptan más a estas exigencias, son aquellas que presentan una dirección de veta aproximadamente perpendicular a las caras.

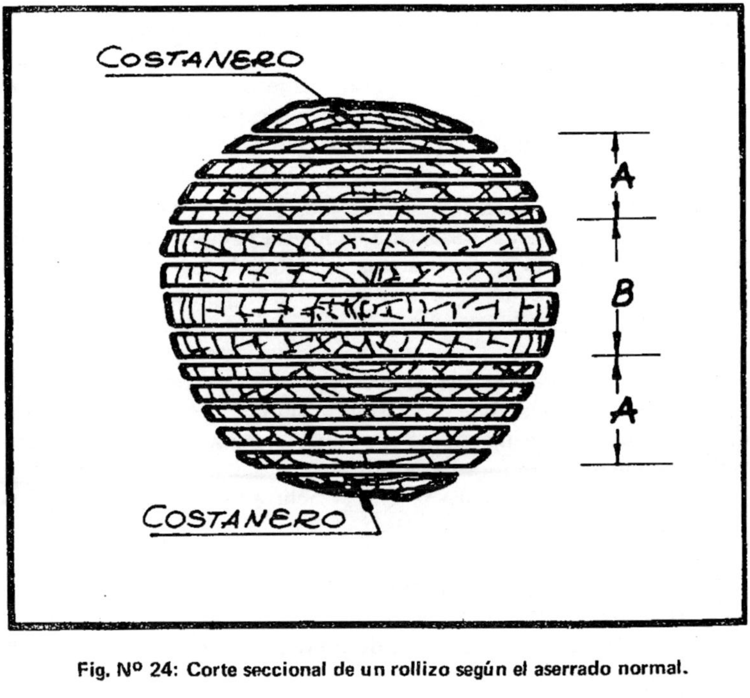

Fig. Nº 24: Corte seccional de un rollizo según el aserrado normal.

Si bien, el lograr este tipo de tablas, supone un aserrado del tronco poco frecuente, por el desperdicio de madera que origina, se acostumbra según el aserrado común por su eje diametral, en elegir las tablas que supongan una deformación mínima y un menor movimiento.

En la figura Nº 24, se muestra en forma esquemática un corte de un rollizo como se efectúa habitualmente; en la citada figura, las tablas resultantes de la zona (A), se destinan generalmente para las tracas del forro, mientras que las de la zona (B), se suelen destinar para la construcción de cuadernas, rodas, refuerzos, y piezas de menor importancia.

Además de las consideraciones referidas al material a utilizar en la construcción del modelo, debe prestarse especial atención en cuanto al lugar donde el mismo ha de ser realizado.

Lo ideal sería que el modelo se construyera en el interior del mismo local donde posteriormente se habrán de efectuar las operaciones de la obtención del molde, y las piezas moldeadas como resultado de este último, detalle éste, que tiene por objeto evitar el innecesario manipuleo del modelo como consecuencia de su traslado si es que el mismo se ha construído lejos del local en cuestión.

Sin embargo, si se diera el caso de que se haga necesaria esta operación, se recomienda trasladar el modelo extremando las precauciones durante su manipuleo, a los efectos de evitar su eventual deformación, la que una vez verificada en el molde o matriz, sería prácticamente irreparable.

De todas maneras, es necesario, y previa a la preparación de la superficie del modelo para el posterior proceso de la obtención del molde, el ubicar convenientemente a aquél en el local en que se trabaje, haciendo que en el interior del mismo se mantenga una temperatura y un índice de humedad lo más regular posible, a fin de que la madera no trabaje excesivamente.

El modelo, debe ser vinculado al piso del taller en forma rígida, nivelándolo perfectamente bien en todas sus direcciones, lo que puede lograrse con el auxilio de un nivel de burbuja y una regla de madera de longitud adecuada.

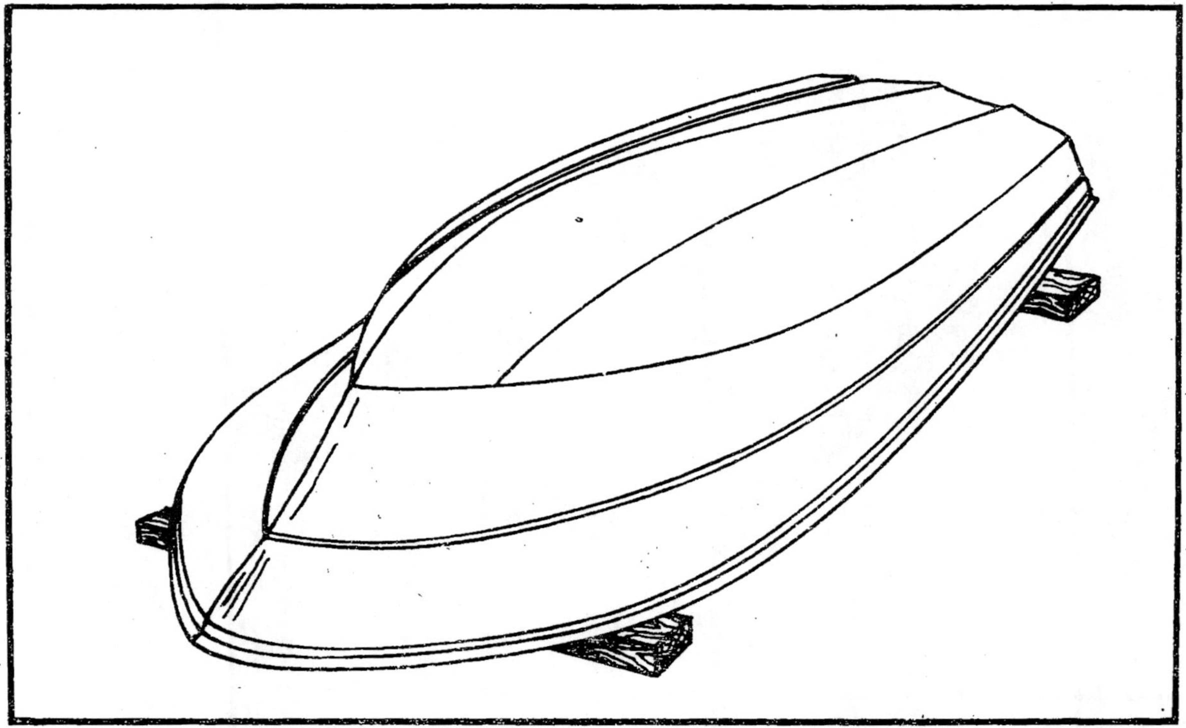

Fig. Nº 25: El modelo del casco listo para su terminación.

Fig. Nº 26: Modelo de cubierta, ubicada sobre caballetes, lista para su "terminación".

Las figuras Nº 25 y 26, ilustran a manera de ejemplo, una conveniente disposición de los modelos del casco y cubierta, como para efectuar el terminado de sus superficies exteriores; se han previsto varios caballetes comunes y algunos puntales, de manera de que los mismos queden firmes y a una altura conveniente.

Habiendo llegado a esta altura de las explicaciones, y teniendo en cuenta la infinita diversidad de formas y dimensiones de embarcaciones susceptibles de ser proyectadas para su fabricación en fibra de vidrio, se hace por fuerza necesario remitirse al ejemplo concreto, a los efectos de referir al mismo, todas las consideraciones posteriores que se harán en los capítulos siguientes, en lo que se refiere a la preparación de la superficie de moldeo en el modelo, construcción del molde correspondiente, y construcción de la pieza resultante.

En consecuencia se conviene en tomar a manera de ejemplo, una embarcación que podría reconocerse como "tipo", destinada eventualmente a la pesca deportiva, con fondo del tipo en "V", y cuyas características principales arrojarían los siguientes valores:

ESLORA TOTAL: 3,80 m.
ESLORA EN FLOTACION: 3,23 m.
MANGA MAXIMA: 1,50 m.
PUNTAL APROXIMADO: 0,60 m.
CALADO MEDIO: 0,15 m.
CAPACIDAD: 4 personas.
UNIDAD PROPULSORA PROPUESTA: Motor del tipo fuera de borda, de una potencia aproximada que oscile entre 10 y 20 HP.

Las figuras Nº 27 y 28, muestran respectivamente el plano de líneas del citado proyecto, así como también su sección transversal maestra donde se indican los detalles constructivos del modelo en madera.

En las figuras 29 y 30, asimismo se muestran cuatro detalles importantes de tener en cuenta durante la construcción del modelo, y que la mayoría de las veces se incluyen en el correspondiente plano constructivo del mismo, el primero muestra el escalón de las bandas, tendiente a lograr en la pieza terminada, una costilla rigidizante que por lo mismo le procura una adecuada resistencia a los costados del casco, (detalle A).

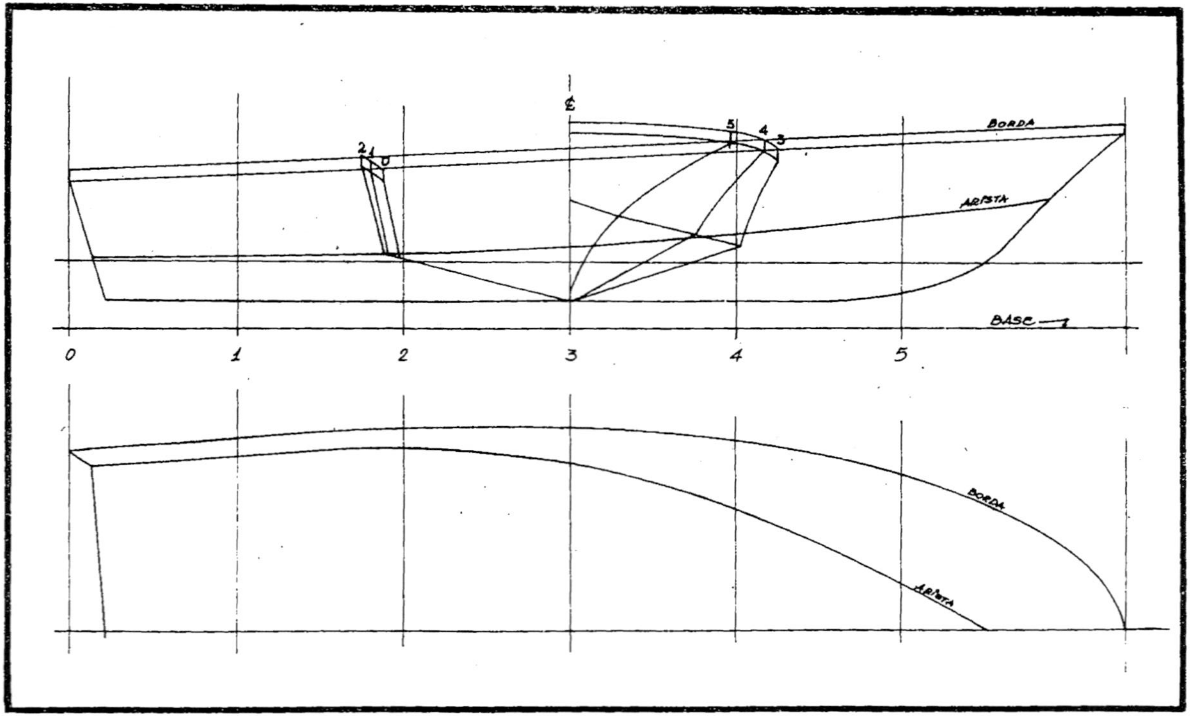

Fig. Nº 27: Plano de líneas de un casco con fondo tipo "V", de dimensiones menores.

SECCION		0	1	2	3	4	5
ALTURAS DESDE BASE	QUILLA	100	100	100	100	100	125
	ARISTA	260	265	280	305	350	410
	BORDA	580	———	RECTO	———	———	720
SEMI-MANGAS	ARISTA	610	650	680	620	450	175
	BORDA	670	720	750	750	700	585

Fig. Nº 27(bis): Tabla de puntos, correspondiente al plano de líneas de la figura Nº 27.

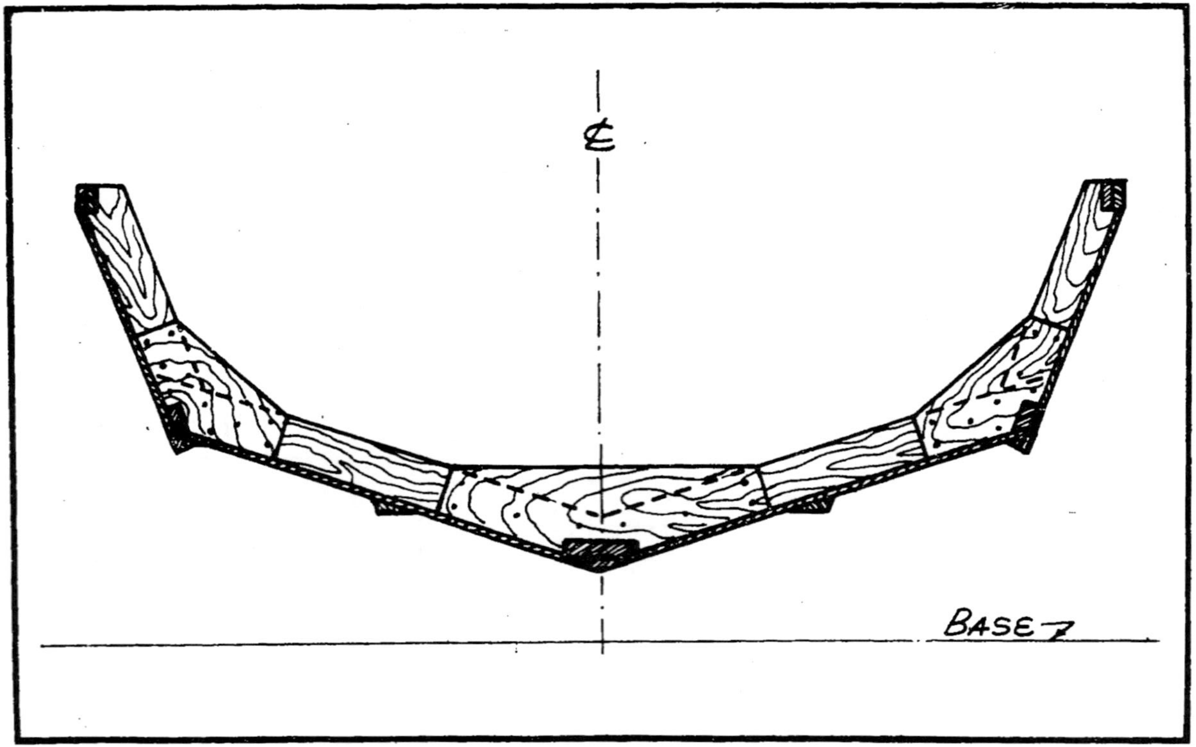

Fig. Nº 28: Corte constructivo del modelo en madera en correspondencia con la sección Nº 3.

Dicho escalón se logra constructivamente, superponiendo las tracas de los costados del modelo y perfilando el ángulo resultante con compuesto plástico que puede ser enduído al agua común, el que se extenderá mediante el auxilio de una plantilla de chapa de forma adecuada que puede ser construída ex-profeso.

Los detalles B y C, se refieren a los ya mencionados listones de deriva, los que en este caso se conformaron sobre el forro del modelo, mediante simples listones de madera de sección trapezoidal atornillados desde el interior del mismo.

Los ángulos vivos se han "suavizado" con compuesto plástico, tal como en el caso anterior.

El detalle de la figura Nº 30, supone el modelo del casco, colocado en posición invertida y está referido a la zona de la borda del mismo.

Obsérvese en dicha figura:

1º) La altura de la zona plana correspondiente al botazo, tendiente a facilitar la unión casco-cubierta.

2º) La posición del listón de corte de perfilar, destinado a formar en el molde, una costilla de refuerzo en todo el perímetro de la borda, como así también una superficie adecuada para lograr, y de ahí su denominación, el "perfilado" final del casco una vez moldeado.

Estos detalles aislados, tomados a manera de ejemplo, se ilustran a los fines de que se tenga una idea más acabada de los principales con que deberá contar en su construcción, un modelo de casco correctamente realizado.

En lo que al modelo de la cubierta se refiere, deberán ser tenidos en cuenta durante su construcción, detalles constructivos similares; uno de ellos por ejemplo, se muestra en la figura 30 bis, que corresponde específicamente a un corte de un modelo de cubierta de un bote tipo "pescador", en la zona lateral de ésta.

Como se desprende de la observación, se ha procurado obtener en el conjunto, un perfil adecuado al posterior moldeo en fibra de vidrio, previéndose asimismo, la altura de 4 cm. en la zona del botazo, que corresponderá más tarde al "solapado" de la unión cubierta-casco.

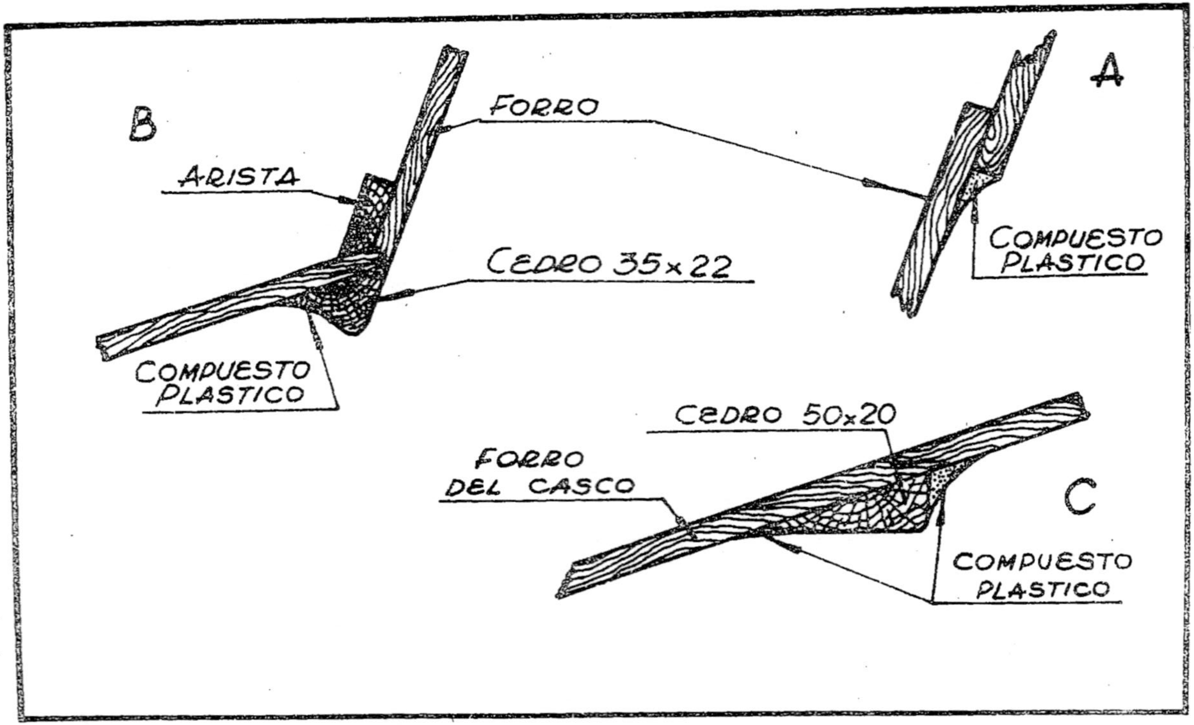

Fig. Nº 29: Detalles constructivos del modelo en madera – A: Nervadura de refuerzo de los costados. B y C: Listones de deriva del fondo.

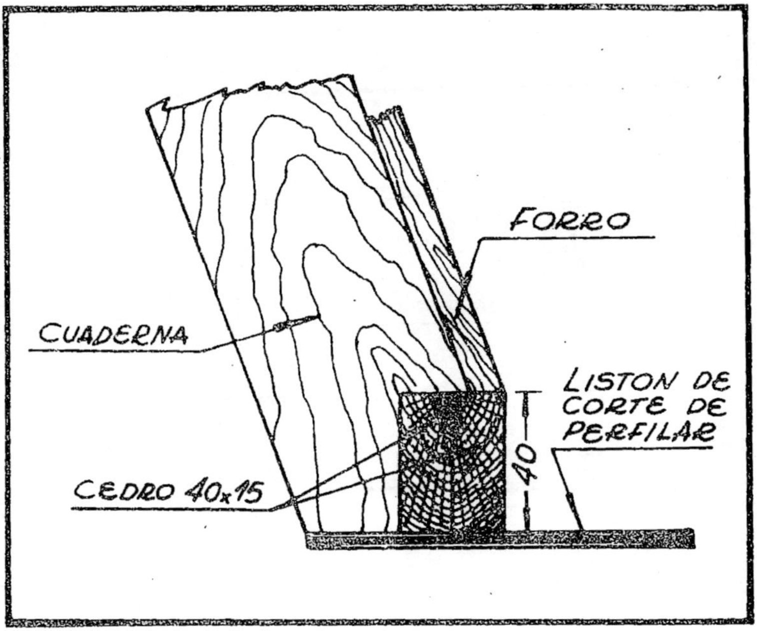

Fig. Nº 30: Detalle constructivo del modelo en la zona de la borda.

El listón de corte de perfilar, se ha resuelto con un ancho de 30 mm., que en general puede ser tomado como correcto para casi cualquier modeló de estas proporciones; el mismo, tendrá idéntica función que su homónimo incluído en el modelo de casco, y que muestra la figura 30.

La "nervadura" de refuerzo del ángulo superior, se conformó mediante un listón de madera redondeado; formando luego la curva de continuidad entre éste y la cara superior de la cubierta, con algún compuesto plástico adecuado, extendido a todo lo largo de la zona de la "nervadura", con el auxilio de una plantilla de chapa fina de forma adecuada.

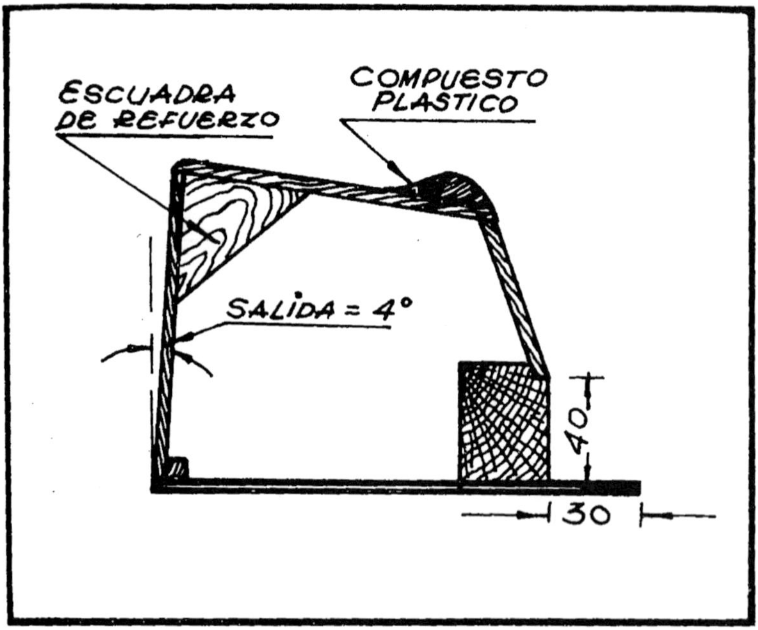

Fig. Nº 30(bis): Corte constructivo en la zona lateral de un modelo de cubierta construído en madera.

PREPARACION Y TERMINACION DE LA SUPERFICIE DEL MODELO:

La preparación y terminación de la superficie exterior del modelo, a los efectos de encarar más adelante la construcción del molde correspondiente, representa un paso del proceso de la construcción muy importante, desde que de la correcta uniformidad y textura de aquella, dependerá en definitiva el aspecto final de la pieza terminada, en especial considerado desde el punto de vista estético.

En general, y especialmente cuando de modelos construídos en madera se refiere, el proceso de preparación y terminación de su superficie de moldeo, se basa fundamentalmente en la aplicación de capas de pintura alternadas con masillados de las zonas que presenten desniveles pronunciados, hasta lograr una uniformidad aceptable en todos los puntos de la misma.

En consecuencia, se supone que dicho proceso ha de comenzar cuando la construcción del modelo, se halle enteramente terminada bajo la faz de la parte de carpintería, lo que equivale a admitir que previamente se habrá procedido al lijado de la madera que conforma al modelo, como así también al masillado de las juntas entre piezas y cavidades resultantes de los tornillos y/o clavos que las vinculan.

Si bien, cualquier esmalte de tipo sintético brillante, podría adecuarse para el pintado del modelo, resulta más conveniente dada sus virtudes probadas en este tipo de trabajos, efectuar el trabajo a base de laca a la piroxilina.

Este tipo de pintura, resulta para este uso específico, más efectiva que el esmalte sintético común, desde que aplicada a soplete, forma sobre la superficie tratada, una capa de consistencia dura, que resulta inmejorable para el lijado posterior, además de que permite lograr una superficie altamente brillosa.

En consecuencia, y suponiendo que se siga este criterio, se comenzará el pintado del modelo, aplicándole una mano de impresión a la piroxilina color gris, la que se diluirá con un volumen igual de thinner, o dicho en otras palabras, en una proporción de 1 a 1.

Esta mano de impresión, debe ser aplicada a soplete, de forma que el compresor envíe un flujo de aire constante cuya presión esté comprendida entre las 40 y 75 libras, y la misma, tiene por objeto uniformar el color del modelo, e inclusive permitir reconocer, a consecuencia del color gris mate con que éste quedará afectado, las fallas más importantes del mismo.

Teniendo ya el modelo en las condiciones anteriores, es decir, con la primera capa de impresión aplicada, se procederá, luego de que se haya verificado su secado, a enduir toda la superficie del mismo utilizando para ello, masilla a la piroxilina.

Este enduído de la superficie, tiene por objeto formar una capa de espesor suficiente, de manera de que sea posible mediante un lijado posterior, lograr la uniformidad de superficie, en principio por lo menos en forma burda, ya que la misma debe resultar con algunas fallas visibles como consecuencia de la construcción, por más empeño y prolijidad con que se haya encarado la realización de ésta.

La tarea de extender la masilla sobre la superficie del modelo, debe ser efectuada de preferencia con el auxilio de una espátula ancha en especial en las zonas planas, usando a su vez una más pequeña para aquéllas que acusen formas más complejas; asimismo, es preferible tomar como criterio, el realizar el proceso mediante sucesivas capas finas, dejando secar la ya dada, antes de continuar con la aplicación de la subsiguiente, en lugar de aplicar solamente una capa, que por fuerza, tendrá que tener un espesor más considerable.

Obtenido el espesor de enduído deseado, y una vez perfectamente seca la masilla puede procederse a lijar todo el modelo, repitiendo el proceso de enduído en las zonas que presentan desniveles notables, hasta que se logre en el conjunto una superficie aceptable.

En estas condiciones, el modelo debe ser lijado totalmente empleando de preferencia la denominada lija al agua de un grosor aproximado al número 220, mojando previamente la superficie a desbastar con abundante agua limpia, y con el auxilio de una esponja común, y utilizando el papel de lija asentado sobre un taco de madera o corcho de superficie plana.

Tratada así la superficie del modelo, es conveniente enjuagarla convenientemente con agua limpia, a fin de que desaparezcan por completo los restos de material arrastrados por la lija, siendo lo más probable, que la misma presente zonas de color gris más oscuro a consecuencia del remasillado anterior, por lo que es conveniente lograr nuevamente la uniformidad de color con el objeto de poder apreciar más fácilmente los pequeños errores de discontinuidad que aún pudieran aparecer, lo que se logra aplicando una nueva capa de impresión en las condiciones anteriores, luego de lo cual convendrá efectuar un nuevo masillado extendiendo la masilla a la piroxilina con un trozo de chapa de acero fina de forma rectangular, usada a manera de espátula.

Se reitera tanto en este caso, como en los anteriores, la necesidad de aplicar la masilla en capas de pequeño espesor, dado que la misma presenta una tendencia natural a contraerse y hasta a rajarse aplicada en volúmenes correspondientes a capas más gruesas; inclusive el correcto secado de la misma, hasta estar en condiciones de ser lijada, tiene lugar en un tiempo relativamente más corto, extendiéndola en capas finas.

Habiéndose llegado a este punto del trabajo, y luego de un nuevo lijado con papel de lija al agua también correspondiente al número 220, es probable que la superficie del modelo se presente al tacto y a la vista completamente regular, por lo que se estará en condiciones de aplicar la primera mano de laca a la piroxilina.

Esta primera capa de laca, que se suele dar generalmente en color blanco, de manera de poder apreciar con mayor facilidad los pequeños errores que aún pudieran haber subsistido al proceso de masillado y lijado anterior, debe ser aplicada en un espesor abundante y sin pretender por el momento obtener una superficie perfecta, antes bien: es preferible depositar material con exceso, dentro de lo razonable, para que así se facilite el lijado posterior; pero de todas maneras, la laca debe aplicarse moviendo constantemente el soplete hacia ambos lados, para evitar depositar en un solo punto un exceso de material que probablemente originaría chorreaduras.

La densidad correcta del material, se obtiene diluyendo la laca en una cantidad igual de thinner, o lo que es lo mismo, en una proporción 1 a 1 referida esta proporción a volúmenes.

Una vez que se ferifique el perfecto secado de esta capa de laca, se procederá a lijar completamente el modelo, utilizando lija al agua más fina, sea por ejemplo la correspondiente al número 400, y siguiendo el criterio detallado anteriormente.

Nuevamente enjuagada la superficie del modelo, téngase la precaución de verificar que no hayan quedado restos del material arrastrado por la lija y que eventualmente pudieran haberse endurecido, en especial en aquellas zonas correspondientes a ángulos y desniveles pequeños, los que en todo caso podrán ser removidos mediante un cepillito de cerda dura.

El modelo, en estas condiciones, y luego de que se haya secado perfectamente la humedad resultante del enjuague anterior, se encuentra en condiciones de recibir la última mano de laca, que por lo mismo se la denomina "capa de terminación".

Esta capa, por la función que ha de cumplir, debe aplicarse un poco más diluída que la anterior, sea por ejemplo en una proporción de dos partes de thinner y una parte, en volumen, de laca pura como mínimo; por otra parte durante su aplicación, deben tomarse mayores precauciones en lo que respecta a evitar que en el local en que se esté trabajando haya polvo en suspensión, como asimismo, cuidar que el flujo del soplete distribuya el material en un espesor uniforme a través de toda la superficie a cubrir.

Con la aplicación de esta última capa de laca, la superficie del modelo se presentará como casi perfecta, sin embargo, y como consecuencia de la textura natural de la pintura, acusará vista con mayor detenimiento, una ligera porosidad que se conoce en estos casos como "cáscara de naranja", por su similitud con la textura de su homónima.

Dicha porosidad, en general imposible de ser evitada aún suponiendo que la aplicación ha sido realizada con esmero y extremando las precauciones, debe ser eliminada mediante un cuidadoso lijado empleando para este fin, lija al agua N° 600.

Este lijado debe ser efectuado superficialmente como para anular solamente la porosidad aludida, y teniendo la precaución de no atravesar la capa de laca aplicada.

Si se diera el caso de que ello hubiera ocurrido, como consecuencia de un factor imprevisible, será necesario proceder a aplicar nuevamente una nueva mano de laca, repitiendo luego el proceso descripto.

La superficie del modelo a esta altura del trabajo, habrá quedado en condiciones óptimas para que pueda ser pulida en forma definitiva, de manera de obtener un brillo adecuado, teniendo en cuenta la operación inmediata posterior, o sea el laminado del molde correspondiente.

El proceso del pulido final se comienza con un tratamiento a base de pasta de pulir de grano fino, la que debe ser depositada en toda la superficie del modelo en pequeñas porciones aisladas, procediendo luego a extenderla con el auxilio de un disco de paño colocado en la pulidora eléctrica, e imprimiéndole a la misma, una vez puesta en funcionamiento, un movimiento circular de manera que el efecto de desgaste que se origina por el poder abrasivo de la pasta, se verifique en forma uniforme en todos los puntos de la superficie.

Si se hiciera necesario, es conveniente repetir este proceso hasta lograr una textura adecuada.

El brillo final de la superficie del modelo se logra realizando el trabajo en forma manual, extendiendo con una franela limpia una capa de emulsión para lustrar pinturas al duco, fácilmente obtenible en el comercio bajo esta denominación, y efectuando un correspondiente lustrado hasta obtener brillo.

Si el proceso del acabado de la superficie del modelo, ha sido realizado según las explicaciones expuestas, el resultado será que el mismo habrá quedado en condiciones óptimas para comenzar las operaciones tendientes a obtener el correspondiente molde en fibra de vidrio.

Sin embargo se hace necesario recalcar la necesidad de eliminar cualquier falla, por pequeña que sea y que pudiera haber pasado desapercibida en su momento; téngase presente que la misma será copiada exactamente por el material del molde, donde será más difícil de eliminar a consecuencia de la extrema dureza propia que caracteriza a la fibra de vidrio; en consecuencia debe tomarse como norma que cuanto más perfecta resulte la superficie externa del modelo, en las mismas condiciones aparecerá la interna del molde y, consecuentemente este detalle representará una garantía en lo que se refiere a la terminación exterior de la pieza moldeada.

CONSTRUCCION DEL MOLDE O MATRIZ EN FIBRA DE VIDRIO:

El proceso de preparado y terminación de la superficie externa del modelo, supuestamente finalizada ya, de acuerdo a las explicaciones dadas, posibilitan al constructor iniciar otro de los pasos parciales de la construcción de la embarcación en fibra de vidrio, que por su importancia merece ser considerado en forma particular, esto es, la construcción del correspondiente molde, también llamado matriz.

La función específica del molde, ya definida en un capítulo anterior, coloca a éste en una situación de elemento de importancia dentro de todo el proceso que abarca la fabricación, al punto que puede afirmarse sin temor a equivocaciones, que de la correcta construcción del mismo dependerán en mayor grado, las características de la o las piezas terminadas en lo que respecta fundamentalmente a la obtención de una admisible superficie exterior, desde el punto de vista estético, pero sin pasar por alto, otras que virtualmente harán que la pieza obtenida pueda ser considerada como un elemento técnicamente adecuado a las exigencias a que con el uso se verá sometido.

En consecuencia, si se tienen en cuenta estas apreciaciones, debe encararse la construcción del molde en fibra de vidrio tomando todas las precauciones necesarias a los efectos de que el mismo reporte un resultado satisfactorio, consideración ésta, que debe ser tenida más en cuenta en el caso de planificar la elaboración de un número determinado de unidades en cuyo caso, el molde se verá sometido a un constante manipuleo y a un desgaste progresivo como consecuencia del moldeo continuo, que deberá soportar durante todo el período que abarque la fabricación de las piezas a obtener.

En principio, y como punto de partida, debe efectuarse una preparación especial de la superficie exterior del modelo a los efectos de adecuarla a recibir el material de poliester y fibra de vidrio que constituirá el laminado que formará el molde.

Esta preparación que consiste fundamentalmente en realzar al máximo el brillo de la superficie de moldeo, comienza con la aplicación de una capa de cera de tipo común con siliconas sobre toda la superficie exterior del modelo.

La cera debe ser aplicada en la forma conocida es decir, extendiendo la misma con una franela limpia en una capa de espesor uniforme y procediendo luego de su completo secado, a darle brillo adecuado con una franela o paño de algodón, repitiendo la operación si se hiciera necesario.

Un detalle de la construcción del molde del casco. Mediante el rodillo de hierro, se está "acomodando" en su lugar un trozo de fieltro del laminado.

El objeto de esta primera capa de cera, es eliminar las probables partículas de polvo e impurezas que eventualmente pudieran haberse depositado sobre el modelo y que atentarían contra la correcta obtención de la superficie interna del molde.

Sobre esta película de cera brillante que cubrirá la superficie externa del modelo y una vez seca la misma, se extenderá a continuación otra capa más bien gruesa de cera en pasta incolora común permitiendo que seque perfectamente antes de comenzar a darle brillo, por lo que se recomienda dejar transcurrir de preferencia toda una noche entre la aplicación y el proceso de lustrado, el que se efectuará en la forma común con una franela limpia pasada en forma manual.

La operación descripta debe repetirse por lo menos tres veces más, y finalizando con un último lustrado profundo hasta que se obtenga en toda la superficie tratada, el máximo de brillo.

Inmediatamente después de encerada la superficie, y verificando en todo momento que en el interior del local no haya polvo ni hollín en suspensión, debe extenderse sobre toda la superficie del modelo, la primera capa de desmoldante o agente de despegue, cuya misión, como ya se ha explicado es la de formar una película protectora aislante que evite que los compuestos del laminado del molde, se adhieran contra la superficie del modelo, ya que ambos se encontrarán en íntimo contacto al realizarse el laminado de aquél.

Viértase en consecuencia, una determinada cantidad de agente de despegue en un recipiente de boca ancha, de manera que se torne más sencilla su utilización y extiéndaselo a continuación sobre la superficie del modelo con el auxilio de una esponja común previamente embebida en el líquido.

Al extender el mismo, procúrese que forme una capa uniforme en lo posible desprovista de trazos visibles correspondientes a las pasadas de la esponja, ya que estos quedarán reproducidos más tarde en la superficie interna del molde donde se mostrarán rebeldes a ser eliminados debido a la dureza propia del material de fibra de vidrio.

Deben darse por lo menos dos manos de agente de despegue, siguiendo el criterio expuesto, y dejando secar bien la primera antes de aplicar la siguiente prestando especial atención en la medida en que no queden zonas del modelo sin cubrir.

El secado completo del agente de despegue se produce en general en un tiempo relativamente corto, dependiendo lógicamente de la temperatura y humedad ambiente existente en esos momentos en el interior del local en que trabaje, de todas maneras el efecto se hace posible de ser observado a simple vista, ya que se manifiesta una pérdida de brillo en la superficie de la película de desmoldante aplicada, a consecuencia de la volatilización del alcohol que lo constituye.

Disponiendo del modelo en estas condiciones, es decir con su última capa de agente de despegue perfectamente seca, debe procederse a

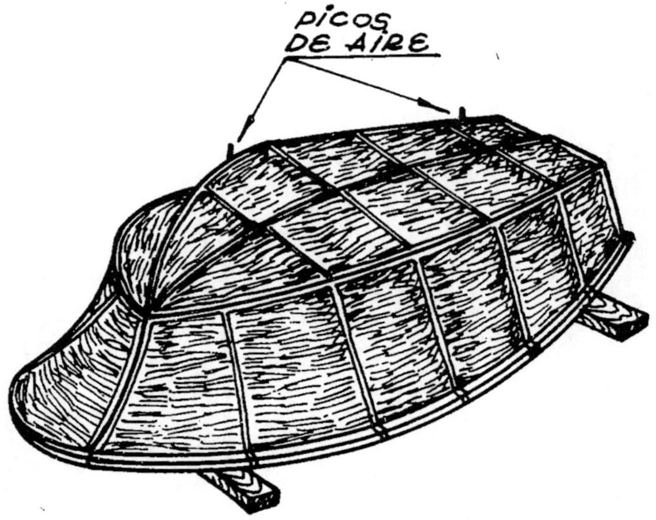

Fig. Nº 31: Ubicación aproximada de los picos de aire en el molde de un casco.

instalar sobre el mismo los llamados "picos de aire", cuya función está referida fundamentalmente a la operación de desmolde de la matriz y en última instancia de la pieza terminada.

La correcta ubicación de éstos, dependerá de la conformación general de la pieza en cuestión, ya que se acostumbra a colocarlos en correspondencia con aquellas zonas de la misma, que puedan ofrecer una probable dificultad en ser desmoldadas; a manera de ejemplo, en la figura Nº 31, se ilustra una correcta disposición de los picos de aire en el caso específico de un modelo del casco de embarcación menor.

La construcción de estos accesorios puede ser encarada por el mismo aficionado mediante trozos de tubo de cobre común de un diámetro aproximado que oscile entre 8 y 10 mm., y de una longitud de unos 70 mm.; aplanando uno de sus extremos de manera de lograr una conveniente superficie de apoyo.

La fijación de los mismos sobre la superficie del modelo, debe ser efectuada por el momento en forma provisoria, tal como lo muestra el detalle de la figura 32, es decir mediante el auxilio de un clavo de cabeza grande introducido a través del tubo, y de forma que su punta quede ligeramente clavada en la madera que conforma al modelo como para permitir solamente que el conjunto permanezca en posición vertical.

La función específica de estos picos de aire, es permitir que encontrándose la pieza moldeada en el interior del molde correspondiente, y dada la gran adherencia que se manifiesta entre las superficies en contacto, se haga posible inyectar aire a presión proveniente del compresor a través del conducto de cobre que los forman enchufando la manguera de salida de aire de aquel en los extremos de los mencionados picos.

En estas condiciones, la presión de la masa de aire inyectada como consecuencia de su fuerza expansiva, hará posible que se produzca la separación de las superficies en contacto, la del molde y la de la pieza, originándose así el desmolde buscado

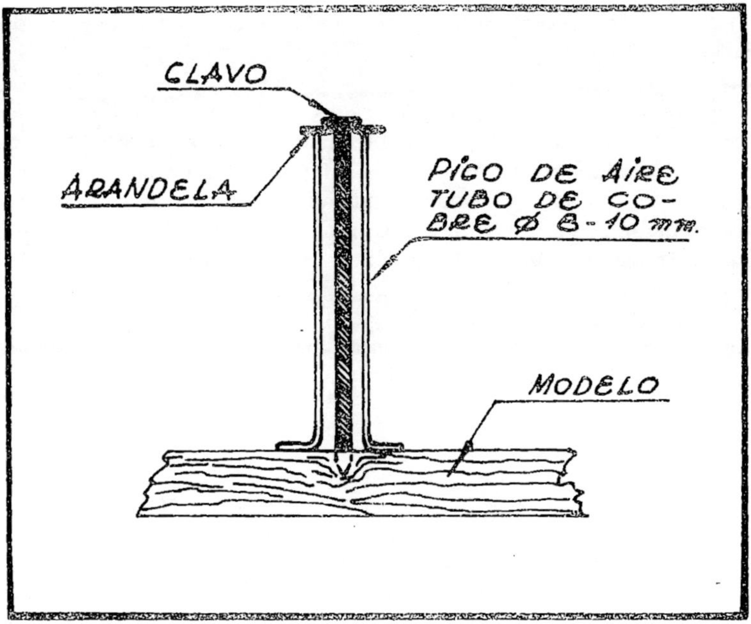

Fig. Nº 32: Vista en corte mostrando la fijación provisional de un pico de aire sobre el modelo.

PREPARACION Y APLICACION DEL GEL – COAT:

A los efectos de encarar el laminado del molde, se hace necesario como paso inicial, considerar el proceso de la preparación y aplicación de la primera capa de resina pigmentada o gel - coat, cuya función específica es la de formar la superficie interna de aquel, sobre la cual deberá moldearse posteriormente la pieza a obtener.

En base a este concepto, resulta evidente que dada la función importante que se le atribuye, el gel - coat deberá ser procesado teniendo en cuenta una serie de precauciones desde que su preparación, aplicación adecuada, fraguado uniforme, ausencia de fallas evidentes, y otros factores no menos importantes, constituirán puntos claves de los cuales dependerá en mayor o menor grado, el rendimiento práctico del molde.

Es inobjetable que la aplicación del gel - coat, supone el disponer por parte del constructor de una experiencia adecuada en este tipo de tareas, sin embargo, no es menos factible que el aficionado aún profano, obtenga un resultado satisfactorio guiándose por algunas explicaciones que se harán posteriormente y que en definitiva, constituyen una serie de conocimientos basados en constantes experiencias prácticas.

En principio, y previo a la iniciación de las tareas, se hace necesario conocer de antemano la cantidad aproximada de gel - coat que insumirá cubrir virtualmente toda la superficie del modelo que se tenga en preparación.

Una forma práctica de llegar a valores estimativos aceptables, y que generalmente se sigue como criterio, es la de calcular la cantidad de gel - coat en peso, en función de unidad de superficie, admitiéndose según lo propuesto que serán necesarios alrededor de 700 a 800 gramos de gel - coat para cubrir en forma eficaz, un metro cuadrado de superficie de moldeo, entendiéndose que las mencionadas cantidades están referidas al gel - coat sin diluir, es decir tal como se expende habitualmente.

En consecuencia, previamente se hará necesario calcular la superficie total del modelo a procesar, cálculo éste que no ofrecerá problemas mayores tratándose de la cubierta por ejemplo, o aún de otra pieza de menor importancia, ya que de alguna manera es posible vincular el área de estos elementos con cualquier figura geométrica conocida; pudiéndose dificultar en algo el cálculo, para el caso específico del modelo del casco en razón de que éste adopta un desarrollo completamente irregular.

Sin embargo en la figura 33, se ilustra un método sencillo no lejos de un resultado bastante aproximado, referido a un casco elemental con fondo en "V", que puede ser aplicado por semejanza a cada caso particular.

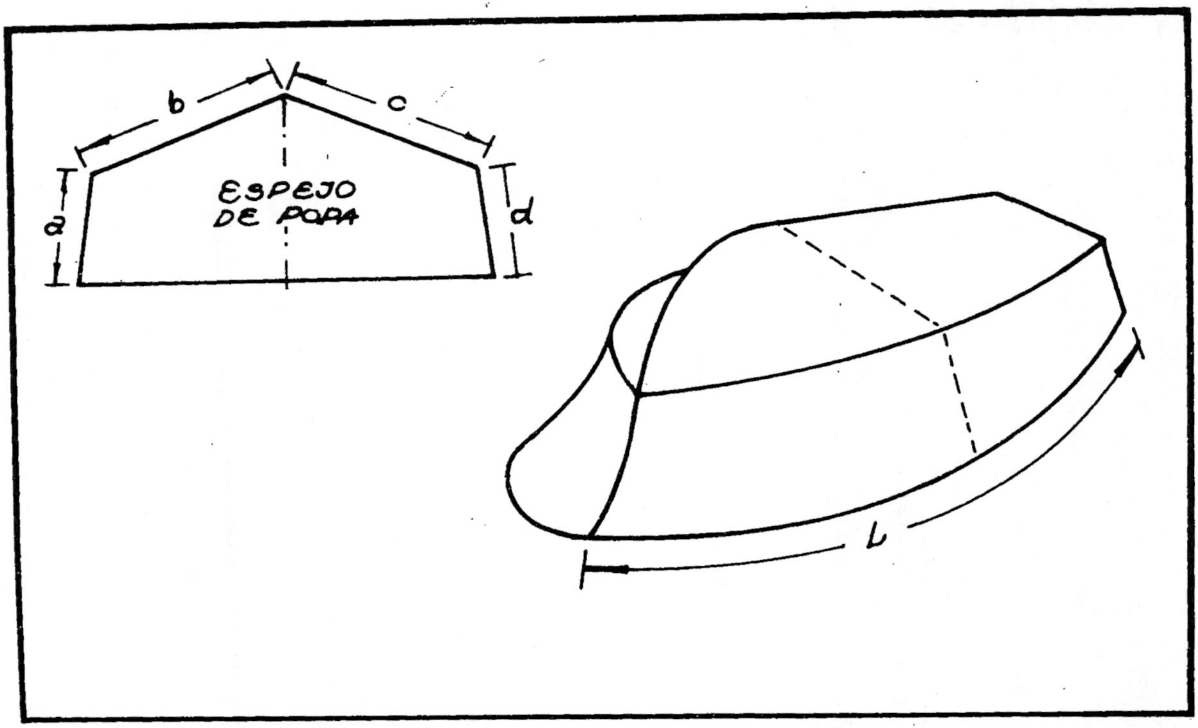

Fig. Nº33: Principales dimensiones a considerar en el casco a los efectos de obtener su superficie aproximada.

En base a dicha figura, la superficie aproximada total del casco, vendrá dada por la fórmula:

Superficie en metros cuadrados = L x (a + b + c + d)

Fórmula ésta, donde los factores a, b, c y d, representan las dimensiones en metros y/o fracciones del mismo, de las rectas que limitan los costados y fondo de ambas bandas del espejo de popa, mientras que el factor L, tal como se indica en la figura citada, es la longitud en metros de la curva que forma la borda del casco.

Para un casco como el del ejemplo incluído en un capítulo anterior, el cálculo arrojará los siguientes valores:

a = 0,40 m.
b = 0,55 m.
c = 0,55 m.
d = 0,40 m.
L = 4,05 m.

Por lo tanto:

$$S\ (m^2) = 4{,}05\ m. \times (0{,}40\ m + 0{,}55\ m + 0{,}55\ m + 0{,}40\ m) = 7{,}695\ m^2$$

Obtenida la superficie a cubrir, será sencillo calcular la cantidad de gel - coat a utilizar según una sencilla regla de tres simple que se plantearía así:

$1\ m^2$ ———————————— 800 gr.
$7{,}695\ m^2$ ———————————— $800\ gr. \times 7{,}695\ m^2 = 6156\ gr.$

Es decir aproximadamente 6 kilogramos de gel - coat.

Es conveniente adquirir el mismo, de color negro intenso, dado que este color facilita el visualizar más fácilmente las imperfecciones que eventualmente pudieran haber quedado en la cara exterior del molde.

Dado que el gel - coat debe ser aplicado a soplete, el mismo debe ser diluído convenientemente utilizando para este fin, el monómero de estireno o el alcohol metílico.

Si bien, la proporción óptima de diluyente la fija cada fabricante de gel - coat, puede tomarse como aproximado un valor del 10 al 12% en peso, recordando que para el monómero de estireno, como así también para el alcohol metílico se suele admitir un peso específico igual a la unidad.

Para el caso anterior, donde la cantidad de gel - coat, alcanzaba a los 6 kilogramos aproximadamente, harían falta a los fines de efectuar el "rebajado" del mismo, incorporar entre 600 y 720 cm^3 de diluyente; sin embargo se reitera que estas cifras se mencionan a manera de ilustración, recomendándose en todos los casos seguir fielmente las indicaciones del fabricante del producto.

A esta altura de las explicaciones, y previa a la aplicación en sí del gel - coat, deben de observarse una serie de precauciones que ofrecerán un importante margen de seguridad en lo que respecta al éxito del proceso.

Entre las principales pueden citarse:

1º) Verificar que en el interior del local no se observen partículas de polvo ni hollín en suspensión, dado que éstas podrían depositarse en la superficie de la capa de gel - coat aplicada y aún sin fraguar, y por efecto de su propio peso atravesar su espesor, lo que traería aparejado más tarde que aparecieran en la cara interna del molde, correspondiente a la superficie de moldeo.

2º) Efectuar el correcto "espurgue" del equipo compresor de aire, lo que tiene por objeto eliminar el probable residuo de agua que generalmente se visualiza en el interior del tanque del compresor, como consecuencia de la condensación de la humedad relativa ambiente del aire.

Este "espurgue", como habitualmente se lo denomina, es conveniente, por otra parte, efectuarlo toda vez que deba sopletearse una superficie con gel - coat.

3º) Es necesario por último recomendar a la persona que vaya a realizar el sopleteado de gel - coat, que tenga la precaución de instalar sobre su rostro la "máscara antipolvo", de forma de preservar los conductos bucales y nasales de la penetración de los vapores resultantes de dicho sopleteado, los que, a consecuencia de la pulverización originada por la pistola, resultan sumamente tóxicos.

Habiéndose tomado las citadas precauciones, y ya en posesión de la cantidad de gel - coat requerida y supuestamente diluído según criterios anteriores, se hace necesario antes de su utilización, proceder a filtrarlo a los efectos de eliminar cualquier cuerpo extraño que eventualmente pudiera haber quedado en la masa, con lo que se evitará la eventual obturación de los conductos del soplete a causa de dichos cuerpos extraños, que, una vez establecidos, impedirían la correcta salida del aire y del gel - coat pulverizado en la medida en que variaría la intensidad del flujo expelido por la boquilla del soplete. Este filtrado del gel - coat, puede hacerse en forma eficaz, obligándolo a pasar en pequeñas porciones, a través de dos trozos superpuestos de algún tejido de malla fina, prestándose excelentemente para este fin, trozos de media de mujer en desuso.

La cantidad de gel - coat ya filtrado que se vaya a utilizar, debe colocarse en un recipiente de boca ancha bien limpio, como puede ser por ejemplo, una lata a la que se le habrá quitado su correspondiente tapa, con una capacidad de 20 litros, provista de una manija de alambre grueso para facilitar su manipuleo.

En estas condiciones, si se desea puede verificarse nuevamente el peso exacto de la cantidad de gel - coat del recipiente, pesando todo el conjunto y deduciendo el peso de la lata vacía.

El peso neto obtenido, servirá de base para estimar el volumen de acelerador a usar, el que asimismo puede ser incorporado en esos momentos, ya que no existe peligro alguno de que se produzca el fraguado del producto; inclusive, es preferible acelerar previamente toda la cantidad de gel - coat a usar, ya que de esta forma es posible obtener un tiempo de fraguado constante en toda la capa de material a aplicar.

Normalmente puede admitirse una proporción de acelerador que oscile entre el 0,3 % como mínimo, hasta el 1 5 % en peso; valores estos, que deben corresponder a la temperatura ambiente e inclusive a la proporción de cobalto que contenga el mismo acelerador.

De todas maneras el fabricante prestará sin duda el asesoramiento necesario, en la medida en que podrá suministrar al comprador, los valores correctos de proporción de acelerador con respecto a la temperatura ambiente, humedad, etc.

Incluída la cantidad de acelerador estimada en el gel - coat, debe procederse a un perfecto mezclado de todo el volumen del producto para obtener una homogeneización perfecta.

Este mezclado es conveniente que sea efectuado en forma mecánica, valiéndose para ello de una varilla mezcladora que puede ser fabricada en forma "casera" de acuerdo al croquis que se muestra en la figura 34.

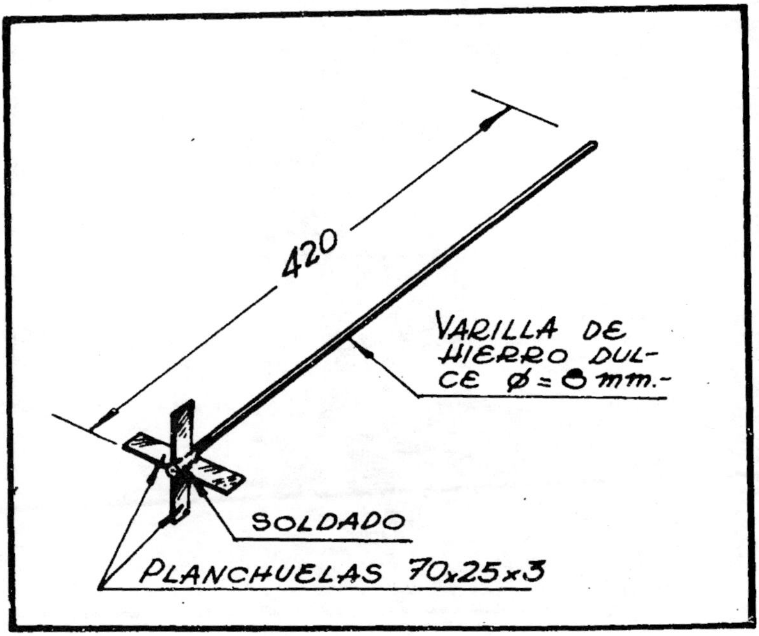

Fig. Nº 34: Una eficaz varilla mezcladora.

La varilla en cuestión debe ser fijada a la manera de una mecha común en el mandril de una máquina de agujerear de preferencia de bajas revoluciones y potencia suficiente.

El uso de este dispositivo, supera el mezclado efectuado en forma manual obteniéndose así una perfecta homogenización del gel - coat con el acelerador incorporado, pudiéndose tener la seguridad de obtener en todo el volumen de la masa un tiempo de gelificación constante.

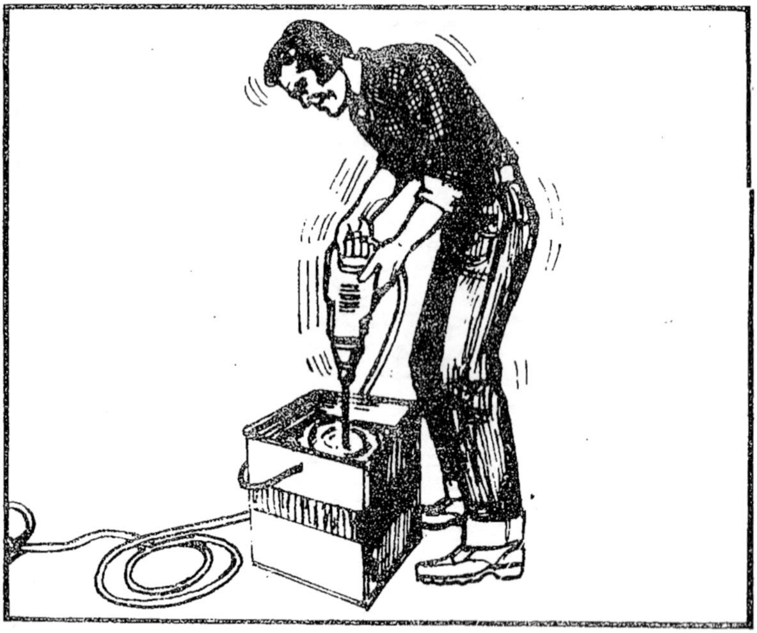

Fig. Nº 35: El gel - coat, deberá ser mezclado perfectamente luego de acelerado.

APLICACION DEL GEL – COAT:

Antes de comenzar con la aplicación del gel - coat, debe graduarse el robinete de salida de aire del compresor de manera que el flujo de aire de la pistola actúe a una presión que oscile entre los 75 y 120 libras por pulgada cuadrada.

Cárguese la taza o recipiente de la pistola con aproximadamente medio kilogramo de gel - coat, de manera de que se tenga la seguridad de utilizarlo completamente antes de que comience su proceso de gelificación.

Es de hacer notar que este período de tiempo anterior al efecto indicado, se verifica en forma más acelerada en el contenido de la taza que en la capa aplicada sobre la superficie de moldeo, en razón de que ésta posee un espesor pequeño, en contraposición con el volumen mayor encerrado dentro del recipiente de carga de la pistola; por otra parte, dado que la capa de gel - coat aplicada sobre la superficie de moldeo, está en contacto directo con el aire ambiente, este último por la humedad que contiene, hace las veces de retardador del fraguado, no ocurriendo lo propio en el interior de la "taza" del soplete donde el cierre con su tapa, debe por fuerza resultar prácticamente hermético.

Cargado el recipiente de la pistola con la cantidad de gel - coat establecida, deberá ser catalizado en una proporción adecuada a la temperatura ambiente, pudiéndose establecer que en general, la proporción de acelerador y catalizador varía desde un 0,5 a un 3 %. En base a los valores de proporción de acelerador y catalizador enunciados, es posible estimar, a manera de ejemplo, dos valores de tiempo de fraguado de gel - coat, los que en este caso particular, se hallan referidos a temperaturas de 18 y 25º C, respectivamente.

En estas condiciones puede expresarse:

Para temperatura de 18ºC:

Acelerador: 1 %
Catalizador: 2 %
Tiempo de fraguado aproximado = 25 minutos.

Para temperatura de 25°C:

Acelerador: 0,3 %
Catalizador: 0,5 %
Tiempo de fraguado aproximado = 25 minutos.

Como se ve, en ambos casos, el tiempo de fraguado tiene el mismo valor, como consecuencia de que la proporción de catalizador y acelerador se encuentran en una relación semejante de acuerdo a la temperatura ambiente.

Realizado el correspondiente catalizado del gel - coat que se encuentra en el recipiente de la pistola, debe comenzar su aplicación extendiéndolo en forma similar a como si se tratara de una pintura, en la forma más uniforme posible, teniendo en cuenta que debe lograrse un espesor de capa de alrededor de 0,8 mm.

Cuando por una causa ajena, como puede ser que se haya agotado la carga de la pistola, debe suspenderse por un breve tiempo, la aplicación de gel - coat, debe cuidarse al continuar el proceso, de no encimar sobre la capa depositada sobre la superficie de moldeo, la continuidad de la misma que se estará aplicando en esos momentos, ya que de hacerlo podrían originarse arrugas visibles a consecuencia de que ambas fracciones de material, poseerán distintos tiempos de gelificación.

Este detalle es fácil de admitir, si se tiene en cuenta que desde la incorporación del catalizador en la primera fracción de material ya aplicada, hasta el momento en que se verificara el mismo procedimiento en la carga de gel - coat a aplicar, ha transcurrido un determinado período de tiempo, el que, aún suponiéndolo mínimo, necesariamente habrá de influir en los tiempos de fraguado correspondientes a ambas cantidades de material.

Si por alguna causa, se notara que la cantidad de gel - coat encerrada en el interior de la taza de la pistola, manifestara un avanzado proceso de gelificación, y más aún, en el caso de que estuviera casi fraguada, debe procederse a eliminar el contenido rápidamente limpiando a continuación con acetona tanto el recipiente considerado, como así también los conductos de pasaje de aire de la pistola.

Esta limpieza puede lograrse en forma efectiva, colocando una cierta cantidad de acetona en la taza del soplete, y luego de cerrar convenientemente el mismo, sopletear un cierto tiempo, de manera que la acetona circule por los distintos conductos afectados.

Asimismo debe efectuarse la citada operación al recargar la pistola con un nuevo volumen de gel - coat, teniendo la precaución de eliminar los restos de la carga anterior, dado que los mismos, catalizados y acelerados con anterioridad, se encontrarán en avanzado proceso de gelificación.

En general, y a los efectos de la construcción del molde, se aplica una sola capa de gel - coat sobre la superficie del modelo, reforzándose la misma, en especial en las zonas angulosas, mediante una segunda capa, esta vez extendida a pincel, y una vez fraguada completamente la anterior.

Sin embargo, no es conveniente dar un espesor considerable a la capa de gel - coat, dado que el mismo carece de una adecuada resistencia estructural, por lo que se recomienda no excederse de los 0,8 mm de espesor mencionados como correctos, el que sin embargo puede ser ligeramente aumentado, en las zonas que presenten ángulos marcados o desniveles importantes.

La capa de gel - coat aplicada sobre la superficie del modelo, debe dejarse fraguar completamente, dejando transcurrir por lo menos tres horas antes de continuar con las futuras operaciones del laminado.

Límpiense perfectamente bien todos los útiles y/o herramientas utilizados, en especial aquellos que han estado en contacto directo con el gel - coat en proceso de gelificación, usando acetona, monómero de estireno o alcohol metílico.

Esta precaución debe ser tenida en cuenta en lo que a la pistola de sopletear se refiere, a fin de eliminar cualquier vestigio de gel - coat que pudiera haber quedado depositado en sus conductos, ya que una vez verificado su completo fraguado serán muy difíciles de ser eliminados.

Asimismo los pinceles utilizados, tal como se explicara en un capítulo anterior, deben ser lavados, luego de sumergirlos en acetona, con abundante agua y jabón común.

FALLAS FRECUENTES:

Si bien, la aplicación del gel - coat en forma eficiente, y consecuentemente, el logro de un resultado satisfactorio en lo que respecta a la obtención de una superficie final excenta de fallas, requiere una cierta práctica por parte de la persona que encare tal proceso, es posible que el constructor de poca experiencia pueda lograr un efecto satisfactorio, si se tienen en cuenta las explicaciones dadas con anterioridad.

De todas maneras, es conveniente efectuar algunos ensayos previos, a la aplicación definitiva del gel - coat, realizando todo el proceso de su preparación y aplicación sobre alguna superficie de pequeñas dimensiones, como puede ser por ejemplo, una chapa metálica, o en su defecto algún recorte de madera terciada, o vidrio, lo que posibilitará observar las particularidades del material así como también familiarizarse con el manipuleo del mismo.

La inadecuada preparación y/o aplicación del gel - coat, hará que la capa del mismo se manifieste con algunas fallas, que conviene que el aficionado reconozca a simple vista, a los efectos de tomar el máximo de precauciones para evitarlas, ya que éstas, una vez manifestadas, resultan prácticamente imposibles de ser disimuladas, efecto que, en casos extremos, representa la inutilización del trabajo con la consiguiente pérdida de tiempo y material que ello supone.

Las fallas más frecuentes y por otra parte más importantes a aparecer como consecuencia de una deficiente utilización y/o aplicación del gel - coat, serían las siguientes:

"Chorreaduras"
"Ojo de Pescado"
"Piel de elefante"

Estas denominaciones, que parecerán un tanto extrañas al aficionado profano, son las que habitualmente se emplean entre la gente dedicada a la manufactura de elementos con plástico reforzado, y su significado deriva justamente de la similitud física aparente de las mismas, con las fallas probables a presentarse.

Las "chorreaduras", se originan generalmente a consecuencia de una deficiente proporción gel - coat - diluyente, dado que al verificarse la aplicación del mismo, el material carece de la densidad adecuada como para mantenerse estático hasta su completo fraguado; este detalle posee especial vigencia en aquellas zonas del modelo o molde, que presenten paredes de pendiente elevada o que sean directamente verticales.

En consecuencia, la precaución a tomar para evitar esta probable falla, o por lo menos reducirla al mínimo, es efectuar la disolución del gel - coat de acuerdo a las proporciones estrictas que aconseje su fabricante, e inclusive, contar con un elemento de medición (probeta graduada), lo suficientemente exacto como para evitar errores mayores.

El llamado "ojo de pescado", falla que se reconoce a simple vista dado que la superficie final de la capa de gel - coat presenta una irregularidad constituída por pequeños círculos encadenados con la superficie exterior cóncava, es decir, hacia abajo del nivel de la capa de gel - coat, se forma por su parte, a consecuencia de una mala regulación de presión de aire del compresor.

Es recomendable, en estos casos, y cuando se efectúen los ensayos previos a la aplicación definitiva del gel - coat, ir graduando paulatinamente la presión de aire nombrada, mientras se esté efectuando el sopleteado de prueba, hasta lograr un valor correcto que se reconocerá por la obtención de un flujo de aire y material continuo, el que por lo mismo depositará al gel - coat, en una capa uniforme.

En cuanto a la "piel de elefante", se manifiesta en la medida en que la superficie final del gel - coat, aparece surcada por pequeñas arrugas más o menos regulares.

Su formación se origina generalmente como consecuencia de la fusión de los dos defectos que originan a su vez, las fallas anteriormente citadas; es decir, mala proporción de gel - coat y diluyente, y una incorrecta regulación de presión de aire.

Bajo estas condiciones, el aire expelido por el soplete, que no es utilizado para el transporte de las pequeñas partículas de gel - coat desde el pico de la pistola hacia la superficie del modelo o molde, "barre" por así decirlo, la capa superficiel del gel - coat ya depositado y aún sin fraguar, es decir en estado semi-líquido y con una densidad incorrecta, produciendo un brusco arrastre del material que hace que se originen los pequeños surcos citados.

En los casos más graves, que dan como resultado la aparición de la "piel de elefante", dichos surcos mantienen su discontinuidad de superficie aún después de que la capa de gel - coat se encuentre completamente fraguada, por lo que ésta debe ser eliminada completamente de la superficie de moldeo, so pena de obtener una pieza con una muy deficiente superficie exterior.

De todas maneras, la eliminación de la capa de gel - coat dada, debe ser realizada sin vacilaciones en el caso de que la misma presente cualquiera de las tres fallas consideradas, procediendo, luego de que la capa se encuentre completamente fraguada, a retirarla de la superficie de moldeo que cubra, con el auxilio de una espátula cuidando de no afectar a aquella.

En este caso, debe ser eliminada también la capa de desmoldante, y comenzar nuevamente el proceso de la preparación de la superficie del modelo siguiendo los criterios anteriormente citados.

EL LAMINADO DEL MOLDE:

Las operaciones del laminado del molde, pueden ser comenzadas de inmediato, luego de que se haya verificado el completo fraguado de la capa de gel - coat depositada sobre el modelo; el procesado del mismo, a través de todos sus pasos, supone una serie de necesarias explicaciones a las que se hará referencia luego, con el objeto de que el constructor aficionado cuente con una guía de trabajo que le permita realizar una tarea eficiente.

Repitiendo lo ya manifestado en un capítulo anterior, el laminado del molde, o aún de cualquier pieza que se fabrique partiendo de éste, se reduce esencialmente a la aplicación de un determinado número de capas de material de fibra de vidrio, embebidas en resina poliester, y colocadas una sobre otra, hasta lograr el espesor requerido.

Este proceso de laminado, definido como "moldeo por contacto", se efectúa teniendo como base la superficie externa del modelo cuando se construye el correspondiente molde o matriz, y contra la cara interior de este último, cuando se esté fabricando la pieza a obtener.

La fotografía muestra el laminado completo del molde de un pequeño casco con fondo en "V". El mismo no ha sido aún retirado del modelo correspondiente.

En consecuencia, y dado que el laminado completo del molde o matriz, supone una serie de operaciones bien definidas, a los fines de una mejor interpretación, éstas, se detallarán asociándolas a manera de ejemplo, a la construcción del molde correspondiente a la embarcación que se tomara como referencia en un capítulo anterior, ya que si bien, pueden ser susceptibles de variaciones la cantidad y tipos de materiales de vidrio a emplear, en cambio puede ser considerado análogo a casi cualquier proyecto aún de dimensiones mayores, el desarrollo de todo el proceso constructivo que insuma aquél.

Dado que como primer paso del proceso del laminado del molde, debe conocerse de antemano la cantidad de materiales de fieltros de vidrio a utilizar, se conviene en efectuar el laminado del molde de la embarcación del ejemplo, utilizando las siguientes capas:

Una primera capa de velo de superficie inmediatamente sobre el gel - coat aplicado.

Una segunda capa de fieltro de 450 gramos por metro cuadrado.

Una tercera capa de tejido de roving de 15 cabos, correspondiente a un peso aproximado de 330 gramos por metro cuadrado.

Tres capas posteriores y sucesivas de fieltro, también de 450 grs./m^2.

Una capa de tejido de roving de 60 cabos, que corresponde a un peso de alrededor de 770 gramos por metro cuadrado.

Por último, dos capas de arpillera común para rigidizar el conjunto.

Es de hacer notar, sin embargo, que los materiales mencionados, se indican previendo la construcción de un molde adecuado al moldeo de un determinado número de unidades, en cuyo caso, éste debe constituir una estructura lo suficientemente rígida como para absorber, sin deformación aparente, los constantes esfuerzos a que se verá sometido a consecuencia de la obtención de las distintas unidades.

Si en cambio, se diera el caso de que el constructor deseara moldear una sola unidad, el molde, siempre tomando como ejemplo el proyecto citado, tendría una resistencia suficiente, conformando su laminado correspondiente según las siguientes capas:

Un velo de superficie, que al igual que el caso anterior, debe colocarse inmediatamente sobre la capa de gel - coat, ya aplicada.
Tres capas de fieltro de 450 gramos por metro cuadrado.
Una o dos capas de arpillera común para rigidizar.

En ambos casos, sin embargo, deben considerarse además de los materiales citados, algunos trozos de fieltro de "450", cortado en forma de tiras de aproximadamente 10 cm. de ancho, para servir de refuerzo en determinadas zonas del molde como pueden ser, por ejemplo, ángulos de cantonera y listones de deriva del fondo del casco.

CALCULO DE MATERIALES A CONSUMIR:

Dado que la mayor proporción de materiales a emplear cuando se elabora cualquier elemento en plástico reforzado, la constituye el conjunto de su laminado, es decir la resina y los distintos fieltros de vidrio que lo componen, es conveniente de antemano, tener una idea aproximada de la cantidad de estos dos elementos a consumir, y dado también, que el cálculo de la cantidad de resina necesaria en peso, estará estrechamente vinculada al peso total de los distintos materiales de vidrio a usar, se hace por fuerza necesario estimar, en primer término, la cantidad de estos últimos y consecuentemente, su peso total.

Si se toma como ejemplo el casco de la embarcación ya citado, admitiendo que el desarrollo total del mismo, arroja un valor de superficie del orden de los 7,60 m^2, dicho cálculo puede ser planteado de la siguiente manera:

Para el molde considerado en primer término:

Capas	Material	Peso (grs/m^2)
1	velo	30
4	fieltro de "450"	1800
1	roving 15 cabos	330
1	" 60 "	770
	Total:	2930 grs/m^2

O lo que es lo mismo, expresado el resultado en kilogramos:

2,390 Kg. por metro cuadrado.

En consecuencia, para los 7,60 metros cuadrados de desarrollo del molde del casco, se harán necesarios:

2,930 x 7,60 = 22,268 Kg.

Es decir, "redondeando" este último valor, 23 Kg. de materiales de vidrio.

Estos 23 kilogramos de fieltros de vidrio, que deben considerarse promedio, sirven de base al efectuar el cálculo de la resina pura a usar, siguiendo el criterio de que para un kilogramo promedio de fieltro, se utilizarán, a los efectos de su correcto impregnado, dos kilogramos de resina poliester sin diluir, es decir, tal como se expende habitualmente en forma comercial.

Esta forma de asociar el peso de la resina a una unidad promedio, deriva de considerar que si bien, el velo de superficie, por ejemplo, consume para su completa impregnación, una proporción de resina en peso por metro cuadrado, mucho menor que el fieltro o el tejido de roving, a los efectos de obtener cantidades aproximadas, se debe por fuerza, admitir un valor promedio.

En base a lo expuesto, la cantidad de resina a utilizar para los 23 Kg. de fieltros obtenidos anteriormente, será:

23 Kg. x 2 Kg. = 46 Kg.

Un cálculo similar, puede ser efectuado para el molde considerado en segundo término, es decir, el que eventualmente se construirá con el objeto de moldear una sola unidad:

Capas	Material	Peso (grs/m^2)
1	velo	30
3	fieltro de "450"	1350
	Total:	1380 grs/m^2

O lo que es lo mismo, 1,380 Kilogramos por metro cuadrado.

Para todo el casco de superficie igual a 7,60 metros cuadrados se tendrá:

$$1{,}380 \times 7{,}60 = 10{,}488 \text{ Kg.}$$

Aproximadamente 10,500 Kg.

Finalmente la cantidad de resina necesaria vendrá dada por:

$$10{,}500 \times 2 = 21 \text{ Kg.}$$

NOTA: Como se podrá observar, en los dos casos considerados, no se ha incluído el cálculo de la resina para la impregnación de las capas de arpillera de refuerzo del molde, el que, sin embargo, será efectuado más adelante, en razón de que cabe para dicho cálculo, una consideración más especial.

Habiéndose obtenido el peso total de resina a consumir para el impregnado completo de los fieltros, es conveniente en este momento, fraccionar la misma colocándola en un recipiente perfectamente limpio provisto de una manija fuerte.

Pesado el volumen de resina a utilizar, lo que puede ser efectuado en forma parcial, si es que la balanza que se posee no tuviera la capacidad suficiente, debe diluirse la misma, con el agregado de una determinada cantidad de monómero de estireno.

La proporción en peso, puede variar desde un 10 a un 15 %, sin embargo el fabricante de la resina aconsejará la proporción exacta a emplear, de acuerdo a las características propias de ésta, e inclusive, a la densidad que posea en estado normal.

Supuestamente conocido el valor de la proporción de monómero de estireno a agregar a la resina, y fijándolo arbitrariamente en un valor promedio del 12 %, a los fines de continuar ilustrando el ejemplo ya citado, se obtendrían los siguientes valores:

Para 46 kilogramos de resina pura, cantidad ésta obtenida en primer lugar, deberán incorporarse:

$$\frac{46 \times 12}{100} = 5{,}52 \text{ Kg.}$$

Estos 5,52 kilogramos de monómero de estireno obtenidos, pueden ser expresados en unidades de volumen, teniendo en cuenta que en la práctica, se considera el peso específico del mismo, igual a 1.

En consecuencia, para los 46 Kg. de resina propuesta, deben incorporarse 5,520 litros de monómero de estireno.

Análogamente, es posible averiguar la cantidad de diluyente necesaria, tomando como punto de partida, una cantidad de resina de 21 Kg., obtenida en el segundo ejemplo y la misma proporción del 12 % de aquél:

$$\text{Cantidad de monómero a agregar: } \frac{21 \times 12}{100} = 2{,}520 \text{ Kg.}$$

O lo que es lo mismo también en este caso: 2,520 litros.

La cantidad de monómero que se haya obtenido según los cálculos anteriores, debe ser medida con cierta exactitud utilizando para tal fin las probetas graduadas, u otra unidad de medida prevista de antemano, como puede ser, por ejemplo, un recipiente cualquiera de capacidad conocida.

En estas condiciones debe efectuarse la disolución de la resina, incorporándole el monómero de estireno y mezclando bien el contenido, de preferencia con la varilla mezcladora ya vista anteriormente, colocada en el mandril de la máquina de agujerear.

Conviene, luego de obtener la resina diluída, acelerar la totalidad de la misma a usar, a los efectos de preveer de antemano, una adecuada uniformidad de fraguado en todo el laminado del molde, y evitando, en consecuencia, probables deformaciones que pueden originarse a causa de contracciones de valor distinto en determinadas zonas de los sucesivos laminados que componen aquél.

Este acelerado previo, puede ser efectuado sin temor de que se produzca el eventual fraguado de la masa de resina, ya que la misma, bajo estas condiciones, aún conserva su estado físico por un período casi indefinido.

Sin embargo, debe tenerse en cuenta que el mismo resultado no se verificará en el supuesto caso de que se haya catalizado la resina en forma aislada, ya que ésta, acusará en estas condiciones un proceso de fraguado no bien ambos elementos entren en contacto, por lo que finalmente se producirá el fraguado completo de la masa en un tiempo relativamente corto, que puede ser estimado en alrededor de 24 horas.

La proporción de acelerante a incorporar a la resina posee valores variados, pudiéndose estimar los mismos entre un 0,3 % a un 1,5 % en peso.

Estos valores, de todas maneras, estarán acondicionados a los valores de temperatura y aún de humedad existentes en el medio ambiente en que se esté trabajando.

Sin embargo, una vez más, debe hacerse mención a los consejos del fabricante de la resina que se esté usando, quien podrá suministrar datos concretos de estos valores mencionados.

Una vez efectuado el correspondiente "rebajado" de la cantidad total de resina a usar, debe guardarse momentáneamente la misma en un lugar bien fresco y lejos de probables fuentes de calor, en cuyo caso se estará en condiciones de comenzar con la operación del cortado de los distintos materiales de vidrio, velo, telas de roving, y fieltros, a utilizar en el laminado del molde.

EL CORTADO DE LOS MATERIALES DE VIDRIO:

Antes de comenzar con el corte en sí de los distintos fieltros, es conveniente mencionar algunas consideraciones tendientes a obtener por una parte un desperdicio mínimo de material, como así también por otra, dotar a la estructura que constituirá el laminado completo del molde, de un conjunto de refuerzos adicionales que contribuyan a asegurar una adecuada resistencia de todo el conjunto que forme el mismo.

El primer punto de vista, supone el planificar de antemano, qué disposición deberá darse a las distintas piezas o "plantillas" de fieltros que en conjunto cubrirán virtualmente todo el desarrollo del casco.

Este concepto trae aparejado el realizar un preliminar estudio de las formas intrínsecas que posea aquel, considerando asimismo la posibilidad de ubicar las distintas secciones de fieltros, de manera que la unión de las mismas, se efectúen en zonas estratégicas, siguiendo el criterio de alternar las juntas.

Generalmente se suele efectuar dichas juntas, mediante un solapado o encimamiento del material de vidrio en cuestión, de alrededor de 10 cm. de ancho, de tal manera que, debe tenerse en cuenta al proceder al corte del trozo o sección de fieltro a colocar, dejar en todo el contorno de la figura que el mismo forme, un excedente de material del ancho mencionado.

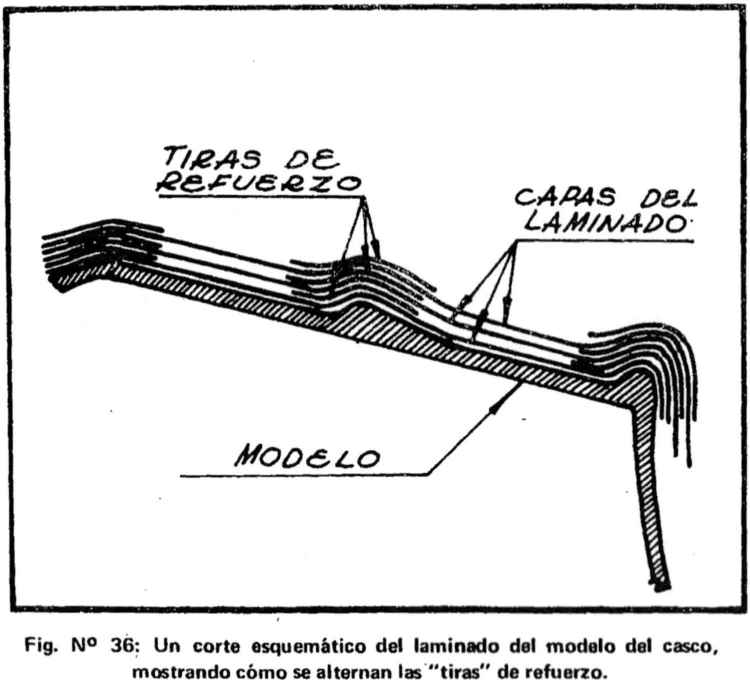

Fig. Nº 36: Un corte esquemático del laminado del modelo del casco, mostrando cómo se alternan las "tiras" de refuerzo.

Si bien aquí, y a los fines de una generalización, se hace mención a la palabra fieltro, debe entenderse que las precauciones descriptas deben ser tenidas en cuenta para todos los materiales de fibra de vidrio a usar, ya se trate de velo de superficie, telas de roving, e inclusive para las capas finales de arpillera de rigidización.

Sin embargo, el proceso de corte de los distintos materiales de vidrio a utilizar en el laminado, debe comenzar por la obtención de un determinado número de las llamadas "tiras de refuerzo", las que en anchos de aproximadamente 10 cm., irán colocadas en aquellas zonas del modelo que presenten ángulos notables, como pueden ser por ejemplo, los dientes o listones de deriva del fondo del casco, zona de la quilla, perímetro de la borda, ángulo de espejo con fondo y costados, etc.

Estas tiras de refuerzo, se colocarán como indica la figura 36, en forma estratégica en las zonas nombradas, de manera de que formen un refuerzo adicional en las mismas, e inclusive intercalándolas entre capas de laminados, para obtener así un "trabado" más efectivo del conjunto, evitando posibles puntos de rotura.

Asimismo, en la figura Nº 37, se indican con zonas rayadas, la disposición usual de ubicar las tiras de refuerzo en este caso particular, durante la construcción del modelo del casco.

Obtenida la cantidad necesaria de tiras, la cual puede ser calculada en base a la longitud de ángulos a cubrir a través de toda la superficie del casco, podrá continuarse con el troceo de los distintos materiales de vidrio que insumirá el laminado completo del molde.

Es importante establecer de antemano, la disposición que deberán adoptar los mismos sobre toda la superficie de moldeo a cubrir; de todas maneras, es preferible que los trozos en cuestión, no superen aproximadamente el metro cuadrado de superficie; este detalle tiene por objeto que el constructor principiante no tropiece con el inconveniente que significa el probable fraguado de la resina que esté utilizando, antes de haber logrado impregnar con la misma, que por supuesto habrá acelerado y catalizado de antemano, toda la superficie del trozo de fieltro cortado.

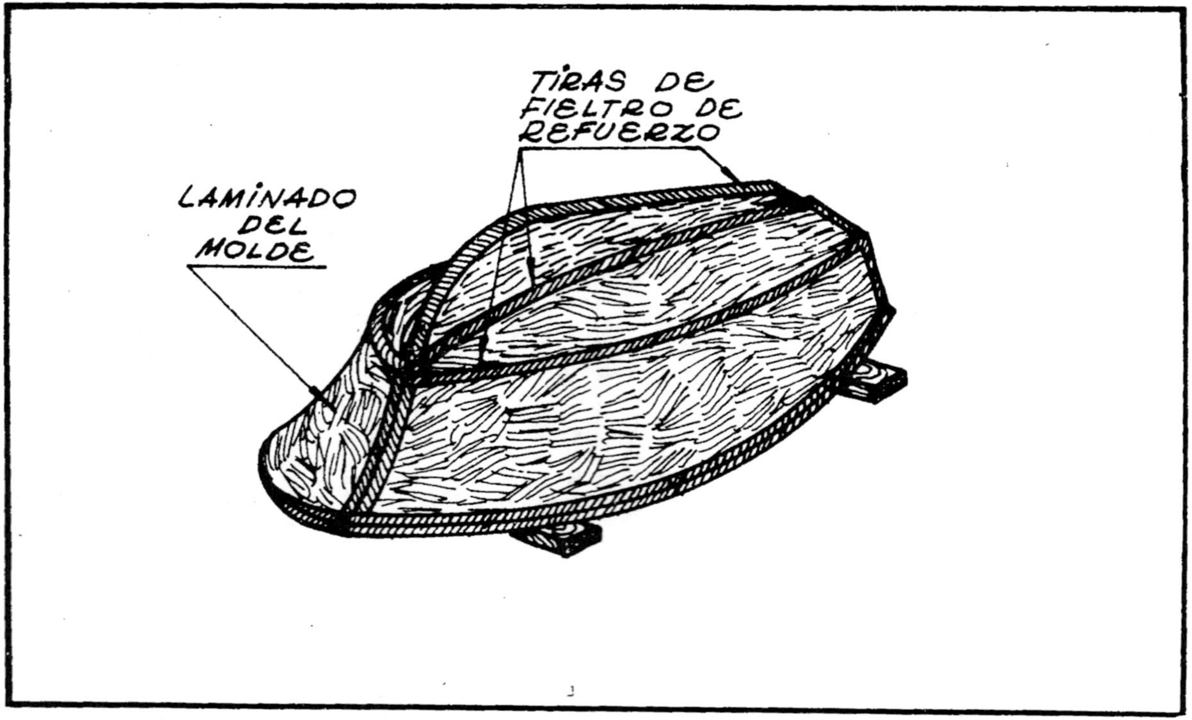

Fig. Nº 37: Las zonas rayadas indican la correcta ubicación de las "tiras de refuerzo" en el molde del casco.

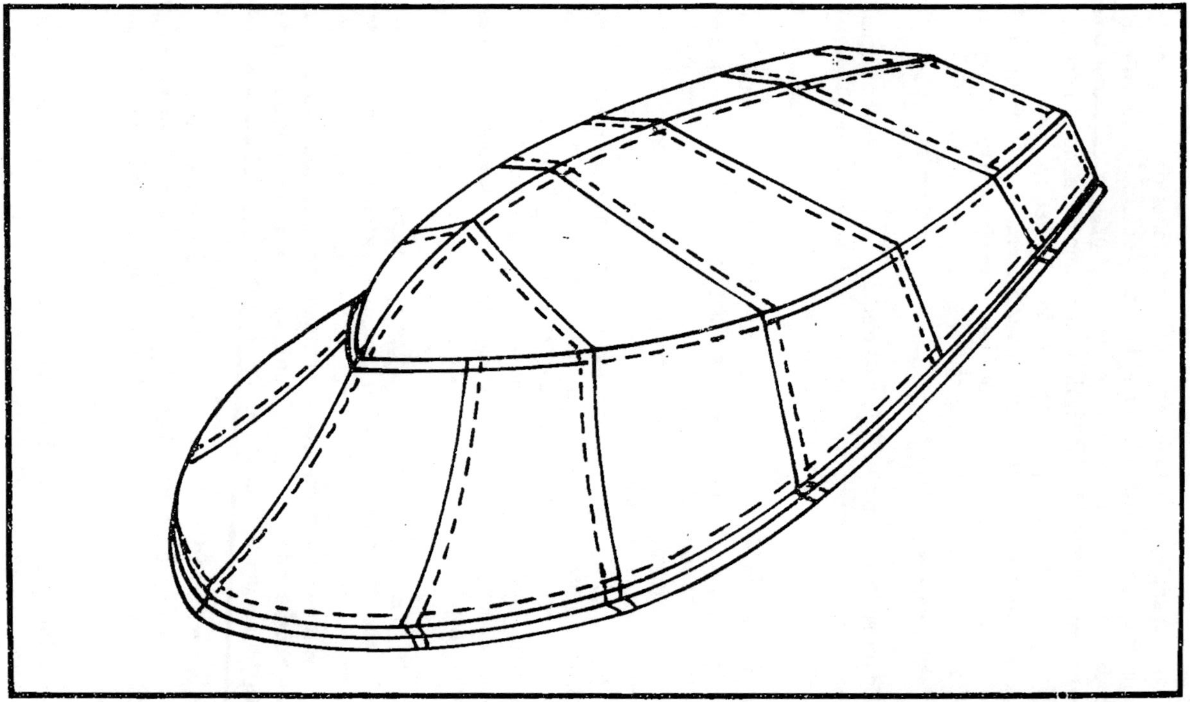

Fig. Nº 38: Vista en perspectiva del molde del casco, mostrando esquemáticamente una conveniente disposición de los distintos trozos del material del laminado.

En consecuencia, tomando como base porciones de fieltros de la medida indicada, posibilitará la tarea del laminado correspondiente, en la medida que dos personas, por ejemplo, utilizando cada una una cantidad aproximada de alrededor de 1 kilogramo de resina debidamente acelerada y catalizada por vez, podrán efectuar cómodamente el impregnado completo del fieltro, y a la vez acomodarlo a las formas del modelo, en un período de tiempo relativamente corto, y con un adecuado margen de seguridad, si se tiene en cuenta la iniciación del proceso del fraguado de la resina.

La figura Nº 38, ilustra a manera de ejemplo, una disposición clásica de las porciones de fieltros que conforman el laminado completo del molde, en una embarcación como la del ejemplo ya citado.

Para el cortado en sí de los distintos fieltros, puede seguirse el criterio de preparar de antemano una plantilla de papel fuerte que se adapte a la forma correspondiente, o en su defecto, cortar directamente el material a la forma aproximada y finalmente darle su configuración definitiva, previamente presentándolo sobre la superficie del modelo en el lugar que le corresponda, sin embargo, este último criterio, supone un desperdicio importante de material, por lo que si bien, el efectuar un plantillado previo requiere un tiempo considerable, el mismo se verá ampliamente justificado desde que, al ahorro de material a que se hiciera referencia, se deberá sumar lo que supone un mejor y más prolijo resultado.

Debe de tenerse en cuenta al efectuar el seccionado de los fieltros, dejar en todo el contorno de los trozos el excedente mencionado anteriormente, que permitirá solapar los mismos cuando se laminen; este excedente, se reitera, deberá tener alrededor de 10 cm. de ancho de manera de contar con material suficiente como para que el encimado de aquellos, forme una adecuada "costilla" de refuerzo.

Una vez en posesión de todos los trozos de materiales de vidrio a usar, es conveniente ubicar ordenadamente los mismos, de manera de tenerlos al alcance de la mano, cuando llegue el momento de su utilización.

Para tal fin, y tal como lo indica el detalle de la figura 39, puede ser improvisado un soporte rudimentario, pero no por ello menos efectivo, con el auxilio de un trozo de tirante de madera soportado entre dos

Fig. Nº 39: Los trozos de telas de vidrio ya cortados y listos para su utilización, ubicados provisoriamente sobre un soporte adecuado.

caballetes, o si se prefiere, confeccionando con restos de madera, un soporte especial tal como el que muestra la figura N° 40.

Fig. N° 40: Otro tipo de sencillo soporte para las telas de vidrio fraccionadas.

APLICACION DEL VELO DE SUPERFICIE:

Ya fue explicado en su momento, que el laminado correcto del molde, y aún de cualquier pieza resultante del mismo, debe comenzar con la aplicación de una capa de velo de superficie inmediatamente sobre la capa de gel - coat ya fraguada.

La aplicación de esta primera capa de velo, tiene por objeto reforzar convenientemente la capa de gel - coat, dado que la misma no posee, como se manifestara anteriormente, una adecuada resistencia estructural en forma aislada; asimismo, el mencionado velo de superficie, posibilita realizar el moldeado en forma más cómoda y segura, esto último en lo que se refiere a la probable aparición de aire entre las capas de estratificados, desde que, debido a su espesor que en general es muy pequeño, "suaviza" los ángulos difíciles de moldear confiriéndoles, por el espesor ya nombrado, un radio de curvatura mayor.

Para comenzar la aplicación del velo de superficie, deberá fraccionarse una pequeña cantidad de la resina acelerada anteriormente (alrededor de 1 Kg.), y proceder a su catalización.

Es conveniente acostumbrarse a trabajar con cantidades de resina como la mencionada, a los efectos de contar con un adecuado margen de seguridad en lo que se refiere al tiempo de fraguado de la misma, este detalle resulta más claro de comprender si se tiene en cuenta que el principiante, por lógica, no puede poseer una experiencia suficiente como para realizar el impregnado y el posterior laminado del trozo de velo a colocar, en un tiempo corto como para que sea posible utilizar totalmente antes de su fraguado, una cantidad de resina mayor.

El catalizado de ésta, deberá ser efectuado en una proporción que lógicamente dependerá de la temperatura y humedad ambiente, aunque puede decirse en general que la misma, puede variar entre un 0,5 % y un 2 %.

Incorporada la cantidad necesaria de catalizador, mézclese bien la resina, con una pequeña varilla de madera, y extiéndasela a continuación en una generosa capa, en toda la zona prevista a cubrir luego con el velo: ya sea mediante un pincel o usando rodillo.

Aunque la capa de resina, debe resultar espesa, evítese el "chorreado de la misma, extendiéndola en un espesor uniforme.

Inmediatamente se extiende sobre la capa de resina, el trozo de velo ya cortado con su forma correspondiente, acomodándolo a continuación a las formas del modelo con el auxilio de un pincel mojado previamente en resina.

Esta operación se hace fácil de realizar pues el velo, presenta una disposición especial para absorber la resina e incluso, mojado con la misma se torna sumamente plástico; de todas maneras debe forzárselo suavemente a adoptar la forma del modelo, mediante cortos y seguidos golpes de pincel, cuidando de que las cerdas del mismo se encuentren en todo momento húmedas de resina.

El punto más esencial a tener en cuenta durante la colocación del velo de superficie, es evitar la eventual aparición de pequeñas burbujas de aire que puedan quedar encerradas entre la capa de gel - coat, y la capa de velo impregnada con resina.

Estas burbujas de aire, presentan un serio inconveniente en el laminado una vez fraguado, desde que el mismo en ese punto, carecerá de la rigidez necesaria, e inclusive, el gel - coat presentará en dicha zona, una marcada tendencia a resquebrajarse.

Las burbujas de aire, son fácilmente identificables pues se reconocen por su color natural, en contraste con el negro intenso de la capa de gel - coat, y la mejor manera de evitarlas es utilizar convenientemente el pincel, presionándolo sobre el velo de manera que la burbuja formada, se vea forzada a desaparecer por algún poro del material, o incluso puede darse el caso de que aún con este artificio no desaparezca, por lo que habrá que obligarla a desplazarse hasta llegar al mismo borde del trozo de velo, ya colocado, donde desaparecerá a consecuencia de perder el aire que la formaba.

Colocada la primera porción de velo sobre el modelo del casco, continúese el proceso descripto con la superficie adyacente, mojándola previamente con resina, y ubicando el nuevo trozo de velo de superficie, de manera que se encime con el anterior formando un "solapado" de alrededor de 10 cm.

Debe prestarse especial cuidado a la merma de resina que, como lógica consecuencia del uso, se irá produciendo en el recipiente que se emplee para humedecer el pincel, a los efectos del impregnado; en la medida en que, al agregar una nueva cantidad de aquella y proceder a su catalización, el volumen resultante tendrá un período de pre-fraguado menor, ya que debe suponerse que el resto de material anterior, estará en un proceso de gelificación avanzado.

En consecuencia, se recomienda agotar completamente la "carga" de un recipiente, antes de proceder a su llenado posterior, siendo preferible asimismo, proceder a eliminar los restos de resina enjuagando el recipiente con monómero de estireno, y luego volcar en él la nueva carga de resina, repitiendo este proceso las veces que se haga necesario.

Asimismo, debe tenerse en cuenta, eliminar los restos de resina de los recipientes usados, cuando se haya finalizado la aplicación de toda la capa de velo, y esto antes de que los mismos fragüen completamente, procediendo también a lavar los pinceles utilizados durante el impregnado, en la forma acostumbrada.

Colocada toda la superficie de velo requerida, y cuidando en especial, que no hayan quedado zonas de la capa del gel - coat sin cubrir, debe efectuarse un rápido reconocimiento a fin de detectar eventuales burbujas de aire que pudieran haber pasado desapercibidas en su momento.

Si las mismas, se ubican en aquellas zonas del laminado donde aún la resina no se encuentre fraguada, ni siquiera en avanzado proceso de gelificación, es probable que se pueda eliminarlas usando el pincel en la forma explicada, en caso contrario, es preferible dejar fraguar completamente el laminado, y luego proceder como se explicará más adelante.

Habiendo llegado a esta altura del trabajo, debe dejarse en reposo el estratificado de vidrio-resina, hasta su completo fraguado, lo que se verificará en un tiempo variable de acuerdo a la temperatura ambiente, y a las proporciones de acelerador y catalizador usadas.

El verdadero fraguado del laminado se manifiesta en la medida que el mismo, se convierte en una capa sólida de superficie extremadamente dura, y este es el momento en que, antes de continuar con los trabajos posteriores, se hace necesario efectuar un minucioso reconocimiento de toda la superficie del laminado, en especial en las zonas de los ángulos pequeños, a los efectos de poder destacar cualquier burbuja de aire por pequeña que sea, y proceder a su eliminación.

Esta operación se puede realizar en forma eficiente, usando una punta afilada, con la que presionará la burbuja de aire, hasta que se produzca la rotura de su parte superior.

Debe cuidarse en este momento de que el objeto punzante no llegue hasta la superficie del gel - coat.

Rota la burbuja en la forma descripta, es posible posteriormente, cuando se coloque la segunda capa de laminado, que la resina utilizada para la impregnación del mismo, llene el intersticio resultante.

Si la burbuja fuera extremadamente grande, es preferible colocar además de la resina, un pequeño trozo de velo impregnado convenientemente, con el objeto de que contribuya a llenar el espacio vacío.

La explicación precedente, puede ser observada en forma esquemática en la figura Nº 41.

En el detalle (A), de la citada figura, se observa la burbuja de aire formada en el seno del laminado.

En el (B), se muestra la "rotura" de la superficie superior de la burbuja, producida por una punta afilada.

Por último en el detalle (C), se ha efectuado el relleno de la cavidad resultante mediante la incorporación de una pequeña cantidad de resina líquida previamente acelerada y catalizada.

Una última recomendación a hacer en lo que respecta a la colocación de la primera capa de velo de superficie, es que se debe dejar un excedente del mismo en todo el borde inferior del modelo, que correspondería al perímetro de la borda y parte superior del espejo de popa (considérese al modelo del casco en posición invertida), de manera que una vez finalizado el laminado completo del molde, pueda realizarse en forma cómoda el perfilado necesario en correspondencia con el listón de corte de perfilar.

LAMINADO DE LA PRIMERA CAPA DE FIELTRO:

El proceso de aplicación de la primera capa de fieltro sobre el velo, ya supuestamente fraguado, supone un trabajo muy similar al efectuado durante la colocación de aquél, por lo que las recomendaciones y explicaciones para realizar una tarea eficiente, serían análogas a las ya

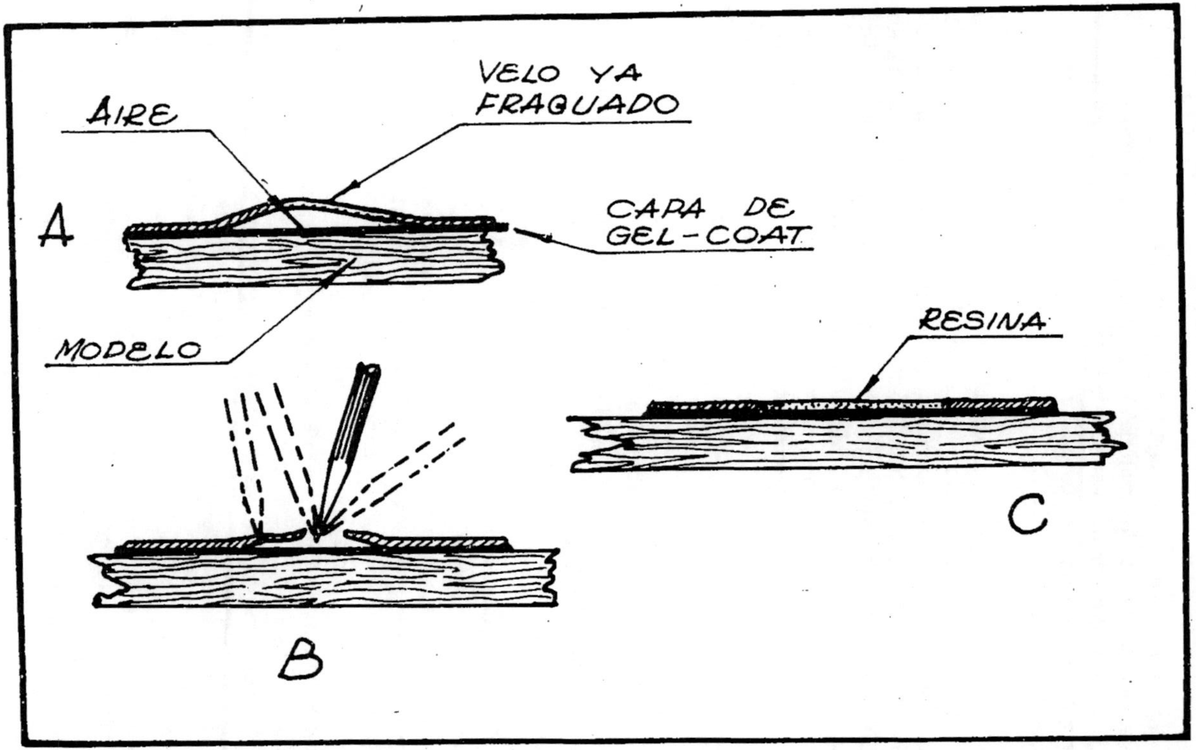

Fig. Nº 41: Secuencia gráfica de la reparación de una burbuja de aire verificada en el velo de superficie ya fraguado.

dadas anteriormente; sin embargo, dado que existe una evidente diferencia entre los dos materiales, en lo que respecta a su textura y espesor, así como también en lo referente a su tramado, es posible hacer algunas consideraciones particulares tendientes a que el aficionado ejecute un trabajo correcto.

Así por ejemplo, la mayor tenacidad del fieltro con respecto al velo de superficie, y su tramado más cerrado, hacen que se haga necesario una mayor cantidad de resina (en proporción de superficie), para su correcto impregnado; inclusive, este material, se mostrará menos susceptible de tomar con facilidad las formas del modelo, efecto éste que se podrá visualizar más fácilmente en aquellas zonas de moldeo que presenten ángulos pequeños y desniveles evidentes, por lo que se hará necesario impregnar suficientemente el fieltro a colocar de manera de tornarlo lo suficientemente plástico, como para que se adapte con facilidad a dichas formas.

Este pre-impregnado, puede ser efectuado previamente, empapando el trozo de fieltro a colocar con abundante resina ya acelerada y debidamente catalizada, sobre una superficie plana cualquiera, como puede ser, por ejemplo, un trozo de vidrio o una placa de madera terciada de dimensiones convenientes.

En estas condiciones debe impregnarse el trozo de fieltro, dejando que los filamentos de vidrio absorban la resina en forma homogénea, hasta su completa saturación, luego de lo cual, puede ser levantado de la superficie de impregnación, con el cuidado suficiente para que no se establezca su rotura, procediendo a continuación a acomodarlo en el lugar correspondiente, sobre el modelo, el que previamente habrá sido tratado con una generosa capa de resina extendida a pincel o rodillo.

Inmediatamente después de ubicado en su lugar, el fieltro debe ser obligado a adherirse estrechamente contra la superficie de moldeo, ya sea utilizando un pincel, o mejor aún el rodillo de hierro ya considerado anteriormente, el que, además de facilitar la tarea, contribuirá a eliminar las probables burbujas de aire que eventualmente se formen durante la operación citada.

El toque final, a los fines de que el fieltro quede perfectamente acomodado contra la superficie externa del laminado de velo de superficie, debe realizarse a pincel, mediante un adecuado movimiento de las cerdas del mismo contra la superficie de moldeo.

En algunas zonas, y mientras se esté acomodando el material de fibra de vidrio que se está usando, es probable que el mismo, acuse cierta tendencia a desprenderse de la superficie del laminado anterior, este defecto tiene especial vigencia sobretodo en aquellas partes del modelo que correspondan a paredes aproximadamente verticales; en estos casos, sin embargo, lo más probable es que entre las dos capas de laminados, no se verifique una cantidad de resina adecuada, por lo que es preferible, de presentarse esta causa, retirar suavemente el fieltro de la zona afectada e intercalar la correspondiente cantidad de resina, procediendo a continuación a acomodar nuevamente el fieltro en la forma ya enunciada.

En cuanto a la forma correcta de disponer los distintos trozos de fieltro sobre toda la superficie del modelo, se encuentra en relación directa con el criterio aplicado durante el laminado de la correspondiente capa de velo, debido a que es conveniente disponer las juntas entre sectores del laminado, en la forma más alternada posible.

Esta precaución tiene por objeto, contribuir a que el conjunto del molde, posea una resistencia estructural más efectiva, ya que el encimamiento de fieltro en la unión entre sectores del mismo, formará una especie de "costilla" rigidizante que acrecentará dicha resistencia.

Es necesario prestar debida atención, durante el laminado de las distintas capas de fieltro, a las zonas en que se encuentren ubicados los ya mencionados picos de aire.

Dado que los mismos deberán estar rígidamente vinculados al molde, habrá que tener en cuenta, al colocar cada capa de fieltro, el conformar un eficiente refuerzo que una ambos elementos.

Una manera muy conveniente de efectuar esta operacion, se demuestra gráficamente en las figuras 42, 43 y 44, donde es posible observar que en la capa de fieltro correspondiente a colocar, se ha efectuado una pequeña abertura, de manera que al ser ubicada sobre la superficie de moldeo, el pico de aire correspondiente, pase a través del orificio practicado, en forma holgada.

El espacio resultante debe ser reforzado entonces, con una pequeña arandela de fieltro la que una vez impregnada, se centrará con el pico, deslizándola a continuación hasta que se apoya en la superficie de moldeo, y haciendo que se adhiera a ésta, con el auxilio de un pincel humedecido abundantemente en resina.

Repitiendo este proceso, en todas las capas del laminado que constituye el molde, podrá tenerse la seguridad de que los picos de aire, quedarán vinculados al mismo en forma efectiva, a la vez que permitirán realizar las operaciones del desmolde, mediante la inyección de aire a presión, sin que se verifiquen dificultades.

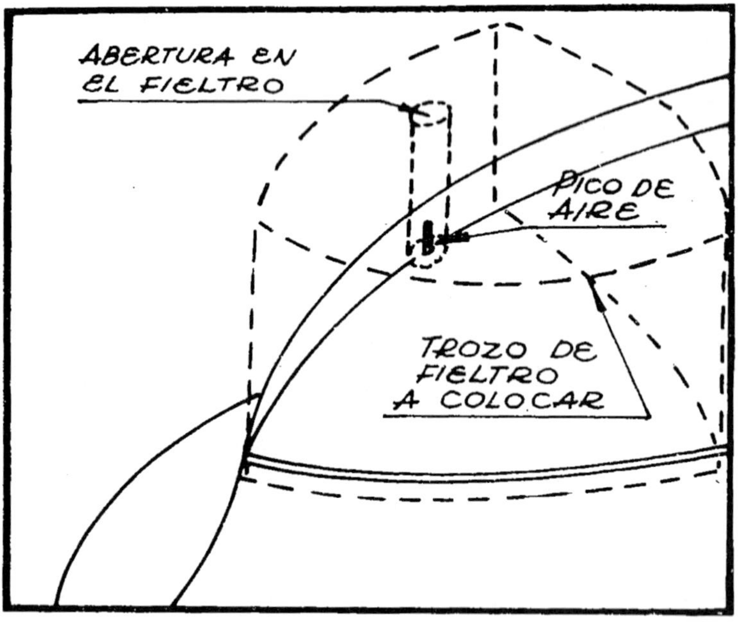

Fig. Nº 42: Disposición del trozo de fieltro del laminado en correspondencia con el pico de aire.

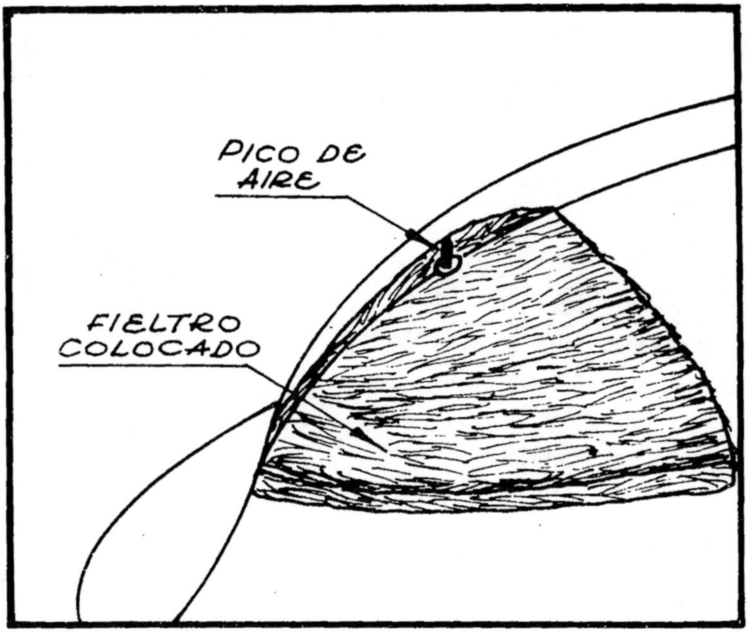

Fig. Nº 43: El trozo de fieltro ya colocado en posición.

Finalizada la aplicación total de esta primera capa de fieltro, y antes de colocar la sucesiva, debe esperarse un tiempo prudencial, a fin de que se establezca el completo fraguado de la resina utilizada, luego de lo cual, habrá que proceder a un rápido lijado de toda la superficie del laminado, utilizando lija común de madera de grano grueso.

Este lijado, que se deberá efectuar alternativamente entre capa y capa de laminados de fieltros, tiene por objeto emparejar burdamente la superficie y eliminar las fibras endurecidas del material, a causa de la resina fraguada.

La aplicación de las "tiras de refuerzo", ya previstas anteriormente, no revistirá mayores inconvenientes; sin embargo se aconseja impregnar previamente a las mismas, antes de su colocación definitiva, a los

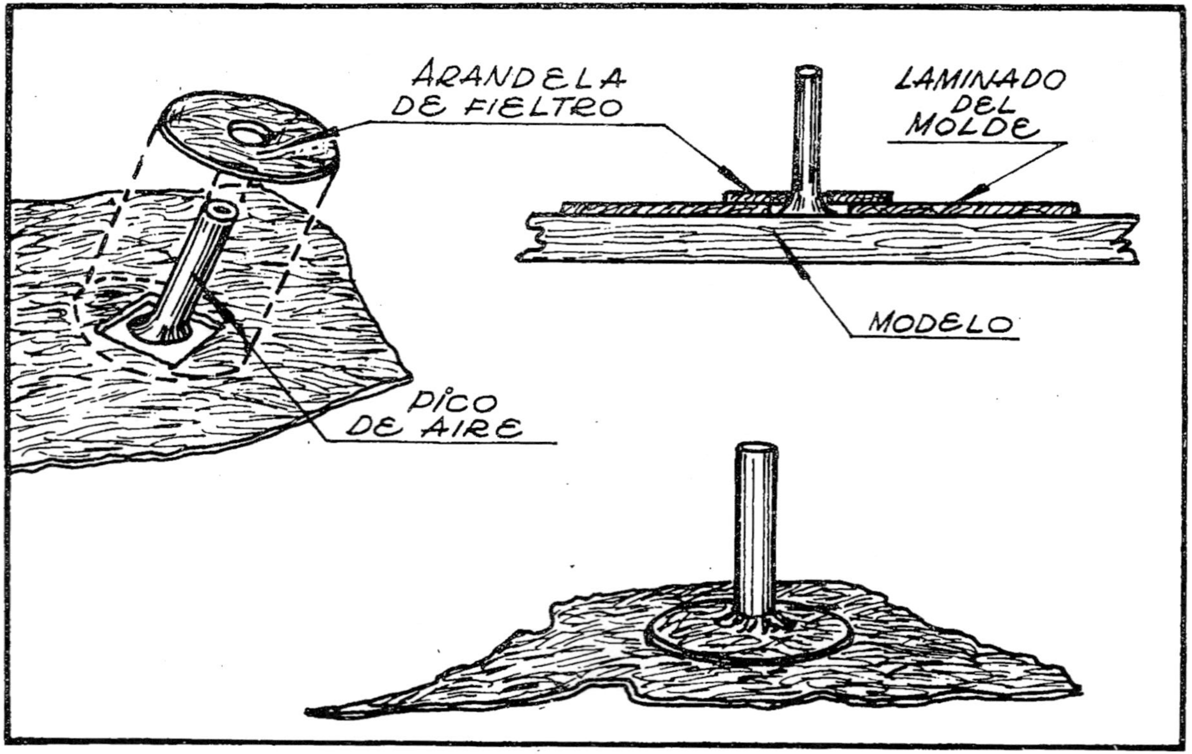

Fig. Nº 44: Detalles de la fijación definitiva de un pico de aire en el molde.

efectos de que puedan amoldarse con mayor facilidad a los lugares correspondientes.

De igual forma, es aconsejable extender una capa de resina antes de su fijación, a fin de que se establezca una mayor adherencia entre las superficies a unir.

El proceso de la colocación de las restantes capas de fibras de vidrio, será efectuado siguiendo los criterios ya enunciados; la capa final del laminado completo del molde, debe ser ligeramente lijada con lija gruesa para madera, a fin de eliminar los defectos que se hagan muy evidentes, de manera de poder comenzar con la aplicación de la o las últimas capas de refuerzo, constituídas por arpillera común.

APLICACION DE LAS CAPAS RIGIDIZANTES DE ARPILLERA:

Aunque la aplicación de la arpillera a manera de última capa rigidizante, presenta características de realización que tienen cierta semejanza con el laminado de los materiales de vidrio, se ha dejado para el final este tema, en razón de que este material presenta algunas características propias que lo hacen diferente de cualquier tipo de filtro de vidrio, a la vez que su homogeneización con la resina poliester, debe ser efectuada aplicando otros criterios.

Uno de los detalles a tener en cuenta en primer lugar, es que la arpillera común posee una trama natural muy abierta, por lo que lógicamente no presentará, como las telas de vidrio, en general de tejido más compacto, una predisposición tan eficaz como para que se produzca su correcto impregnado con la resina.

Así también, por la característica de que presenta su trama muy abierta, será lógico suponer que para mantener la resina entre su urdimbre, deberá aumentarse la densidad de la misma, hasta obtener un valor adecuado.

En principio, y admitiendo que la arpillera posee un peso aproximado de alrededor de 450 gramos por metro cuadrado, debe tomarse como base para el cálculo de la resina a usar en su laminado, una cantidad correspondiente a tres veces su peso, lo que arrojaría un valor de alrededor de 1,350 Kg. de resina por metro cuadrado de arpillera a colocar.

Sin embargo, y de acuerdo a lo dicho, debe aumentarse la densidad propia de la resina poliester hasta lograr un valor adecuado, por lo que en la práctica se suele utilizar en estos casos, la resina poliester pura, mezclada con una proporción de resina tixotrópica o "pregel", que se estima en valores correspondientes del orden del 10 al 20 % en peso.

En consecuencia, el cálculo de estos dos elementos a emplear, por metro cuadrado de arpillera sería el siguiente:

Resina poliester pura
con 15 % de pregel ____________ = 1.350 gramos

Resina tixotrópica o "pregel"______ = $\frac{1.350 \times 15}{100}$ = 202,50 gr.

Aproximadamente = 200 gramos.

Por lo que los valores finales, correspondientes siempre a un metro cuadrado de arpillera a colocar, serían:

Resina poliester pura ____________	=	1.150 gramos
Resina tixotrópica (pregel) ________	=	200 gramos
Total:		1.350 gramos

Como se notará, en este caso particular, se ha tomado como valor promedio, una proporción de resina tixotrópica del 15 %.

En definitiva y tomando como ejemplo el casco de 7,60 m^2 de superficie mencionado como ejemplo anteriormente, la cantidad de materiales a consumir para el laminado total de una capa de arpillera final, del molde correspondiente arrojaría los siguientes valores:

Resina poliester pura	=	1.150 gr x 7,60 m^2	=	8,740 kilogramos.
Resina tixotrópica	=	200 gr x 7,60 m^2	=	1,520 kilogramos.

Obtenida la cantidad necesaria de ambas resinas, las mismas deberán mezclarse convenientemente en un recipiente adecuado.

El proceso del acelerado y catalizado de la masa resultante, puede encararse en condiciones análogas al hacerse referencia al laminado de las distintas capas de fieltros de vidrio, y por supuesto, adecuando la proporción de estos componentes, a las condiciones ambientes de temperatura y humedad.

La aplicación en sí de la arpillera sobre la superficie exterior del molde, es relativamente sencilla, sin embargo, es aconsejable que la misma sea laminada en trozos de superficie no muy grande, de manera que se facilite su correcto impregnado; asimismo, debe cuidarse que se verifique un conveniente encimado de las distintas secciones a colocar, efectuando en el borde correspondiente, un solapado común de igual manera a como se operara durante el laminado de las capas de vidrio.

Habiendo llegado a este punto de la construcción del molde, el mismo puede ser dado por terminado, por lo menos en lo que respecta al laminado completo de su estructura, pero aún con algunos detalles de terminación a tener en cuenta muy especialmente.

Estos detalles están referidos en primer lugar, al perfilado de todos sus bordes, en correspondencia con el extremo de la línea de la borda y parte superior del espejo de popa.

Dicho perfilado, en razón de la dureza del material que constituye el laminado, e inclusive de su considerable espesor, deberá ser efectuado cortando el excedente, mediante una sierra de arco para metales, primero en forma burda, y luego perfilando con la pulidora en la que previamente se habrá insertado un disco abrasivo de grano grueso.

El seccionado, indicado en la figura Nº 45 mediante línea de puntos, debe corresponder exactamente a la línea exterior que define el correspondiente listón de corte de perfilar, ya considerado anteriormente en la figura Nº 30.

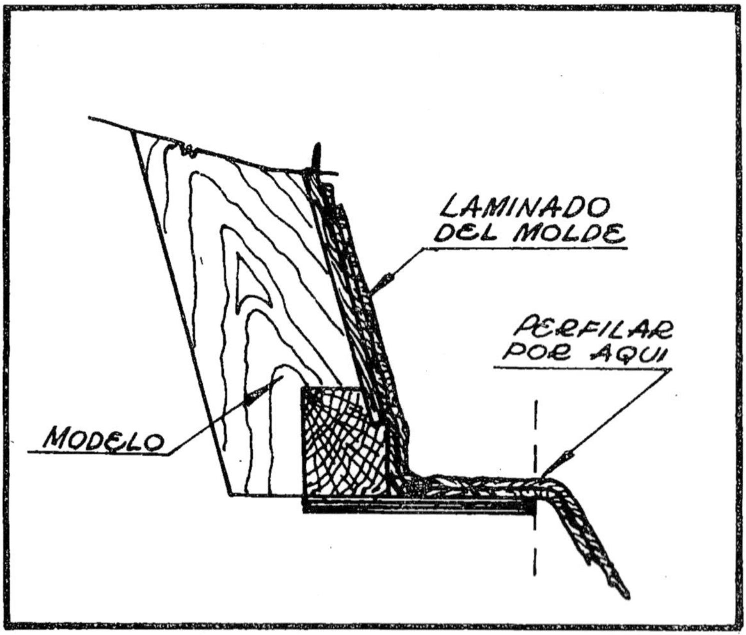

Fig. Nº 45: Corte parcial del modelo y molde, mostrando el punto de perfilado de este último.

REFUERZOS DEL MOLDE:

El molde de poliester y fibra de vidrio, en especial el del casco y eventualmente el de la cubierta de la embarcación a construir, ya que en estos dos casos debe poseer dimensiones importantes, debe constituir una estructura lo suficientemente sólida, como para absorber todos los esfuerzos y probables deformaciones que se originarán a consecuencia del proceso a que se verá sometido durante la preparación de su superficie externa, y el correspondiente moldeado y posterior desmolde de la o las piezas a fabricar.

Esta consecuencia resulta más necesaria de ser tenida en cuenta cuando se da el caso de que el planeamiento del trabajo a que se verá sometido el molde, contempla la posibilidad de construir, partiendo del mismo, un determinado número de unidades.

Bajo estas condiciones, el proceso de preparación de su superficie interior, moldeado de la pieza resultante, y desmolde de ésta, efectuado sistemáticamente al elaborar cada unidad, representa, aún con mayor importancia, el someter al molde a un continuado esfuerzo.

Por lo enunciado, se desprende que si bien, el laminado completo del molde forma una envoltura con bastante resistencia estructural, la misma, no es suficiente para absorber todos los esfuerzos enumerados; inclusive, si eventualmente se efectuara el desmolde de la matriz o molde en las circunstancias en que se dejara explicado anteriormente, o sea solamente con su última capa de refuerzo constituída por la arpillera, el mismo acusaría una marcada elasticidad, lo que en algunos casos llega a valores tales que se produce el revirado definitivo del mismo, perdiendo en consecuencia todo su valor intrínseco, desde que dicho revirado hace que las líneas y formas generales del modelo, no se verán reproducidas en la forma correcta.

Por otra parte, aunque el laminado de resina poliester-fibra de vidrio, posee un reducido coeficiente de contracción, cuando se ha procesado en condiciones favorables, en la importante superficie que forma especialmente el casco, dicho coeficiente de contracción, puede en ocasiones llegar a obtener valores importantes, contribuyendo, por lo mismo, a que se produzca la mencionada deformación o revirado del conjunto.

Si bien, es cierto que esta deformación puede atenuarse en parte, permitiendo que el laminado del molde "cure" convenientemente, lo que se logra dejando que el mismo permanezca durante un tiempo prudencial vinculado al modelo que lo forma, es también cierto que el molde necesita ser reforzado convenientemente para evitar, o por lo menos, reducir al mínimo, las consecuencias expuestas hasta este punto.

Este reforzado del molde debe constituir una especie de reticulado simple, que trabe al mismo en todas direcciones, por lo que en consecuencia, antes de proceder al desmolde del mismo, será necesario adosarle dichos refuerzos, estudiando para cada caso particular todo lo concerniente a los mismos, en lo que respecta a su ubicación, cantidad, material con que serán construídos, etc.

Una vista de proa del molde completo de un pequeño crucero. (Casco, cubierta y cabina). Se destacan los refuerzos metálicos tendientes a lograr una adecuada rigidez del conjunto.

Foto gentileza Astillero Juanjo S. A.

Generalmente los refuerzos citados se construyen o bien de madera, o bien empleando perfiles o tubos de hierro; en ambos casos, sin embargo, la estructura pre-formada, se fija al laminado del molde mediante la única forma posible y por otra parte más recomendable, es decir, por su cara exterior, mediante el artificio de adherirla a ésta con tiras de fieltro y/o tela de roving, embebidas en resina poliester y ubicadas en forma estratégica.

En el caso de moldes correspondientes a embarcaciones menores, se suele en ocasiones efectuar el reforzado completo del o de los moldes, utilizando para conformar el reticulado correspondiente, tubos para instalaciones eléctricas, vulgarmente conocidos como "caños de luz", dado que los mismos resultan fáciles de conseguir, pudiendo cortarse y doblarse con relativo poco trabajo, a los efectos de adaptarlos a las formas requeridas.

De todas maneras, y dado que sería prácticamente imposible considerar los distintos tipos de refuerzos de moldes, susceptibles de ser realizados por el constructor aficionado, en razón de la diversidad de formas y dimensiones que podrían acusar, paralelamente al molde al que estarán vinculados, se hace necesario, por fuerza, remitirse al ejemplo gráfico concreto, de manera que el lector posea una idea más acabada de tales refuerzos, estimando en cada caso particular y de acuerdo a su criterio personal, la planificación más conveniente que supone la preparación, construcción y fijación de los mismos.

En las ilustraciones de las figuras 46 a 50 inclusive, se dan algunas ideas en cortes y perspectivas del molde correspondiente, de los mencionados refuerzos para un pequeño casco, como podría ser, el del ejemplo ya considerado anteriormente.

DESMOLDE DE LA MATRIZ:

La total colocación de los refuerzos del molde, significa que el mismo se encuentra terminado, por lo menos en lo que a su estructura envolvente se refiere, por lo que aún, para que se encuentre en condiciones de permitir moldear una pieza en su interior, habrá que proceder a retirarlo del modelo y preparar convenientemente su superficie interior.

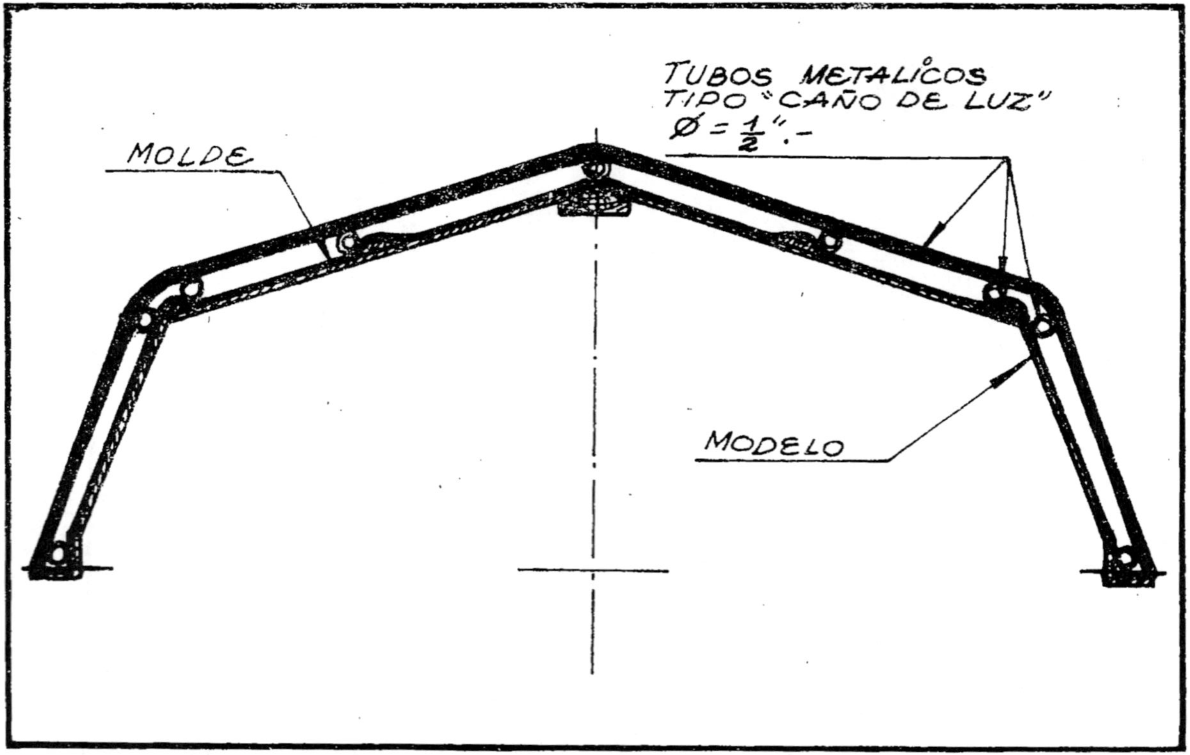

Fig. Nº 46: Corte esquemático, mostrando el refuerzo de tubos del molde. (No en escala).

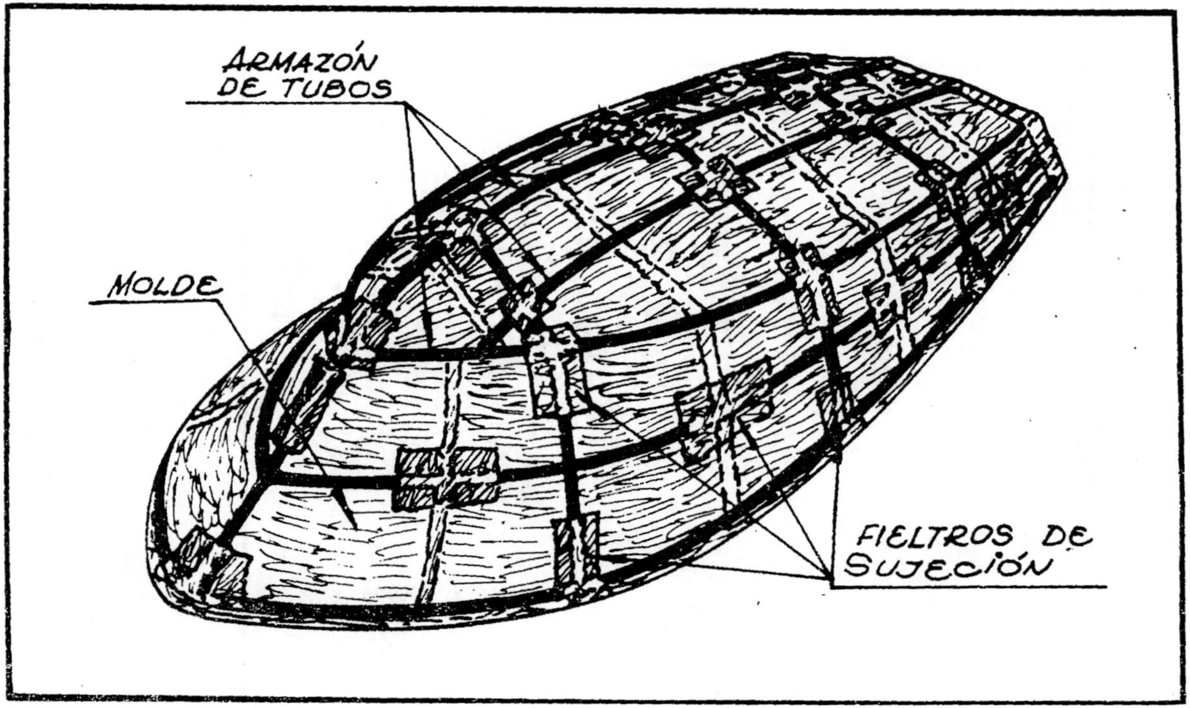

Fig. Nº 47: Perspectiva del molde con su correspondiente estructura de refuerzo ya fijada definitivamente. Nótense los trozos de fieltros que vinculan ambos elementos, ubicados en puntos estratégicos.

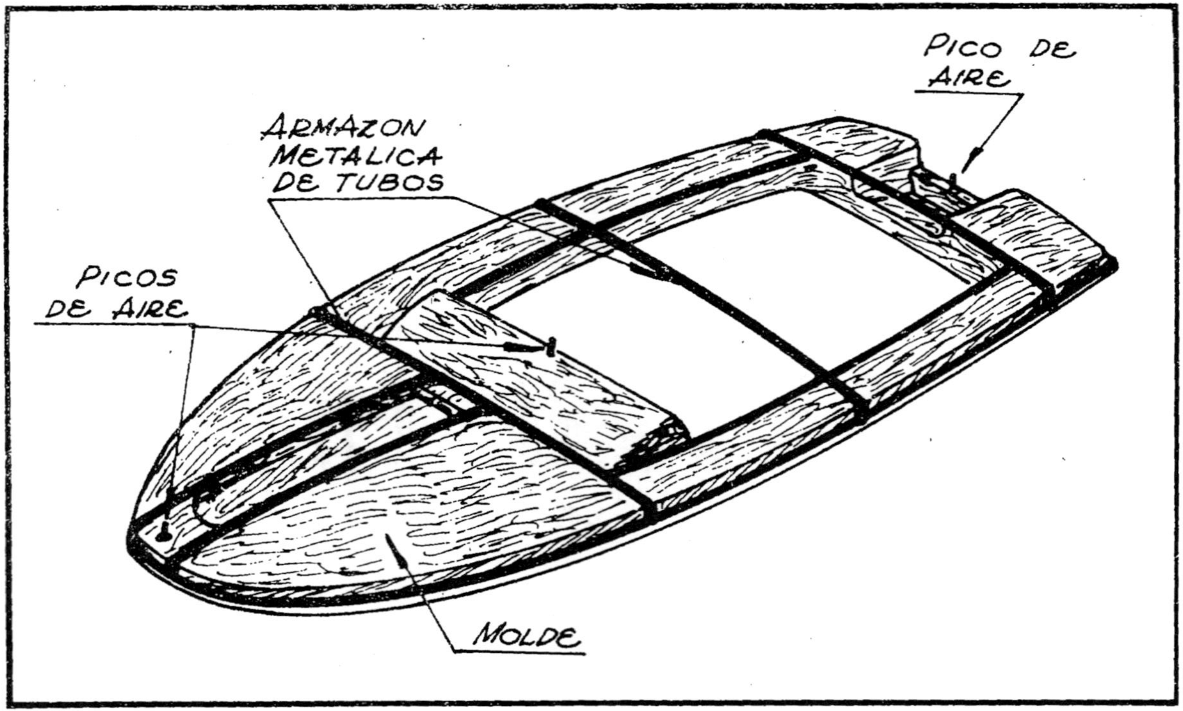

Fig. Nº 48: Molde de cubierta, con su correspondiente armazón de refuerzo de tubos metálicos en posición.

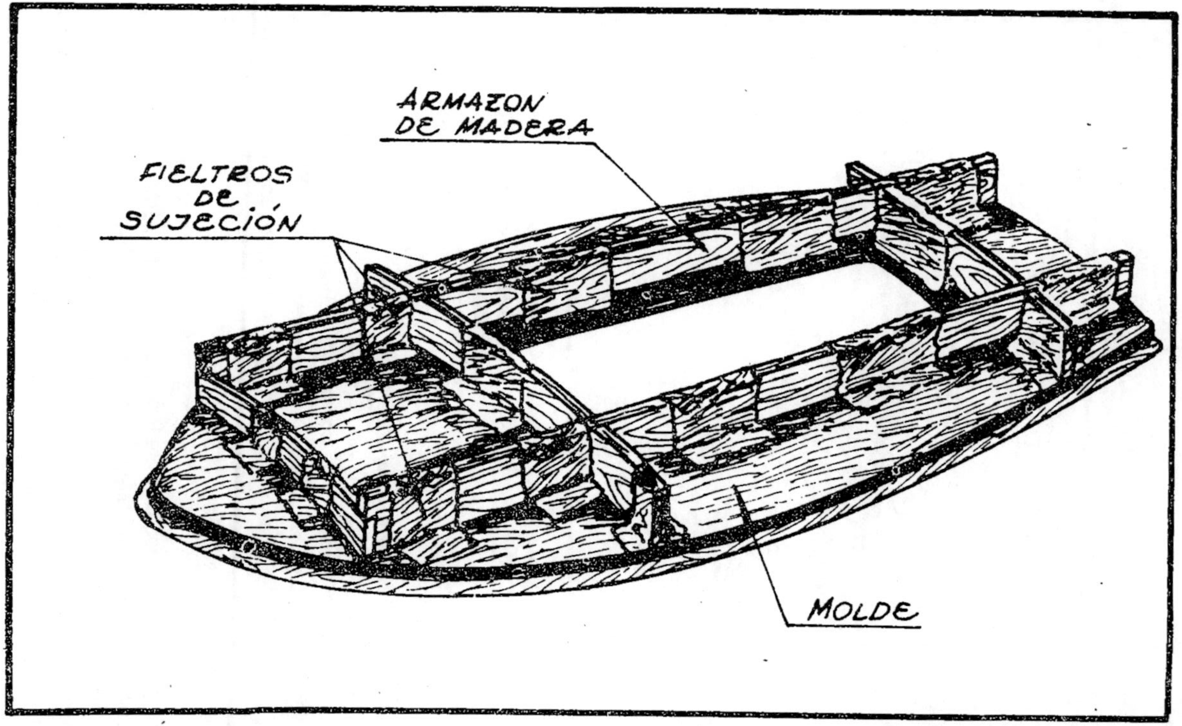

Fig. Nº 49: Otro molde de cubierta, en este caso reforzado mediante un armazón de listones de madera. Obsérvense los trozos de fieltros de fijación.

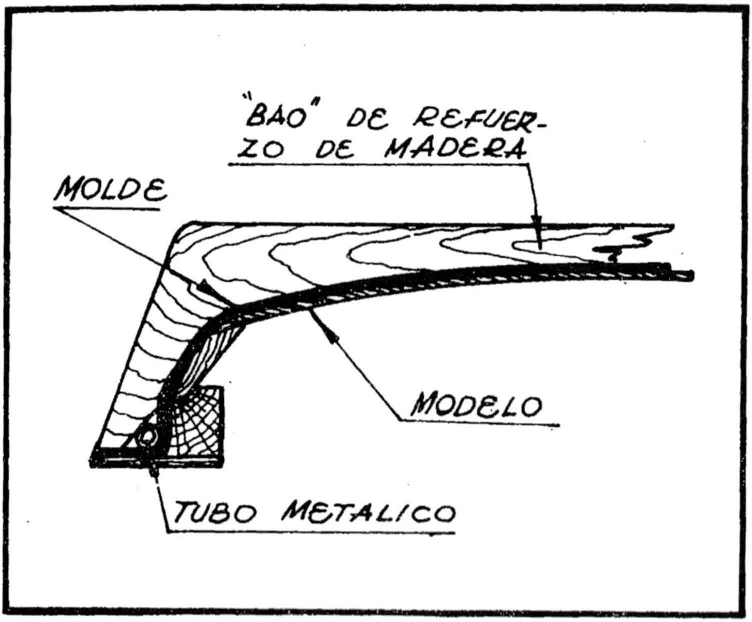

Fig. Nº 50: Corte esquemático de un molde de cubierta (aún sin retirar de su modelo), reforzado con tubos metálicos y "baos" de madera.

Generalmente y previo a encarar el proceso del desmolde, se suele mantener al molde o matriz, en contacto con el modelo, es decir, en la posición original en que fuera construído, durante un cierto tiempo que puede estimarse en alrededor de 15 días, con el objeto de que se produzca el llamado "curado" del laminado que lo forma, previéndose de esta manera que las probables deformaciones que pueda sufrir el material, queden reducidas al mínimo.

El hecho de que sea factible lograr un correcto desmolde de la matriz o molde, depende de algunos factores que habrán tenido que ser previstos en su momento, durante todo el proceso que insumió el trabajo desde la construcción del modelo en sí, pudiéndose mencionar aquí como fundamentales, el haber calculado durante la misma construcción del modelo, una correcta "salida" en todas sus superficies verticales, así como también el haber tenido en cuenta la correcta preparación de su superficie final, la aplicación de desmoldante, la eficaz colocación de los picos de aire, etc.

En general puede admitirse que, cuando el proceso del trabajo efectuado hasta este momento, ha sido desarrollado en forma correcta, el desmolde de la estructura de la matriz, se produce en forma normal, sin necesidad de someter a la misma a esfuerzos mayores.

En consecuencia, para lograr tal fin, que además de lograr la reiteración de suponer un resultado satisfactorio, permitirá pasar por alto reparaciones y/o tratamientos especiales sobre la superficie interna del molde, o superficie de "moldeo", deben de tenerse en cuenta algunas recomendaciones.

Suponiendo ya efectuado el "perfilado" del molde en correspondencia con la brida que limita a todo el perímetro de la borda, tal como se indicara en la figura Nº 45, será necesario proceder en primer lugar, a efectuar la separación de la misma en la línea de unión formada por el modelo y el molde correspondiente.

Esta separación, puede llevarse a cabo, pasando en todo el perímetro de la brida una espátula afilada, tal como lo muestra en detalle la figura Nº 51, y eventualmente intercalando en algunas zonas, pequeñas cuñas de madera, colocadas de forma que no ofrezcan una excesiva presión entre las caras a desmoldar; dichas cuñas pueden ser visualizadas en la figura Nº 52, y deben ser golpeadas suavemente cuando se inserten, con el auxilio de una maceta liviana.

De todas maneras, este proceso, ya sea utilizando la espátula, ya sea mediante el auxilio de las pequeñas cuñas de madera previstas, debe de realizarse en todo el recorrido de la brida, de manera de asegurarse que la misma se encuentre en todos sus puntos, separada de la que correspondería al modelo.

Una vez obtenido el desmolde de la zona indicada, debe procederse a continuación a tratar de vencer la fuerza de adherencia, que en forma natural, se origina entre la superficie total del molde y del modelo, siendo conveniente en estos casos, aplicar suaves golpes en todos los puntos de la superficie exterior del molde, mediante una maceta o maza

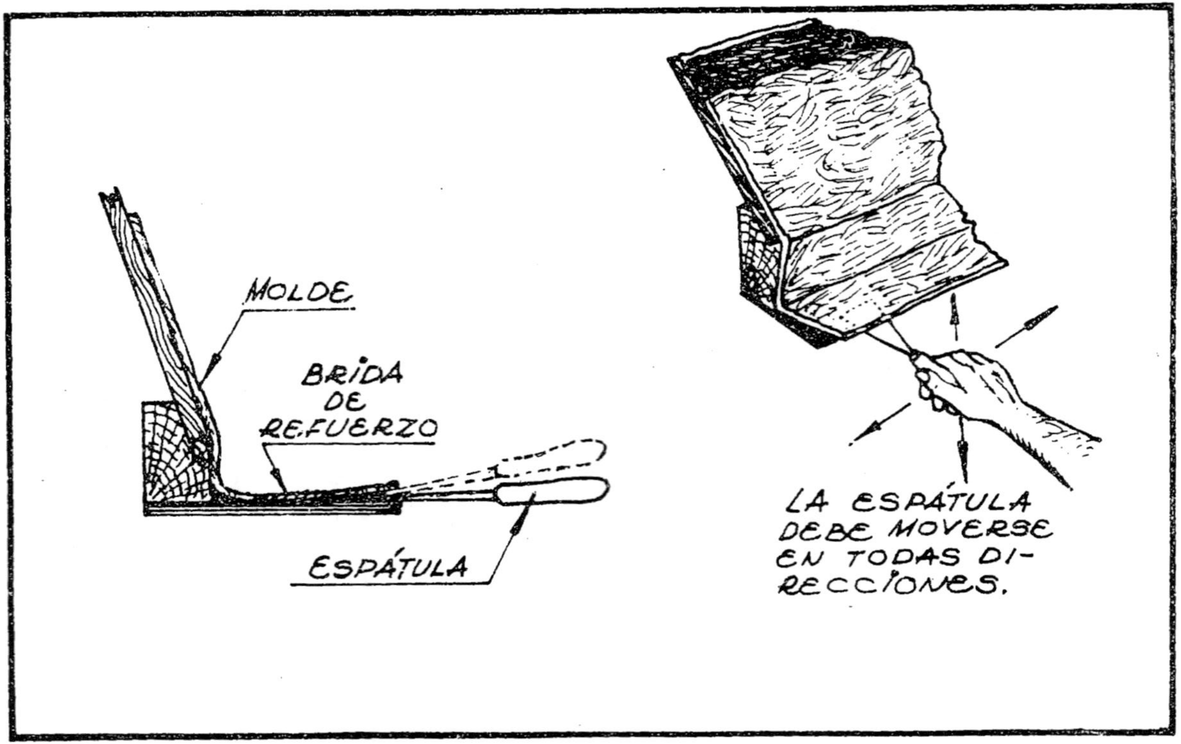

Fig. Nº 51: Detalle mostrando cómo puede ser desmoldada la brida de refuerzo utilizando una espátula.

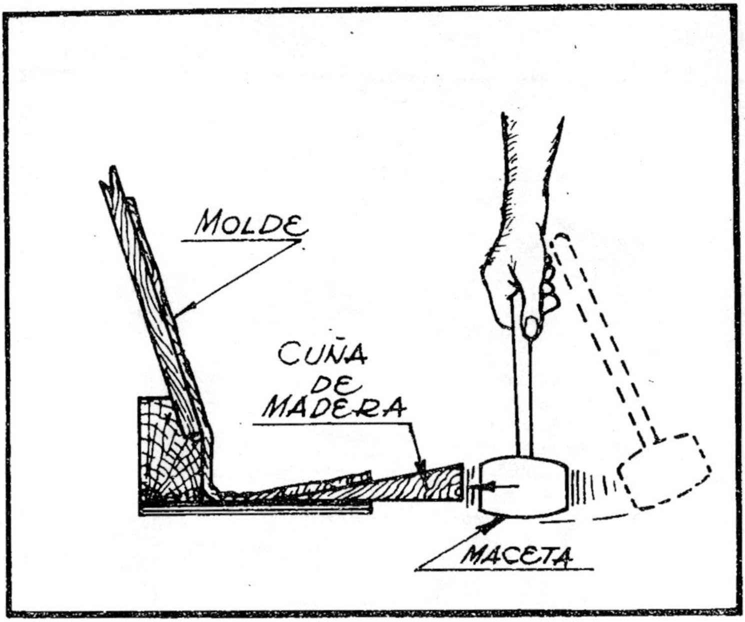

Fig. Nº 52: Procediendo mediante cuñas de madera, a desmoldar la zona de la brida de refuerzo.

con cuerpo de goma dura, de manera que los mismos, lleguen un poco amortiguados al laminado que constituye el molde.

Durante esta operación, préstese especial atención a las probables zonas donde sea susceptible que se origine un mayor "agarre" entre las superficies que se mantienen en contacto, como pueden ser, las correspondientes a los ángulos muy pequeños, dientes o listones de deriva del fondo del casco, cantoneras, etc.

Verificado este tratamiento de "golpeteo" en toda el área del molde, se estará en condiciones de obtener el desmolde definitivo del mismo,

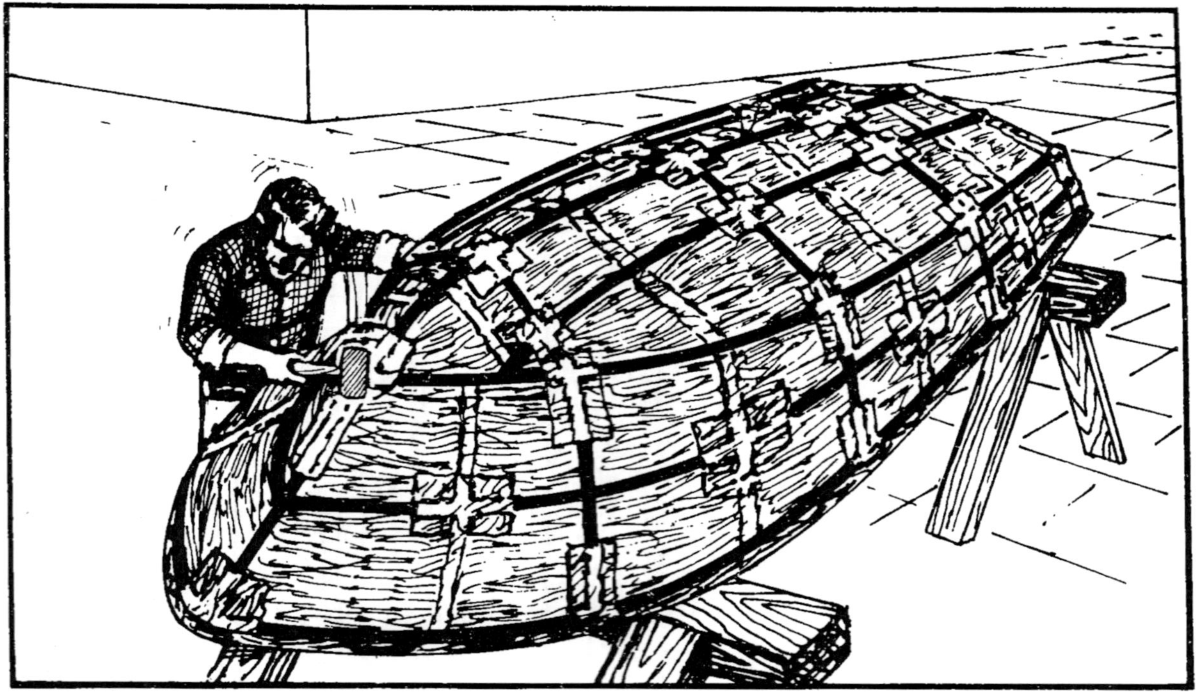

Fig. Nº 53: El golpeteo con maza de goma dura sobre el molde ya terminado, favorece la operación de separar a éste de su modelo.

mediante el artificio de inyectar aire a presión a través de los picos correspondientes, por lo que previamente se hará necesario almacenar una determinada cantidad de aire en el compresor, manteniendo cerradas la salida general de éste, así como también el robinete de regulación de presión.

En estas condiciones, enchúfese la manguera del compresor, en uno de los picos de aire del molde tal como lo muestra la figura 54, apretando firmemente la correspondiente abrazadera que rodea al extremo de la manguera, de manera de evitar que la misma puede eventualmente desprenderse a consecuencia de la presión del flujo de aire que circulará a través del conducto así formado.

En estas condiciones, se procede a inyectar el aire del compresor, operando con el robinete de regulación de presión, de forma de ir aumentando de a poco el valor de la misma hasta que se produzca el desmolde en esa zona, y luego procediendo en idéntica forma con el otro pico de aire previsto.

Téngase cuidado de efectuar la regulación de presión de aire mencionada, en forma lenta hasta lograr la adecuada, de manera que la fuerza expansiva del aire comunicada a ambas superficies en contacto, se manifieste en forma paulatina y no bruscamente.

El desmolde completo, se verificará por un ruido seco perfectamente definido, luego de lo cual, y previo a asegurarse que el molde se encuentra separado completamente en todos sus puntos con respecto a la superficie del modelo, se lo retirará completamente de este último ubicándolo perfectamente nivelado sobre un soporte apropiado para seguir las operaciones posteriores.

A los fines de contar con una mayor amplitud en el local en que se está trabajando, conviene en estos momentos retirar de su lugar al modelo, efectuando una limpieza general del taller, y predisponiendo al mismo, a los efectos de comenzar con el proceso de preparación de la superficie interna del molde, de manera de que sea posible efectuar el laminado de la pieza a obtener.

En general, la superficie interior del molde suele presentar, inmediatamente luego de retirado del modelo, algunas fallas que se hará necesario disimular mediante una reparación efectiva, asimismo, es probable que aún conserve adherida en algunas zonas, restos de película de agente de despegue, cera, etc., por lo que en primer lugar, y a los efectos de poder observar más fácilmente las probables fallas se hace necesario efectuar un prolijo lavado de toda la superficie de moldeo, mediante agua tibia y jabón común en polvo, utilizando de preferencia una esponja o un trozo de género de trama suave de manera que no se produzcan rayaduras.

Luego de que se haya enjuagado la superficie así tratada, se dejará secar perfectamente, procediendo a continuación a someterla a un lijado suave, cuya función principal es la de eliminar las ondulaciones y salientes por el momento más notables; para este fin se recomienda la utilización de papel de lija del tipo al agua en un grosor aproximado al número 600.

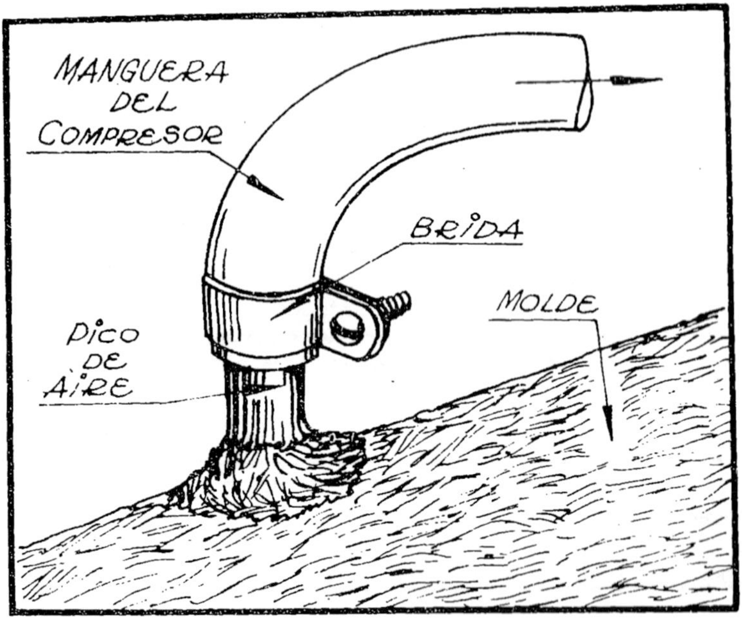

Fig. Nº 54: La manguera de aire del compresor, debe ser conectada firmemente a los picos de aire a los efectos de la operación de desmolde.

Realizado un segundo enjuague con agua limpia, para eliminar los restos de material arrastrados por el poder abrasivo de la lija, se dejará secar nuevamente el interior del molde, efectuando a continuación un exhaustivo reconocimiento de toda su superficie para detectar cualquier pequeña falla que aún subsista.

En general, las pequeñas fallas que pueden visualizarse, tienen su origen en burbujas de aire que pudieron pasar desapercibidas durante el laminado correspondiente, o también como consecuencia de una defectuosa aplicación de la capa de gel - coat.

De cualquier forma, sea cual fuere su origen, las fallas deben de ser convenientemente eliminadas y/o reparadas de manera de lograr que toda la superficie del molde resulte lo más perfecta posible; debe tenerse en cuenta que de ello dependerá directamente el aspecto exterior de la pieza a obtener más tarde.

Esta reparación debe comenzar eliminando algún vestigio de desmoldante o cera que pudiera haber quedado adherido en el seno de la falla a tratar, o como se hiciera con las burbujas de aire mencionadas anteriormente, rompiendo la capa superficial de gel - coat que las cubren; en cualquiera de los dos casos, debe usarse una punta adecuada, raspando suavemente la superficie del gel - coat, de manera de llegar solamente a la capa inmediata inferior de fieltro, pero no más allá.

En estas condiciones debe prepararse, de acuerdo a la profundidad de la falla a reparar, o bien una pequeña cantidad de gel - coat puro debidamente acelerada y catalizada en las proporciones ya indicadas, o bien un determinado volumen de masilla elaborada a base del mismo gel - coat.

Es necesario recomendar en ambos casos, la necesidad de acelerar y catalizar el gel - coat o la masilla a usar, guardando la misma proporción anterior, debido a que de esta forma se logrará una coloración pareja entre el material destinado a la reparación, y el del propio gel - coat del molde.

Si la falla, es pequeña, bastará con alojar en su cavidad, usando un palillo común, una cierta cantidad de gel - coat, de manera que rebase ligeramente el nivel de superficie de moldeo, dejándolo fraguar en estas condiciones.

Si el desnivel fuera más importante, y por lo mismo se hiciera evidente el uso de masilla, la misma se extenderá con una pequeña chapita de acero flexible teniendo la precaución de dejar por sobre el nivel de superficie, un ligero excedente de material, de manera de contar luego, con un volumen adecuado de éste, como para permitir el lijado posterior.

La masilla en cuestión se prepara colocando en un recipiente bien limpio, la cantidad necesaria de gel - coat, adicionándole a continuación aproximadamente el mismo volumen de "carga", la que en estos casos la constituye ya sea sílice en polvo, carbonato de calcio, o talco del tipo industrial; de todas maneras es conveniente el uso del sílice, en razón de que no altera la pigmentación natural del gel - coat, en contraposición con los otros compuestos mencionados.

La cantidad adecuada de "carga" se verificará en la medida en que la mezcla de gel - coat y ésta, una vez perfectamente homogeneizada, debe poseer la consistencia de una crema espesa, como para que sea posible trabajarla a espátula.

En estas condiciones debe procederse al acelerado y al catalizado de la masa, tomando como base las proporciones empleadas anteriormente.

En ambos casos, es decir, ya sea usando el gel - coat puro o la masilla, y cuando cualquiera de estos elementos se encuentren alojados en el seno de la falla a reparar, y próximos a fraguar, o sea gelificados, es conveniente efectuar un emparejado burdo del excedente de material adicionado, de manera de que se haga más fácil el lijado posterior; dicho emparejado puede ser convenientemente realizado, usando una espátula afilada pasada a ras de la superficie reparada.

Luego de este paso, puede dejarse fraguar definitivamente el compuesto en cuestión, procediendo a continuación a lijar el probable excedente con lija al agua de textura más fina que la anterior, aproximadamente del número 400 primero, de manera de desbastar los desniveles más notables, y luego usando el número 600, para quitar las pequeñas rayaduras que pudieran haber quedado como consecuencia del lijado anterior.

Si se notara que la reparación efectuada en base a las explicaciones procedentes, no diera el resultado esperado, es decir que aún subsistieran irregularidades, será necesario nuevamente repetir el proceso descripto, hasta obtener una superficie perfecta.

En las figuras Nº 55, 56, 57 y 58 inclusive, se ilustra en forma gráfica el proceso de reparación de pequeñas fallas del molde correspondiente, de acuerdo a las explicaciones mencionadas.

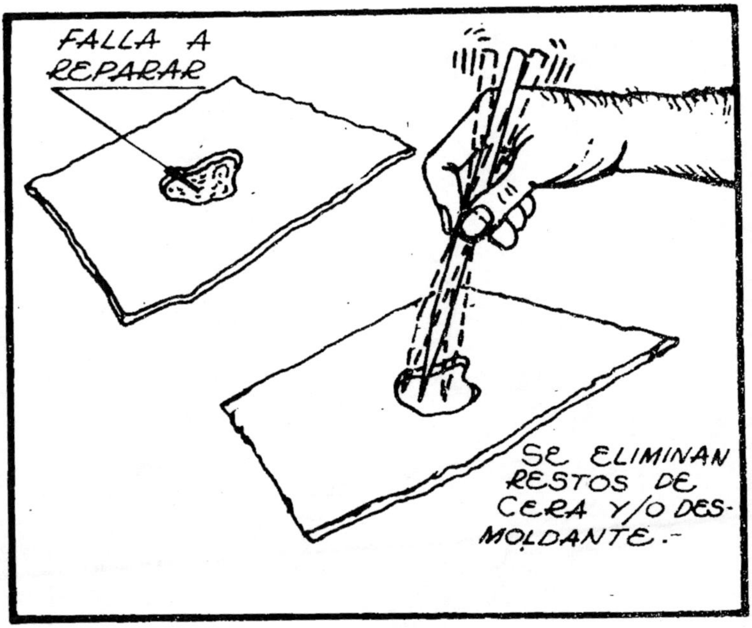

Fig. Nº 55: El primer paso en la reparación de una falla de la capa de gel - coat del molde.

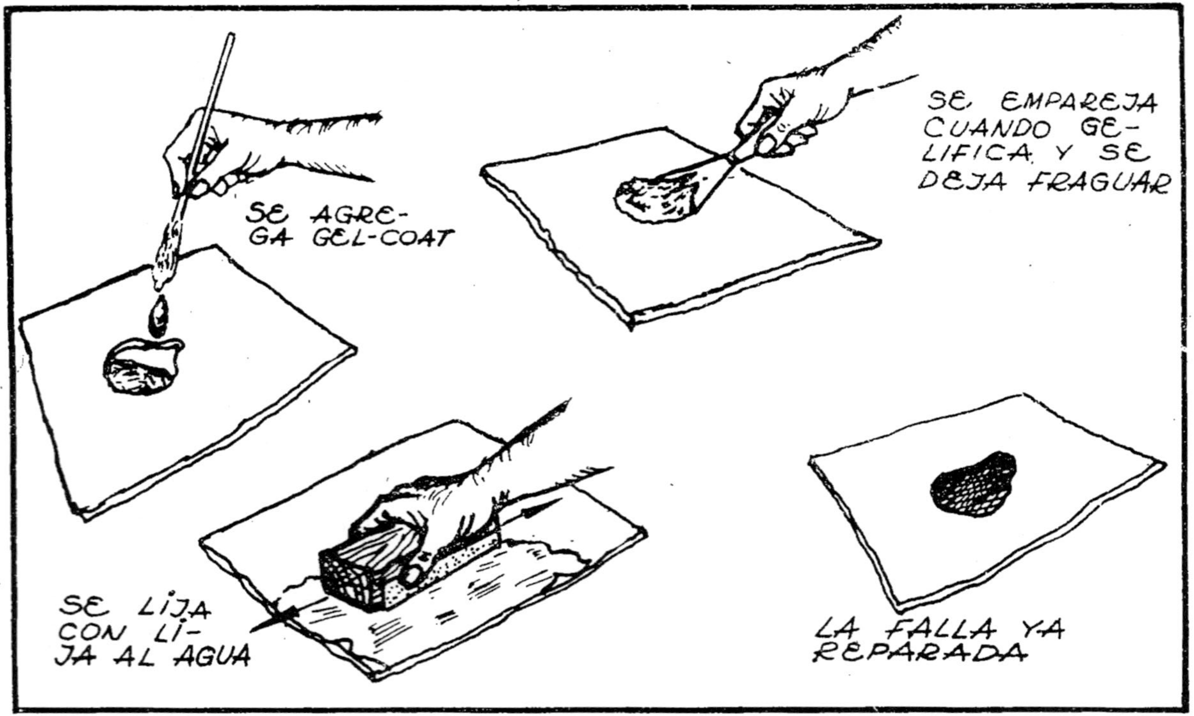

Fig. Nº 56: Secuencia de la reparación de una pequeña falla en la capa de gel - coat del molde.

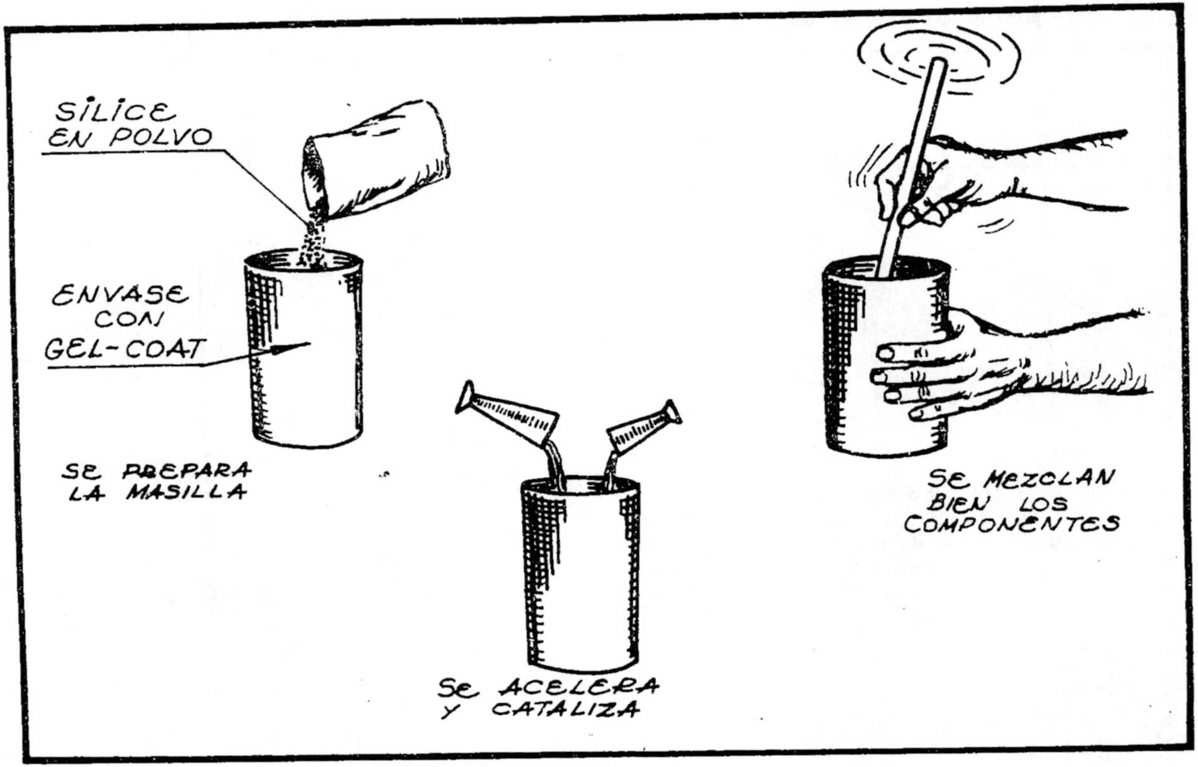

Fig. Nº 57: Cómo se prepara la masilla a base de gel - coat.

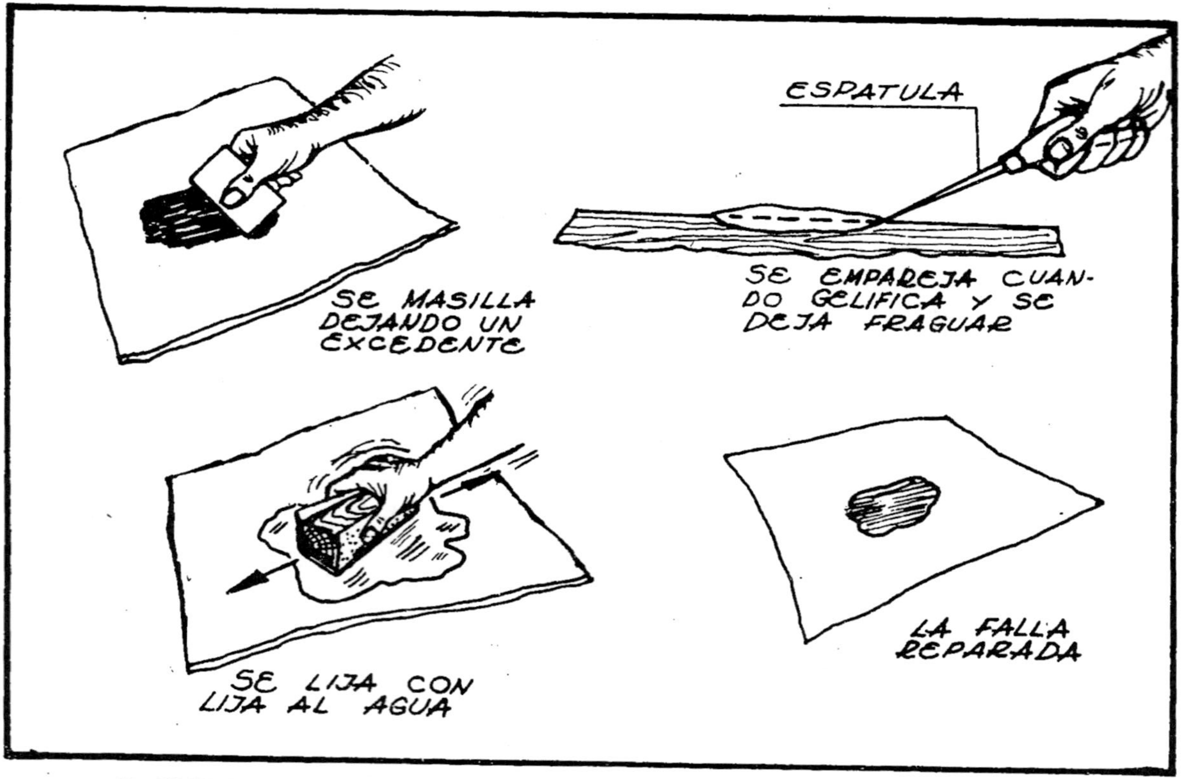

Fig. Nº 58: Pasos progresivos de la reparación de una falla del molde, con masilla a base de gel - coat.

Habiendo completado las reparaciones parciales del molde, en aquellos puntos en que se haga necesario, debe procederse a un lijado "de terminación" en toda la superficie del mismo, utilizando siempre papel de lija al agua del número 600.

Durante la última mano de lijado deben extremarse las precauciones al efectuar el desbastado de la superficie, para lo cual puede utilizarse un taco de madera o goma dura que sirva de base al papel de lija, y sin someterlo a una excesiva presión; por otra parte debe cuidarse en todo momento que la superficie a lijar, se encuentre continuamente mojada, lo que en cierta manera posibilitará que el poder abrasivo del papel de lija, se manifieste en forma más regular.

Cuando se tenga la seguridad de que la superficie del molde ha quedado en condiciones favorables, luego del lijado, deberá enjuagarse la misma, eliminando todos los posibles restos de material sobrante que eventualmente pudieran haber quedado en aquellas zonas que presenten desniveles y molduras pequeñas; para este objeto es conveniente disponer de un cepillo o pincel de cerda dura, con el que será más fácil remover dichos restos.

La superficie del molde, habiendo llegado a esta altura del trabajo, se presentará completamente lisa, y luego de un profundo secado de los restos de humedad que pudieran visualizarse todavía en algunas zonas de la misma, podrá apreciarse finalmente, el resultado del proceso descripto; sin embargo, y a consecuencia de la última mano de lija al agua, la superficie de moldeo aparecerá ligeramente opaca en casi toda su extensión, por lo que, a los efectos de comenzar con el moldeado de la unidad a obtener, será necesario comenzar el tratamiento correspondiente, tendiente a obtener el máximo de brillo.

La operación del pulido final de la superficie interna del molde, es semejante a la que se fectuara durante el procesado de la superficie externa del molde; y se basa principalmente en el uso de la pasta de pulir, la que debe ser extendida con un paño de piel insertado en la pulidora, imprimiéndole un movimiento circular, tal como lo muestra la figura Nº 59.

El tiempo que demandará el pulido completo del molde, dependerá de la regularidad de su superficie, así como también de la mayor o menor eficacia con que se use la pasta abrasiva; de todas maneras el resultado puede ser observado a simple vista, dado que el brillo no tardará en manifestarse con lo cual se podrán apreciar aún más las probables ondulaciones que en el peor de los casos acuse el molde.

La operación del pulido a base de pasta puede repetirse tantas veces como se crea conveniente, intercalando entre mano y mano de pasta una limpieza profunda de la superficie tratada de manera de eliminar los restos de aquélla, y procediendo a continuación a repetir el proceso.

Finalmente, cuando se haya obtenido un resultado satisfactorio, debe eliminarse todo resto de pasta que pudiera haber quedado adherido al molde, removiéndolo con un poco de kerosene si fuera necesario.

A continuación usando un paño limpio, se pasará en forma adecuada una o dos manos de emulsión para lustrar pinturas al duco, hasta obtener brillo, finalizando esta primera parte del proceso, con un lustrado final efectuado en forma manual, y empleando una franela suave y excente de polvo y partículas de suciedad, de manera de evitar al máximo la aparición de rayaduras.

Sobre esta capa de emulsión ya supuestamente seca, y lustrosa, deberá extenderse luego una segunda mano de cera común con siliconas, a fin de que la misma elimine posibles cuerpos extraños de la superficie del molde, a la vez que hará posible realzar aún más el brillo anterior, desde que luego de seca la cera habrá que proceder a comunicarle brillo en la forma acostumbrada.

Inmediatamente después de lustrada esta capa de cera siliconada, se aplicarán por lo menos cuatro capas más de cera común en pasta de color natural, es decir, incolora, intercalando entre aplicación y aplicación, un lustrado previo, para finalizar con un lustrado final efectuado concienzudamente hasta que se note que la superficie ha quedado lo más brillosa posible.

De esta forma, se estará en condiciones de encarar la continuación inmediata del proceso de la construcción de la embarcación, esto es, el laminado de la pieza a obtener.

Fig. Nº 59: El pulido final del molde con pulidora eléctrica y disco de paño.

De todas maneras, y antes de entrar en materia, debe entenderse que si bien, las explicaciones precedentes se han hecho refiriéndolas específicamente al molde del casco de la embarcación, el proceso del terminado de su superficie, así como también la preparación de la misma para el laminado posterior, es común al resto de las piezas que conformarán el proyecto terminado, por lo que se hace extensiva su aplicación, al molde de la cubierta, y al de algún otro elemento que deberá laminarse usando criterior similares.

☆ ☆ ☆

CAPITULO QUINTO

EL LAMINADO DEL CASCO

El laminado del casco, es quizá uno de los pasos más delicados de todo el proceso que constituye la fabricación de una embarcación en fibra de vidrio, no solamente en lo que respecta al desarrollo constructivo en sí, sino mirado desde el punto de vista del importante papel que juega como elemento constitutivo de la embarcación misma.

Ya se ha dicho que no pocas de las virtudes intrínsecas de cualquier embarcación, dependen fundamentalmente de su casco, y por lo mismo, éste, no puede ser considerado solamente asociándolo a las líneas generales que posea, sino también en lo que a su resistencia se refiere.

En consecuencia, el laminado completo del casco, supone un trabajo que debe ser forzosamente ejecutado teniendo en cuenta muy especialmente, una serie de detalles y circunstancias imposibles de pasar por alto si se pretende efectuar un trabajo correcto, y acorde por otra parte, con la importancia que del mismo emana.

Este criterio tiene especial vigencia, admitiendo que ya encarado el proceso desde la faz práctica, es necesario tener la precaución de adecuar las condiciones internas del local en que se ha de desarrollar el trabajo, principalmente en dos aspectos fundamentales:

1º) Una completa y total ausencia de cuerpos extraños, polvo, u hollín que puedan eventualmente ser individualizados en suspensión en el aire del interior del recinto de trabajo, y en manera especial, sobre la superficie de moldeo, entendiéndose que esta última estaría representada por la superficie interna del molde o matriz.

2º) Una temperatura ambiente adecuada, fácilmente obtenible eventualmente por medios artificiales (estufas y calefactores), de manera que su valor mínimo oscile en alrededor de los 19ºC.

Bajo estas condiciones, puede ser comenzado el proceso del laminado del casco, tratando en primer lugar la cara interna del molde correspondiente, con por lo menos dos capas de desmoldante o agente de despegue, las que se aplicarán con un intervalo de tiempo suficiente, como para que se produzca el completo secado de la primera, antes de aplicar la sucesiva.

El desmoldante o agente de despegue, debe ser extendido mediante una esponja común o un paño o franela de trama suave, de manera de evitar en lo posible, la aparición de marcas o surcos notables en las distintas "pasadas"; asimismo, cárguese el elemento con que se aplicará el material, con una cantidad adecuada de éste, de manera de que no se produzcan efectos de "chorreado", en especial en las paredes del molde que acusen una pendiente cercana a la vertical; sin embargo además de estas precauciones, debe tenerse muy en cuenta el efectuar, luego de seca completamente la última mano de desmoldante aplicada, un minucioso reconocimiento de toda la superficie del molde, de manera de asegurarse que no ha quedado ninguna porción de la misma sin cubrir; en cuyo caso, deberá aplicarse en la zona en cuestión, otra capa de material, esperando a su vez, el tiempo suficiente para que se verifique su completo secado, antes de proseguir con los pasos posteriores; dicho reconocimiento, debe intensificarse en especial en las zonas del molde adyacentes a ángulos pequeños y molduras de refuerzo, cantoneras, etc.

A continuación, y tal como lo muestra la figura Nº 60, debe procederse a tapar provisoriamente los orificios del molde correspondientes a los picos de aire, a los efectos de impedir que se origine una eventual discontinuidad de superficie, en especial, cuando se proceda a la aplicación del gel - coat, y al laminado correspondiente.

Esta obturación que tendrá, como es lógico suponer, carácter provisorio, desde que los picos de aire deberán utilizarse más tarde, para efectuar el desmolde del casco terminado, puede resolverse en forma práctica, simplemente pegando sobre los orificios en cuestión, un trozo pequeño de cinta adhesiva transparente.

Con esta última precaución, el molde se encuentra en condiciones de recibir la primera capa de laminado, constituída en este caso, por el gel - coat del color deseado, que en definitiva será el que conformará la superficie exterior de la pieza terminada.

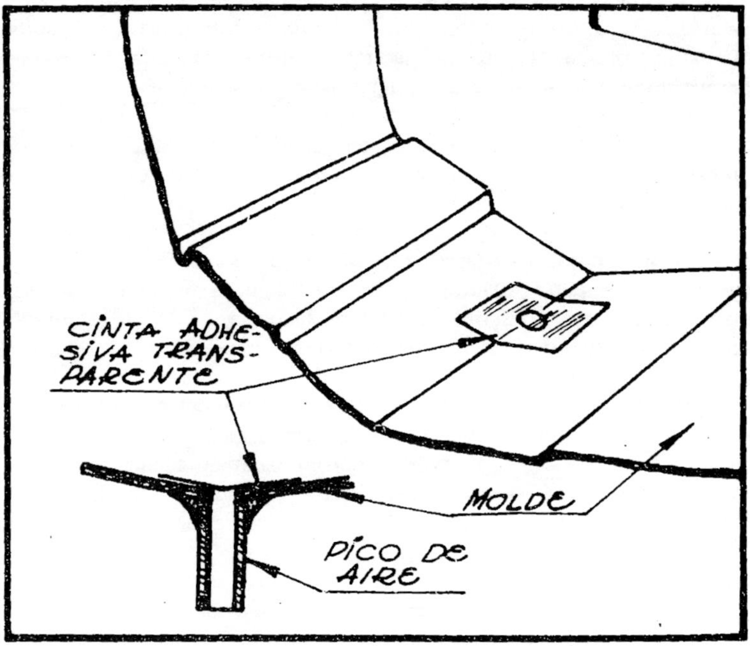

Fig. Nº 60: Cómo se obturan los orificios de los picos de aire del molde.

Las consideraciones en lo que se refiere al cálculo de la cantidad de gel - coat a consumir, y todo lo concerniente a su preparación y aplicación, serán análogas a las ya indicadas cuando se hizo referencia al proceso de aplicación del gel - coat en el molde, sin embargo, debe hacerse notar que entre ambos procesos de elaboración existe una esencial diferencia en lo que al material se refiere; en efecto, en este caso particular, así como en el de cualquier otra pieza a laminar partiendo de un molde prefijado, debe ser utilizado el gel - coat, que se fabrica específicamente para estos usos, y conocido bajo la denominación genérica de "gel - coat incorporado", definición ésta, explicada en un capítulo anterior.

Supuestamente aplicada ya, la primera capa de gel - coat de color, debe asegurarse convenientemente la completa inmovilidad del molde, manteniéndolo asimismo a una temperatura adecuada como para permitir que el gel - coat fragüe en condiciones favorables.

Mientras tanto, y a los efectos de ganar tiempo, puede iniciarse el proceso del cortado de los distintos materiales de vidrio que formarán el laminado completo del casco.

Dado que, como ya se hiciera notar en su oportunidad, el laminado en sí de una pieza cualquiera, sea por ejemplo un casco, se suele planificar en base a las dimensiones de la pieza, como así también al esfuerzo que deberá soportar durante su uso específico, puede admitirse que habrá tantas clases y espesores de laminados como piezas se imaginen, pero de todas maneras, y a los fines del contenido de la presente obra, supuestamente indicada para la fabricación de embarcaciones de dimensiones menores, y aproximadamente análogas, puede tomarse como base, el caso específico de la embarcación ya indicada como ejemplo varias veces, y cuyo valor de eslora, como se recordará, alcanzaba a los 3,80 m.

En este caso particular, el laminado completo del casco, que puede hacerse extensivo a cualquier embarcación similar, estaría constituído por los siguientes elementos:

1º) Inmediatamente sobre la capa de gel - coat pigmentada, una capa de velo de superficie.
2º) Una capa de fieltro de 450 gramos por metro cuadrado.
3º) Una capa de tela de roving de 15 cabos.
4º) Dos capas sucesivas de fieltro, también de 450 gramos por metro cuadrado.
5º) Una capa final de terminación, constituída por una tela de roving de 60 cabos.

En base a este detalle, puede efectuarse el seccionado de los distintos fieltros considerados, calculando de antemano la disposición que habrá de dárseles a los mismos, en la misma forma que cuando se operó durante el laminado del molde.

Esta disposición, deberá estar en relación directa con la conformación general que posea el casco, en este caso particular, pero de cualquier forma, e independientemente de este concepto, es conveniente planificar la composición total del laminado, en base a dos detalles necesarios de ser tenidos en cuenta:

Hacer que los distintos trozos de material no tengan una excesiva superficie de forma que, se facilite la tarea de su impregnado; y permitir que se verifique un adecuado solapado entre uniones, pudiéndose lograr esto último, si se tiene la

Al proceder a cortar los distintos trozos de fieltros para el laminado del molde y de las distintas piezas resultantes, es conveniente disponer de una superficie plana adecuada. En la fotografía se está utilizando una espátula afilada para efectuar la operación.

precaución de dejar ex-profeso, un excedente de aproximadamente 10 cm., en todo el perímetro de la figura que materialice el sector de fieltro cortado.

Bajo estos conceptos, puede efectuarse el cortado completo de todos los materiales de vidrio que insumirá el laminado completo del casco, estándose en condiciones, en estos momentos, de calcular la cantidad de resina necesria para la impregnación de los mismos.

El cálculo correspondiente, sumamente sencillo por otra parte, se basa generalmente en admitir que a los efectos de un impregnado correcto, el material de fibra de vidrio, necesita el doble de su peso en resina; vale decir, que por ejemplo, para un kilogramo de aquél tomando un promedio entre los distintos tipos de fieltros a utilizar, serán necesarios alrededor de dos kilogramos de resina pura, es decir, sin diluir.

Un ejemplo concreto permitirá ampliar aún más el concepto:

Supóngase que efectuados los cortes necesarios y obtenidos los distintos trozos de fieltros, telas de roving, y velo de superficie, a usar en el laminado completo del casco, y pesados, arrojan un valor de aproximadamente 22,600 Kg.

Bajo estas condiciones, para el impregnado completo de los mismos, se necesitarán:

22,600 x 2 = 45,200 Kg. de resina pura.

Obtenido este último valor, y con referencia al mismo, podrán conocerse las cantidades de monómero de estireno, acelerador y catalizador necesarias.

La preparación de toda la cantidad de resina necesaria, puede ser efectuada siguiendo el criterio indicado en párrafos anteriores, cuando se hizo referencia al laminado del molde; vale decir que, en estos momentos es factible proceder a diluir la misma, con el agregado de la proporción adecuada de monómero de estireno, así como también resulta conveniente proceder a la aceleración de toda la masa, que como se recordará se suele efectuar con el objeto de conseguir una uniformidad de fraguado en toda la superficie que cubra el laminado correspondiente.

El desarrollo en sí de todo el proceso que insumirá el laminado completo del casco, puede planificarse, siguiendo un orden de trabajo que se plantearía de la siguiente manera:

1º) Colocar la primera capa de velo de superficie, dejándola fraguar convenientemente, y eliminando, si es que se visualizan, las pequeñas burbujas de aire que eventualmente pudieran haber quedado en el seno del material.

2º) Laminar la primera capa de fieltro de "450" en condiciones similares, esperando un tiempo prudencial para que la misma fragüe completamente.

3º) Lijar la superficie resultante usando lija para madera de grano grueso, a fin de eliminar las eventuales fibras fraguadas que presenten una irregularidad de superficie.

4º) Laminar alternativamente, sin necesidad de que se verifique un fraguado intermedio, las restantes capas de fieltros de vidrio, es decir en este caso, la tela de roving de 15 cabos, las dos capas de fieltros de 450 gramos por metro cuadrado, y la capa final de terminación constituída por el roving de 60 cabos.

El último punto, es susceptible de modificación, en la medida en que es posible realizar el laminado de las últimas capas de estratificados, permitiendo que se verifique el correspondiente fraguado de cada una, antes de continuar con la inmediata posterior, debiéndose tener la precaución, si se sigue este criterio, de lijar en forma general la superficie de la capa ya fraguada, a los efectos de eliminar las fibras endurecidas que sobresalgan de la superficie mencionada.

Habiéndose llegado a este punto, se habrá verificado en forma completa, el laminado elemental que forma la estructura envolvente del casco de la embarcación.

Debe hacerse notar, sin embargo, que antes que se produzca el fraguado definitivo de cada capa de laminado, es decir, cuando cualquiera de ellas se encuentre en el estado de "gelificación", (la resina se muestra pastosa, pero no endurecida), es conveniente proceder a perfilar el excedente de material, en correspondencia con la cara superior de la brida del molde, que corresponde a la línea de borda de la embarcación; dicho perfilado, estando aún el material sin fraguar completamente, puede ser efectuado en forma eficiente, utilizando, como lo muestra la figura Nº 61, una espátula previamente afilada.

Durante esta operación, debe cuidarse de mantener la dirección de corte aproximadamente hacia afuera del molde, a fin de evitar que se origine el eventual "despegado" del laminado de la cara interna de este último.

Si se desea, esta operación puede realizarse luego de verificado el completo fraguado del laminado que constituye el casco, si bien en estas condiciones la tarea se complica un poco, desde que aquél, a consecuencia de su extrema dureza y espesor, admite ser cortado solamente con una sierra común para metales, lo que representa un trabajo un tanto lento, pero de todas maneras, factible; sin embargo, se recomienda en este caso cuidar de no afectar, durante el cortado del material del laminado sobrante, la brida correspondiente del molde, en especial cuando el mismo esté destinado a la reproducción de un número determinado de unidades.

Las figuras Nº 61 y 62, ilustran esquemáticamente, el proceso del perfilado objeto de estas últimas consideraciones.

Efectuado el perfilado previsto, en todo el recorrido de la brida, deberá limpiarse la misma, eliminando probables restos de gel - coat y/o resina que pudieran haber quedado adheridas teniendo la precaución de mantener sobre su superficie, la capa de agente de despegue dada anteriormente, reforzándola con otra "pasada", si fuera necesario, o procediendo a encerarla en la forma ya explicada anteriormente; esta precaución, facilitará luego el realizar cómodamente los trabajos posteriores en el casco, sin peligro de que los restos de materiales a usar, se depositen en la mencionada brida, en cuyo caso se harán más difíciles de eliminar.

Una vez que se hayan realizado la totalidad de las operaciones indicadas, y cuando se tenga la seguridad que el fraguado del laminado del casco se ha producido, es preferible, antes de continuar con el resto

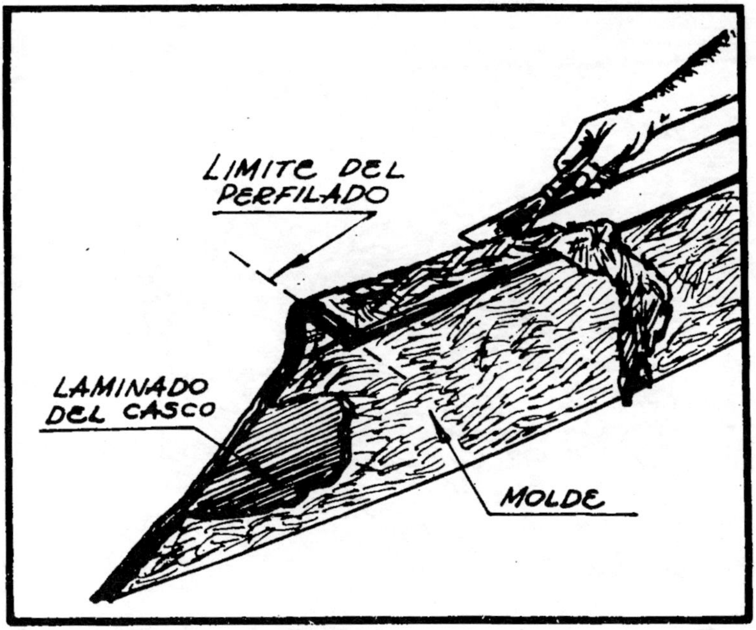

Fig. Nº 61: Cómo se perfila el laminado del casco aún sin fraguar, es decir, cuando se encuentre gelificado.

de las operaciones, permitir que aquel "cure", lo que puede lograrse simplemente dejando que el casco se mantenga estático dentro de su molde por unos días, luego de lo cual es posible proceder al desmoldado correspondiente.

EL DESMOLDE DEL CASCO:

El proceso del desmoldado del casco, supone una operación susceptible de ser dividida en dos etapas:

1º) Un desmolde parcial, tendiente sólo a vencer la adherencia que se manifiesta entre las superficies en contacto, siendo éstas, la

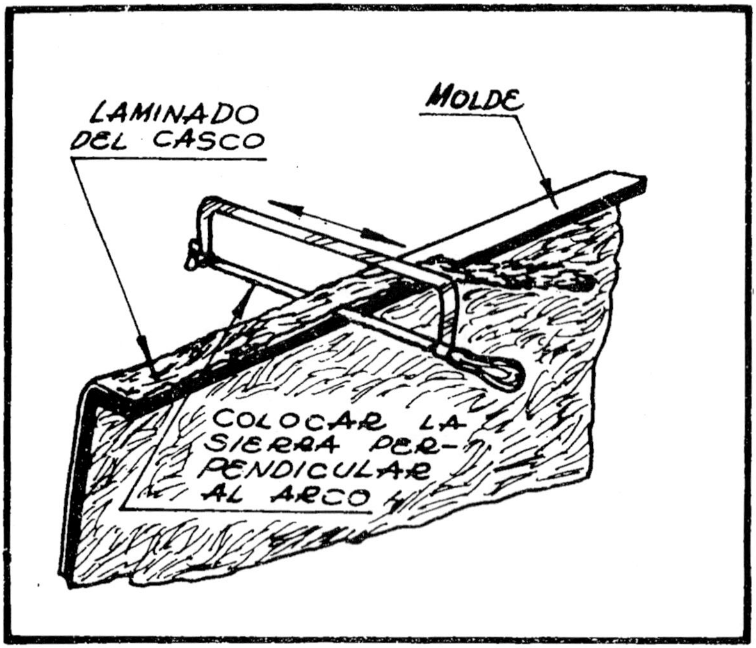

Fig. Nº 62: El perfilado del laminado puede ser efectuado con una sierra para metales, una vez completamente fraguado.

externa del casco y la interna del molde, pero operando de manera que el laminado elemental que a esta altura de la fabricación constituye el casco, se mantenga aún dentro de su molde en la posición original, hasta que se lo refuerce convenientemente.

2º) Un desmolde total, que significa retirar completamente al casco terminado, es decir, ya munido de todos sus elementos de refuerzo (doblefondo estanco, eventuales mamparos y asientos moldeados, etc) e inclusive con su correspondiente cubierta, si es que el proyecto la incluye, adherida a él.

El desmolde parcial, mencionado en primer término, puede ser efectuado en condiciones similares al verificado cuando se había llegado al punto de retirar el molde terminado de la superficie del modelo primitivo que le diera forma, es decir mediante el artificio de inyectar aire a presión proveniente del compresor, a través de los picos de aire que posea el molde.

Conectada la manguera del compresor alternativamente en uno y otro pico, y apretada firmemente la abrazadera correspondiente, debe inyectarse el aire en la cantidad necesaria, operando con el regulador del compresor, hasta que se origine la separación de las superficies solamente, efecto que puede ser reconocido fácilmente, a consecuencia del sonido seco característico que en general acompaña al proceso.

Si fuera necesario, puede golpearse con la maza de goma, toda la superficie exterior del molde, a los efectos de que los impactos

El laminado elemental de un casco, ya efectuado en el interior de su correspondiente molde o matriz.

produzcan el movimiento alternativo de ambas superficies en contacto, y en consecuencia, se facilite, mediante el poder expansivo del aire inyectado, el desmolde previsto.

Durante todo este paso de la construcción, es conveniente que el constructor cuente con el auxilio de un ayudante, ya que finalmente para comprobar fehacientemente que se ha producido en forma correcta la separación del casco de su molde, será necesario que dos personas, ubicadas respectivamente en las zonas de proa y popa del casco, se afirmen a éste levantándolo a una determinada altura para luego asentarlo nuevamente en el interior de su molde.

LOS REFUERZOS DEL CASCO:

Si bien, el laminado envolvente que, a esta altura del trabajo constituirá el casco, posee intrínsecamente una resistencia bastante elevada, la elasticidad del conjunto debida en gran parte al ínfimo espesor del estratificado que lo compone, hace que se haga necesario rigidizarlo convenientemente, en especial en aquellas zonas que posteriormente cumplirán funciones de áreas y/o elementos sometidos a determinados esfuerzos, y donde el espesor del laminado considerado no será suficiente para absorberlos.

Este criterio tiene especial vigencia en algunas zonas del casco, como pueden ser fundamentalmente su fondo, que como ya se dijera deberá soportar, sin deformaciones visibles, una considerable carga exterior durante la navegación, en especial si ésta se efectúa en condiciones de elevada velocidad; sus bandas, eventualmente sometidas a la presión hidrostática del agua, como así también a algunos impactos locales que pueden generarse durante el atracado de la embarcación contra un muelle, o aún suponiendo que se encuentre amarrada un considerable tiempo contra el mismo; y finalmente en la parte del espejo de popa, donde corresponderá ubicar la unidad motriz, si es el caso de una embarcación de motor, trátese éste del tipo dentro-fuera, o fuera de borda.

La resolución práctica de estos problemas, y por otra parte más generalizada en embarcaciones de dimensiones menores, se basa en esencia, en adosar por la cara interna del laminado del casco, y en correspondencia con las zonas mencionadas, algunos refuerzos de madera con formas características especiales, pero que de todas maneras deberán adecuarse al tipo y a la dimensión de la embarcación que se construya, de forma que a la vez que refuercen al área circundante, permitan vincular determinados elementos que, ya sean de orden estético, o utilitario, formen con el casco mismo, un conjunto armónico.

Dado que, en lo que al conveniente reforzado del fondo se refiere, éste se tratará oportunamente al hacerse referencia a la construcción del doblefondo estanco, restarían por considerar las dos zonas del casco, que de acuerdo al criterio ya explicado, estarían comprendidas, en orden de importancia si se quiere, por el espejo de popa y por el refuerzo de las bandas.

El espejo de popa puede construirse de dos maneras diferentes en lo que a su dimensión se refiere, es decir, haciendo que el refuerzo de madera que lo formará, abarque todo el contorno interior de su superficie, cuyo límite estará definido por el ángulo que forma el laminado del casco entre las caras del espejo mismo y los costados y fondo, y cuya altura corresponderá en especial si se trata de un proyecto al que se le instalará una unidad propulsora del tipo fuera de borda, a la línea de montaje de éste, que se tendrá definida desde un principio en el mismo casco moldeado, ver la figura Nº 63.

La otra variación posible de construcción del espejo interior, que en líneas generales se muestra en la figura Nº 64, se adapta más específicamente al casco de embarcaciones más reducidas, donde el peso total tenga un valor importante y donde, por otra parte el uso del motor fuera de borda no fuera continuado, y aún, de serlo así, su potencia no obtenga valores excesivos.

Como se ve en dicha figura, el espejo interior en este caso, si se admite que pueda ser llamado así, abarca sólo una superficie parcial de la que le correspondería al plano de la popa del casco, y que en general puede admitirse como correcta dándole aproximadamente el mismo ancho que el del corte correspondiente a la ubicación del motor, pero cuidando que su altura sea tal, que partiendo desde la línea de montaje de motor mencionada, el refuerzo de madera continúe hacia abajo de manera que haga tope en el mismo fondo de la embarcación; esto hará que se visualice una adecuada vinculación entre el refuerzo y el laminado del casco, e inclusive, si se desea, es posible aumentar aún más la resistencia del conjunto, agregando una escuadra que vincule el ángulo comprendido entre ambos planos resultantes, el del refuerzo en sí, y el del fondo.

De todas maneras, sea cual fuere el criterio a seguir, la preparación, construcción, y colocación definitiva del refuerzo interior del espejo, sobre la cara interna del laminado, posee características semejantes en lo que se refiere a la forma que deberá operar el aficionado.

En primer lugar, deberá efectuarse un plantillado a los efectos de obtener con exactitud, la forma y dimensión del refuerzo a cortar; esta plantilla resultante, que podrá conformarse con terciado común, cortando primero burdamente el trozo a utilizar, para luego realizar los ajustes necesarios hasta que se obtenga un resultado satisfactorio, permitirá, más tarde, marcar y consecuentemente, luego de aserrado, obtener el trozo de madera que constituirá el espejo de popa.

Es conveniente redondear en un radio bastante amplio, digamos unos 15 mm, todas las aristas del taco de madera obtenido, que correspondan a la cara interior, es decir, a la que irá adherida al laminado.

Esta prevención tiene por objeto que el espejo de madera asiente bien en todos sus puntos de contacto contra el laminado, en especial en los ángulos internos resultantes del moldeado del casco, y que a consecuencia de la operación misma, no se presentarán perfectamente definidos sino ligeramente redondeados; precisamente al redondear o directamente chanflear los vértices correspondientes del espejo de madera ya cortado, la falta de material en esas zonas, compensará el excedente del laminado.

De cualquier forma, lo esencial es que la pieza de madera admita su colocación sin demasiado sesfuerzos y que ofrezca una perfecta adherencia con la superficie análoga del laminado correspondiente.

Generalmente para la obtención de aquélla, se suele utilizar madera de cedro o eventualmente de pino, bien estacionada, la que es posible

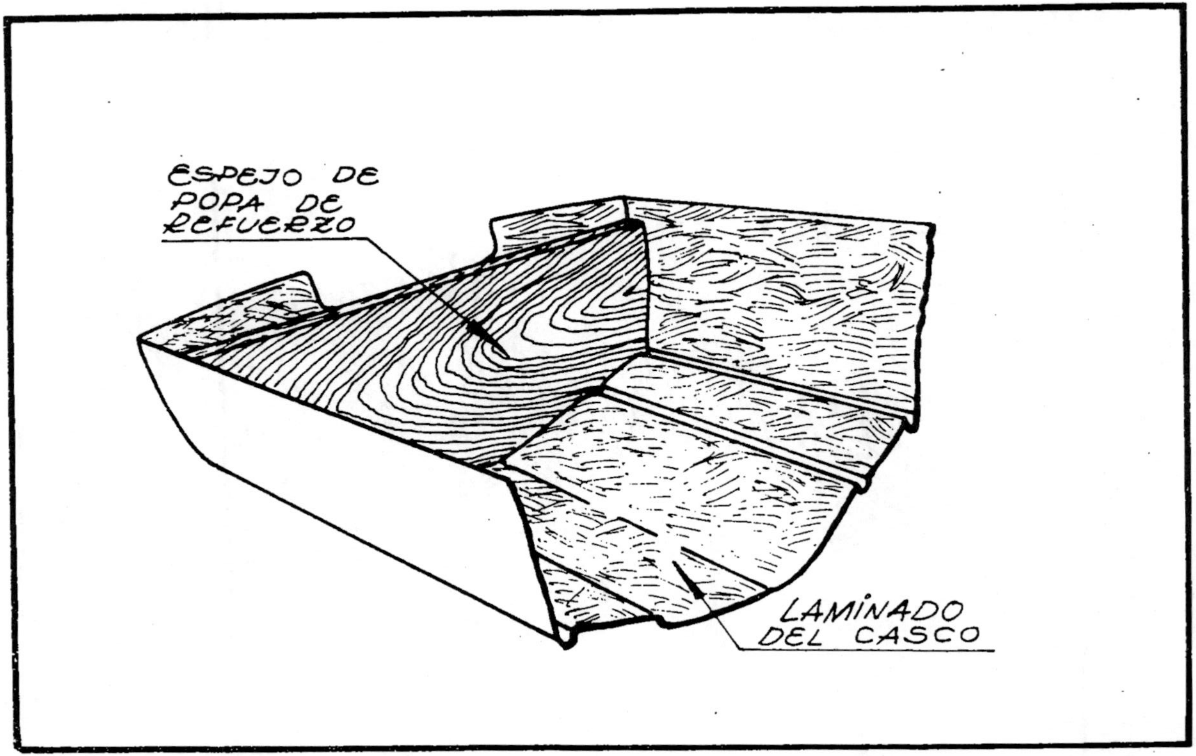

Fig. Nº 63: Espejo de popa interior en un casco de lancha para motor fuera de borda.

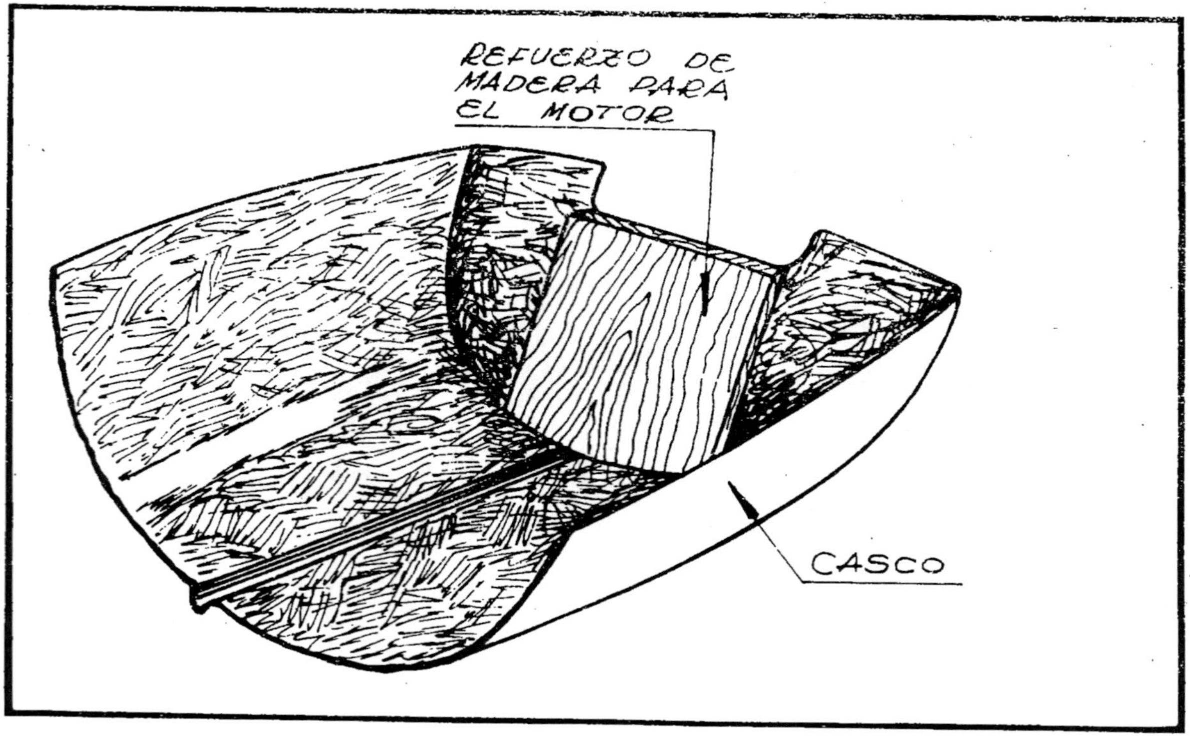

Fig. Nº 64: Refuerzo interior del espejo para el montaje del motor, en un casco de chinchorro.

unir en dos piezas con una junta tipo machiembrado, tal como lo muestra la figura Nº 65, si no se pudiera disponer de material en tablones del ancho suficiente.

La fijación del espejo de madera o interno, contra el laminado, es una operación relativamente sencilla, y consta esencialmente de un paso primero tendiente a unir o adherir ambas superficies en contacto, intercalando entre éstas, dos fieltros de 450 gramos convenientemente impregnados en resina de manera que soporten la unión, y cubriendo luego el conjunto resultante con otro fieltro que abarque toda la madera y se fije mediante un conveniente solapado, al interior del laminado.

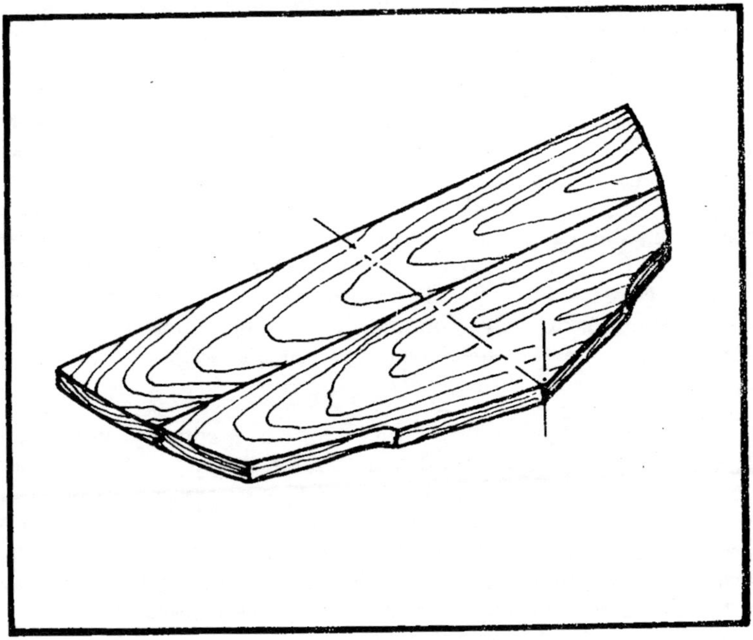

Fig. Nº 65: El espejo interior de madera, conformado mediante dos piezas.

En consecuencia, deberán cortarse tres trozos de fieltro, de acuerdo al contorno exterior de la pieza obtenida de madera; dos de ellos, deberán ser idénticos a ésta, en forma y dimensión, los que pasarán a constituir la superficie de adherencia entre ambas caras a unir, y el restante, con formas análogas, pero de manera que en su contorno total, se deje de ex-profeso, un excedente de alrededor de 10 cm., para que sea posible efectuar el solapado de sujeción al casco.

En estas condiciones, imprégnense juntos, si se desea, los dos fieltros cortados en primer término y luego de extender una generosa capa de resina contra la cara interna del laminado en el lugar correspondiente, colóquense aquéllos amoldándolos en su lugar y quitando todo el "aire" que pueda visualizarse.

Esta operación, puede ser realizada con el auxilio del rodillo de hierro combinándolo con el uso del pincel, en especial en los ángulos entre espejo y fondo y costados.

A continuación "píntese" con resina, ya por supuesto convenientemente acelerada y catalizada, la cara de la madera que estará en contacto con el laminado de fieltros, y asiéntese en su lugar correspondiente el espejo de madera, manteniéndolo en esa posición, inmóvil, hasta que se verifique el completo fraguado de la resina usada, con el auxilio de algunas prensas tipo "C", de preferencia de las llamadas "de coliza", e intercalando tacos de madera como lo muestra la figura Nº 66 a los efectos de preservar la superficie del laminado del casco por una parte, como asimismo repartir la presión de las prensas en forma pareja a través de todo el área que ocupe el espejo.

En estas condiciones debe dejarse fraguar el conjunto, limpiando previamente los restos de resina que eventualmente pudieran haber aparecido al ejercer presión con las prensas entre ambas superficies en contacto, y que por lo mismo, fluirían hacia el exterior; el tiempo necesario de fraguado, deberá extenderse en por lo menos 24 horas, de manera de asegurarse que la unión establecida haya quedado lo suficientemente ligada como si se tratara de una sola pieza.

Pasado este tiempo, podrán retirarse las prensas y los tacos de madera utilizados, retocando las salientes de material que pudieran

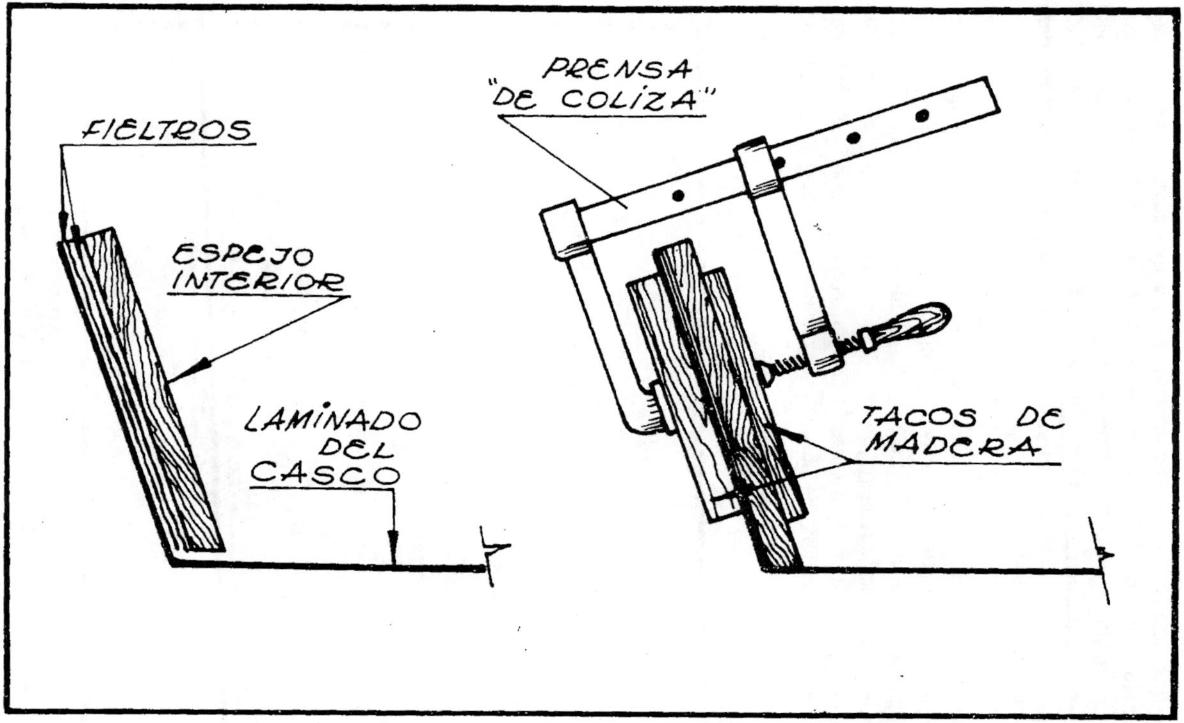

Fig. Nº 66: Cómo se adhiere el espejo interior o el refuerzo del espejo de popa, sobre el laminado del casco.

haber quedado luego del fraguado de éste, y procediendo a continuación a laminar sobre la cara externa de la madera, de manera que abarque también zonas de su perímetro, un fieltro de 450 gramos, ya previsto anteriormente, asentándolo sobre una abundante capa de resina que previamente se habrá extendido sobre la madera y laminado del casco, hasta donde cubrirá el fieltro.

La figura Nº 67, muestra en corte, lo que representaría la operación anteriormente considerada, es decir, el espejo de madera supuestamente ya fraguado en forma definitiva; mientras que la línea de puntos indica la posición más adecuada del fieltro final a colocar; con el correspondiente solapado, que en este caso, también abarca la zona del montaje del motor, a los efectos de conferir a este lugar, una mayor resistencia.

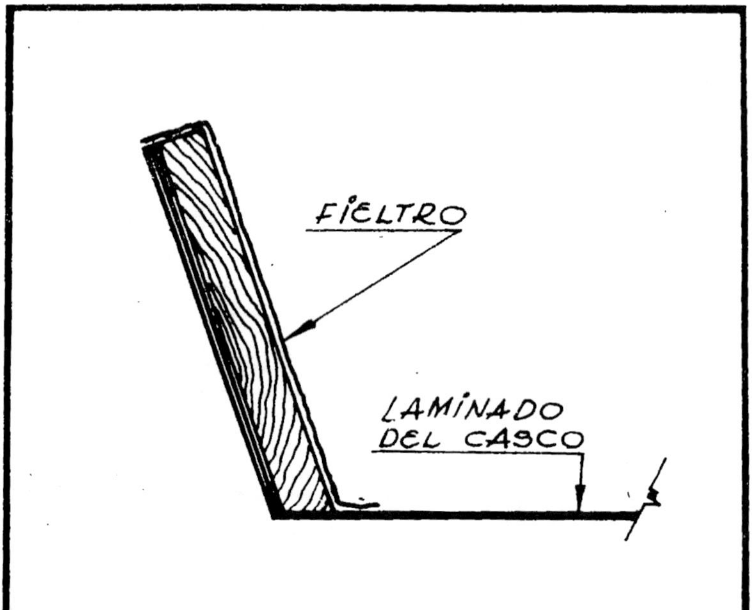

Fig. Nº 67: Corte mostrando el recubrimiento interior del espejo de popa mediante un fieltro.

Un detalle importante a tener en cuenta, al encarar la construcción del espejo de popa interno, en especial cuando la embarcación en proceso, esté diseñada exclusivamente para su propulsión por el tipo de motor fuera de borda, es el espesor final que deberá poseer el conjunto resultante del plano de popa, y que en una vista en corte, lo define la figura Nº ,68 con la letra "A", a los efectos de que el motor pueda ser convenientemente ubicado en posición.

Como este ancho, o espesor de espejo, si se prefiere, deberá estar adecuado, bajo ciertas normas, al tipo y potencia del motor a instalar, conociendo este dato de antemano, es posible calcular el espesor de madera con que deberá contar el espejo interno, de manera que una vez colocado en posición, y con el agregado de el espesor de los laminados de fieltros de refuerzo correspondientes, alcance como valor promedio el ancho o espesor "A" buscado.

En resumen, y ya en la faz práctica, deberá descontarse del ancho "A", el espesor del laminado del casco, más el espesor de tres fieltros de 450 gramos, ya impregnados, y eventualmente el espesor de la chapa de alumino que generalmente se suele colocar abrazando el conjunto de forma que las "patas" de sujeción del motor, no dañen excesivamente el laminado de fibra de vidrio tanto externo como interno del casco.

El valor hallado, por supuesto considerándolo aproximado, será en milímetros, el espesor de madera a usar para el corte del espejo interno, y a los efectos de los descuentos mencionados, puede tomarse como base bastante aproximada, que una capa de fieltro de 450 gramos por metro cuadrado, es decir "de 450", una vez laminado, ocupará un espesor de alrededor de 1,2 mm.

El ancho o espesor "A", se define en la siguiente tabla de función de la potencia del motor, y consecuentemente con este dato, se encuentran dos valores de espesor de aquél, uno mínimo y otro máximo:

POTENCIA DEL MOTOR	**Ancho "A" en mm.**	
	Mínimo	Máximo
Menos de 5,5 HP.	30	45
5,5 a 12 HP.	35	45
12 a 50 HP.	35	50
Más de 50 HP.	40	55

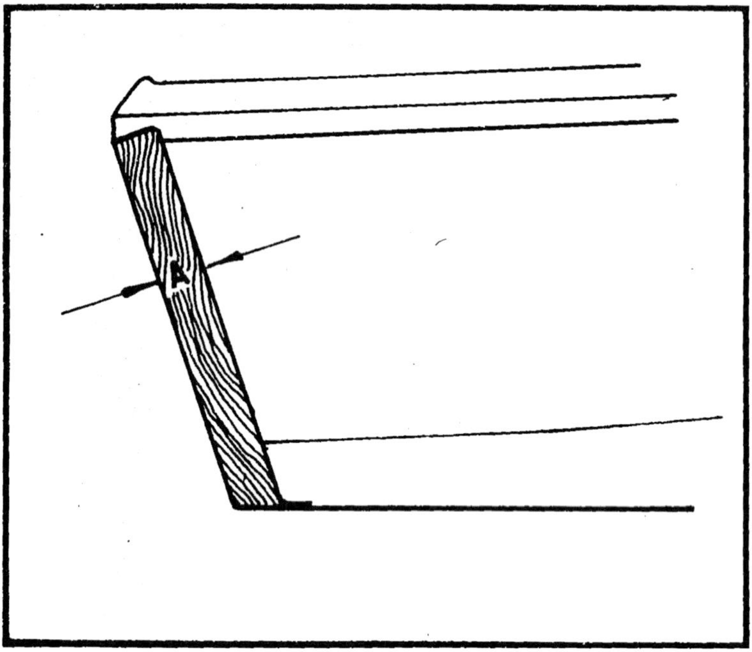

Fig. Nº 68: El valor "A", define el espesor máximo del plano de popa en función de la potencia del motor.

REFUERZO DE LAS BANDAS:

La forma más generalizada, y por otra parte más conveniente de efectuar un eficiente reforzado de las bandas o costados del casco en embarcaciones menores construídas en plástico reforzado, es incluir en dirección longitudinal y a una altura conveniente entre la cantonera y la borda propiamente dicha, dos piezas de madera, una por cada banda, que eventualmente puedan servir más tarde, como fondo de sendos receptáculos los cuales, generalizados bajo el nombre de "guanteras", permitirán guardar en su interior de manera de tenerlos al alcance de la mano, ya sean por ejemplo los remos auxiliares, el bichero, cabos y enseres varios, etc.

En ocasiones, y especialmente cuando se trate de lanchas de tipo automóvil provistas con control remoto de motor, es decir, por medio de cables, se suele destinar una de estas guanteras, para ubicar la "caja" de palancas de control de acelerador y cambio de marcha, sirviendo asimismo por su disposición longitudinal, para que los cables correspondientes encuentren una eficiente guía desde la "caja" de controles hasta el motor mismo, favoreciéndose en gran parte, la suavidad de movimientos mecánicos resultantes.

De todas maneras, la inclusión de las "guanteras" en la embarcación que se construya, hará que ésta cuente con un elemento accesorio que además de conferir un refuerzo importante al laminado de los costados del casco, supone un detalle no sólo funcional, por el uso a que se lo destine, sino también en lo que al conjunto armónico de la embarcación se refiere, mirado desde el punto de vista puramente estético.

El proceso de la construcción de las "guanteras", debe comenzar necesariamente con la inclusión de los mencionados refuerzos de madera sobre las bandas del casco, los que, como se dijera anteriormente, pasarán ya durante los pasos finales de la construcción de la embarcación, a desempeñar el papel de fondo de aquellas, y por lo mismo, definirán su longitud y su exacta posición.

En primer lugar, y supuestamente conocida esta posición, tal como se hiciera cuando se construyera el espejo de popa interior, se hará necesario efectuar un plantillado previo de manera de obtener la conformación general exacta de la forma que adoptarán dichos refuerzos.

Como se muestra en la figura Nº 69, éstos, adoptarán en la mayoría de las veces, una conformación análoga a la que se puede observar en dicha figura, con un canto interior perfectamente recto y paralelo al plano de crujía general del casco, y con un canto exterior que será el que se vinculará a los costados correspondientes, con una configuración curvada que corresponderá por lógica consecuencia, a la forma curva que posean las bandas del casco en esa zona.

La longitud de estos refuerzos puede sufrir variaciones, ya que si bien en la mencionada figura Nº 69, éstos arrancan desde el espejo de popa interior, en embarcaciones provistas de cubierta de popa con

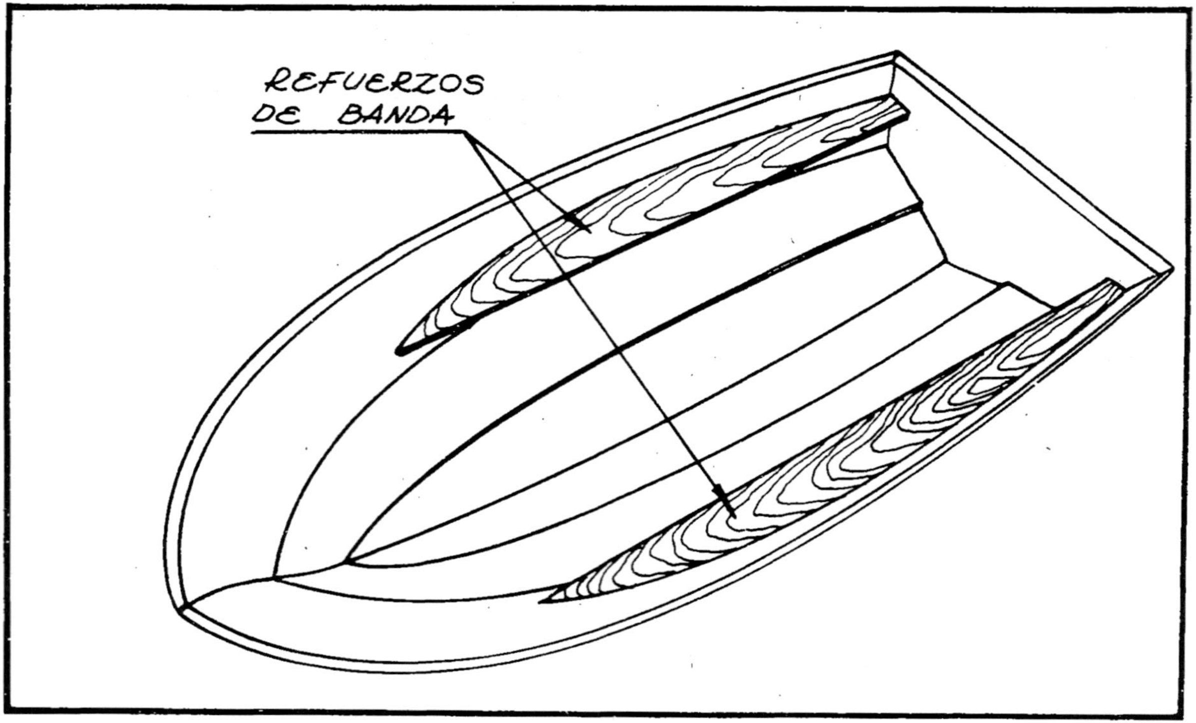

Fig. Nº 69: Posición de los refuerzos de las bandas en un casco en "V".

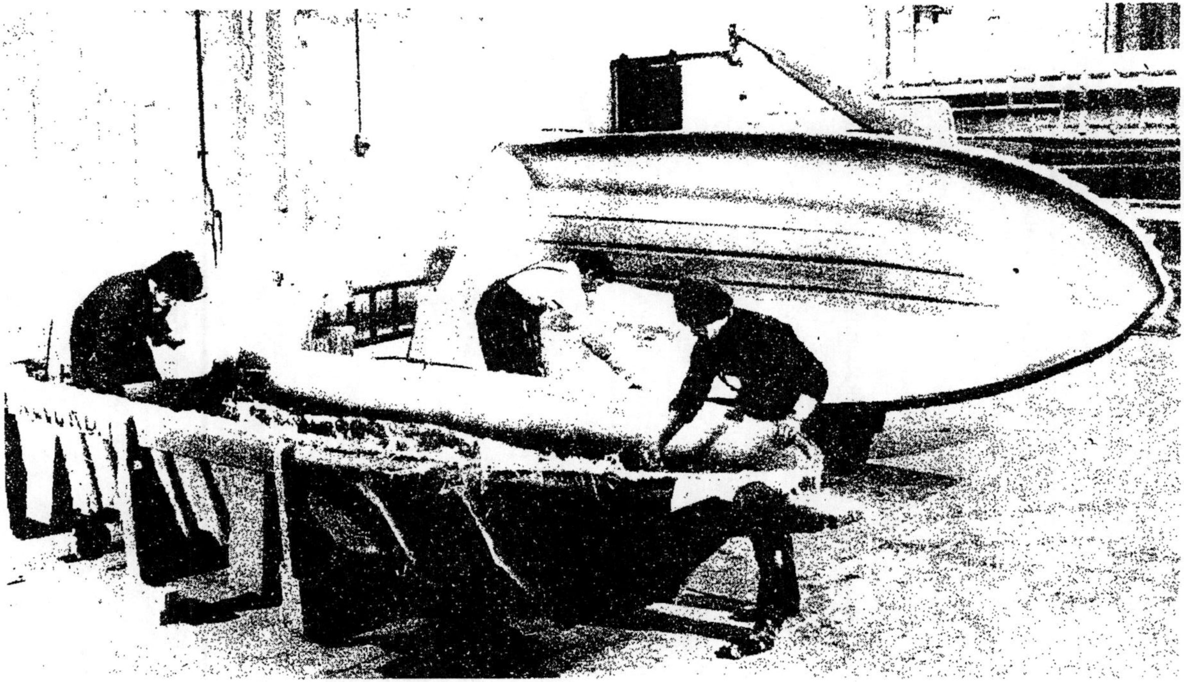

En la fotografía puede apreciarse el proceso del laminado de dos cascos en sus correspondientes moldes. Obsérvese que el último de ellos, ha sido ladeado hasta adoptar una posición casi vertical, con el objeto de que el operario tenga un más fácil acceso a la zona central del mismo.

"batea" para el motor fuera de borda, se los suele ubicar más hacia proa, centrándolos aproximadamente con respecto a la longitud efectiva del cockp

De todas maneras, el criterio a aplicar para efectuar el plantillado correspondiente en cualquiera de los casos previstos, es análogo y en consecuencia una vez obtenida la plantilla resultante, es posible proceder a cortar las piezas, pudiéndose efectuar esta operación de a pares, en razón de la simetría que guardarán ambas; en la mayoría de los casos, el material a utilizar, está constituído por tabla de cedro o pino, de un espesor de alrededor de 15 mm.

Es conveniente marcar sobre los costados del casco, y en la cara interna del laminado, la posición exacta en que se deberán ubicar aquéllas, de manera de ajustarlas convenientemente en el lugar en que posteriormente se fijarán.

Cuando se logre un ajuste satisfactorio, y tal como lo muestra la figura N° 70, es conveniente vincular en forma provisoria, mediante dos trozos de listones de madera de desecho y de longitud adecuada, a ambos refuerzos, de manera de conformar un reticulado con cierta resistencia como para que se posible manipulearlo en forma eficaz.

Lo esencial, es que el reticulado resultante una vez "presentado" en posición en el interior del casco, permita que ambos refuerzos laterales coincidan exactamente con las marcas efectuadas anteriormente en los respectivos costados, detalle éste, que facilitará en gran parte la tarea posterior de fijar definitivamente aquéllos, con estos últimos, mediante un laminado de tiras de fieltro.

La fijación definitiva de los refuerzos contra los costados del casco, se muestra en forma esquemática en las figuras N° 71 y 72, donde se ve que su vinculación al laminado de las bandas, se hace posible con el auxilio de una tira de fieltro de 450 gramos que a manera de abrazadera rodea al refuerzo en sí y se resuelve por sobre y debajo de éste, en un conveniente solapado que debe calcularse en por lo menos 5 cm. de ancho.

Es recomendable operar en forma lenta durante esta operación, es decir colocando trozos de fieltros pequeños, pudiéndose tomar como

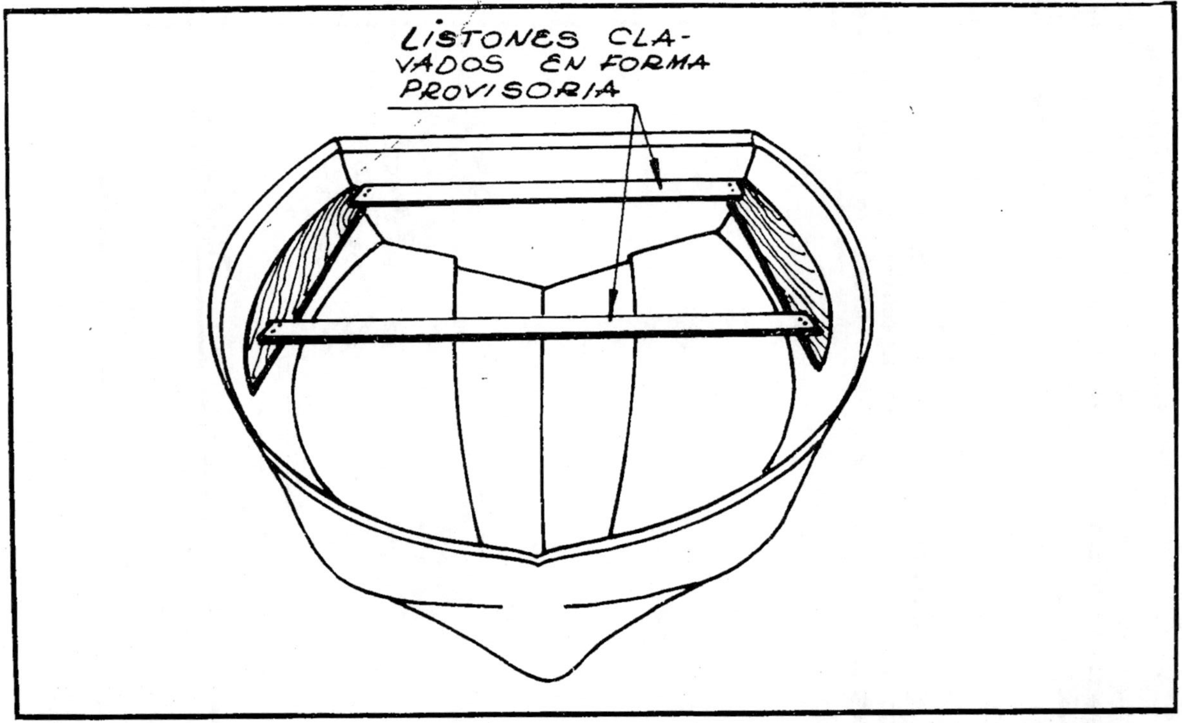

Fig. Nº 70: Los refuerzos de las bandas unidos en forma provisoria, para su posterior fijación al laminado del casco.

base, en largos de unos 20 cm. más o menos, hasta completar la longitud total del larguero; con esta precaución se tendrá la seguridad de efectuar un trabajo correcto; inclusive la colocación de los trozos de fieltros en el largo citado, se verá favorecida desde que se tornará más sencilla la operación de amoldarlo a los ángulos requeridos.

En todo momento, y en forma análoga a como se hiciera durante la fijación definitiva del espejo interior, debe tenerse la precaución de extender una generosa capa de resina en las zonas donde asentará el fieltro a los efectos de que éste se adhiera mejor a la superficie correspondiente, ya sea la de la madera del refuerzo, o la del laminado mismo.

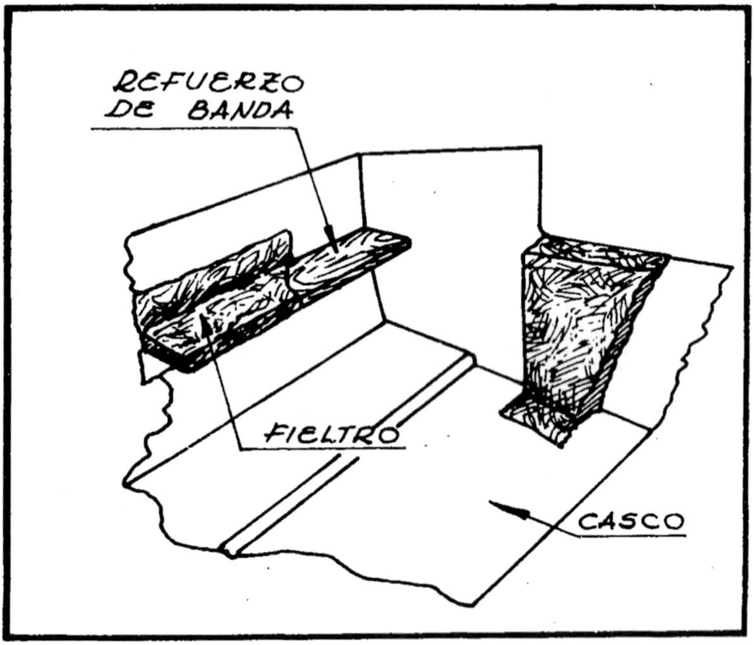

Fig. Nº 71: Perspectiva de la zona de popa del casco con el detalle de la fijación del refuerzo de banda.

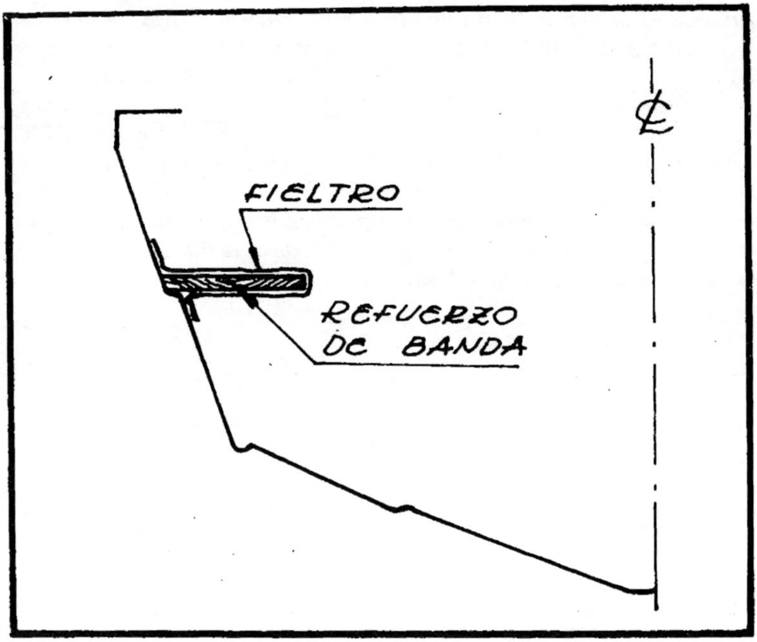

Fig. Nº 72: Corte en una sección del casco mostrando la disposición del fieltro de fijación que vincula al refuerzo de banda con el laminado de aquél.

El conjunto de los refuerzos así fijados al casco, deberá dejarse fraguar el tiempo necesario procediendo luego de que se haya verificado este proceso, a retirar los listones provisionales que los unían, colocando trozos de fieltro en las zonas que éstos ocupaban, y lijando luego la forma resultante de manera de quitar las eventuales fibras fraguadas que adopten una marcada discontinuidad de superficie.

Este lijado, puede ser efectuado utilizando de preferencia, lija común de madera en el grano más grueso posible, respaldándola con el auxilio de un taco de madera o corcho de dimensiones adecuadas y perfectamente plano, de manera que al proceder a realizar el lijado en sí, se obtengan superficies planas y desprovistas de desniveles importantes.

Asimismo, debe prestarse especial atención al canto interior de ambos refuerzos en la medida que el mismo, luego de que sea cubierto con el fieltro correspondiente, mantenga aún una configuración lo más recta que se pueda obtener, de manera que, posteriormente, al construir las "guanteras" propiamente dichas, se favorezca la instalación del resto de las piezas que las compondrán.

☆ ☆ ☆

CAPITULO SEXTO

CONSTRUCCION DEL DOBLEFONDO ESTANCO

La inclusión del llamado doblefondo estanco, en la estructura interna del casco de la casi totalidad de embarcaciones construídas en plástico reforzado, tiene por objeto primordial, el dotar a éstas, de una adecuada reserva de flotabilidad, justificada en parte, por el volumen de aire encerrado en el espacio comprendido por dicho doblefondo, y que está limitado por el fondo del casco y por el plano superior que constituirá el piso "habitable" del mismo.

Bajo estas condiciones, y siempre que el volumen interno del doblefondo, o la suma de éste y otros compartimentos estancos que posea la embarcación, sea el adecuado, ésta se tornará prácticamente insumergible, lográndose que aún llena completamente de agua, se mantenga en un estado de semi-flote, pero sin que se produzca su hundimiento total.

Por otra parte, el doblefondo estanco, y la materialización del mismo, supone la inclusión de una serie de elementos estructurales los cuales, dado que se encontrarán vinculados al fondo de la embarcación y eventualmente a sus costados, constituirán un importante refuerzo, necesario en todos los casos, y más aún en el caso de aquellos cascos pertenecientes a embarcaciones de elevada velocidad relativa, como es el caso de lanchas de competición o aún de las del tipo automóvil, donde en especial el fondo del casco, se ve continuamente sometido a importantes esfuerzos, durante la navegación a alta velocidad.

La construcción del doblefondo estanco, y consecuentemente su volumen interno resultante, debe adecuarse al desplazamiento de la embarcación terminada, pero como el obtener un valor teórico exacto de estas dos magnitudes, implica un cálculo bastante complicado, que por otra parte, no se hace necesario de incluir en esta obra, es posible definir la altura del límite del doble fondo estanco, y consecuentemente su volumen, siguiendo un criterio que generalmente se suele emplear en estos casos.

En consecuencia, puede admitirse que el piso de la embarcación, y límite superior del doblefondo estanco, deberá llegar aproximadamente hasta las cantoneras, o dicho en otras palabras, hasta el plano determinado por los vértices de las cantoneras en la zona del espejo de popa, y de forma que se mantenga paralelo a la línea de flotación original del proyecto.

Esta generalización de conceptos, con algunas pequeñas variaciones, en lo que a la altura se refiere, y debidas principalmente a los espesores de materiales a utilizar, pueden ser volcadas sin mayor error, en casi cualquier casco pequeño con fondo en "V".

En el caso específico de embarcaciones con típicas líneas redondeadas, es decir en "U", la estimación de la altura óptima del doblefondo estanco adecuado a cada caso particular, no resulta tan fácil de ser determinada, ya que juegan un importante papel en estos casos, las líneas del casco, en general, más complejas que en el caso de embarcaciones con fondo en "V".

En consecuencia, en general, en cascos de secciones típicamente redondeadas, como pueden ser por ejemplo, pequeños veleros, botes y chinchorros auxiliares de reducidas dimensiones, etc. se suele utilizar como compartimentos estancos, los prismas resultantes de considerar como una de sus caras, los asientos para los tripulantes, agregándose además, un compartimento estanco auxiliar a éstos, en la zona de proa del casco, en correspondencia con el límite de la pequeña cubierta de proa.

Las figuras 73 a 76 inclusive, muestran en forma esquemática, la ubicación de dichos compartimentos estancos, en los dos tipos característicos de embarcaciones mencionados.

La construcción del doblefondo estanco, implica en primer lugar armar un adecuado reticulado, generalmente en madera de cedro, y cuya forma general se adapte al fondo del casco que lo albergará, el cual, armado en forma aislada, se vinculará más tarde al laminado del mismo, mediante tiras de fieltro y/o roving, y resina poliester.

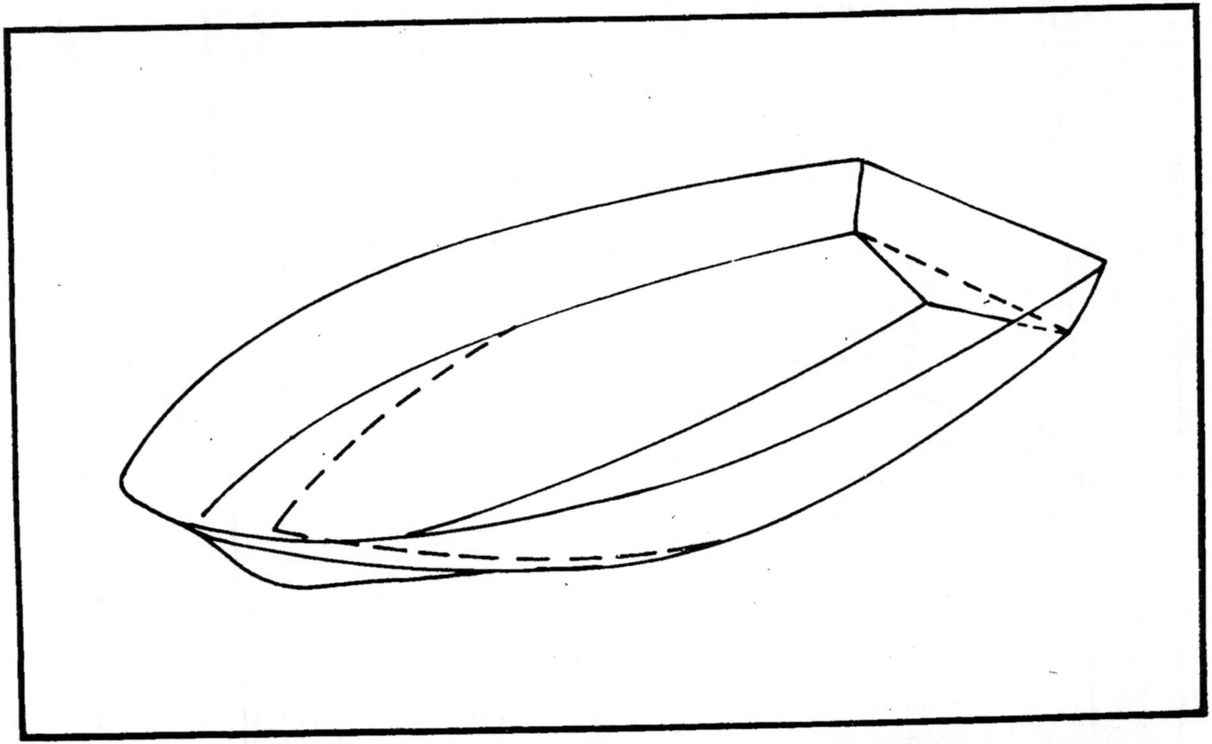

Fig. Nº 73: La línea punteada indica la posición aproximada del nivel del doblefondo en un casco con fondo en "V".

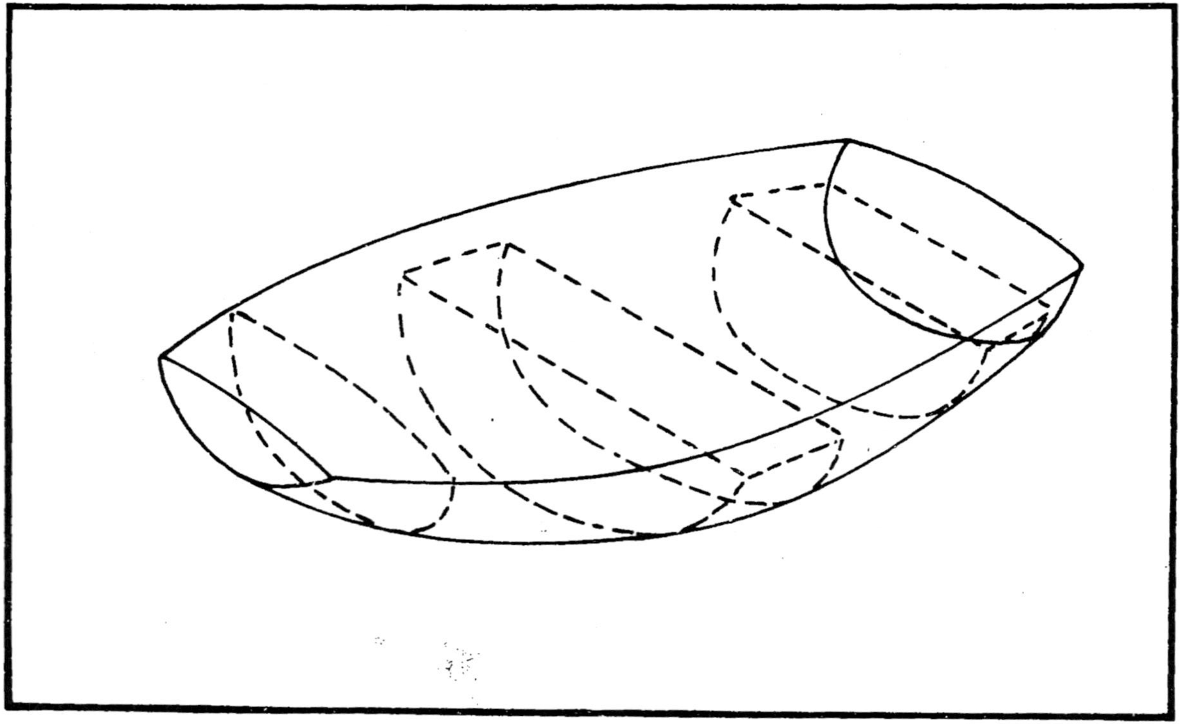

Fig. Nº 74: Ubicación de los compartimentos estancos, en un pequeño casco de chinchorro.

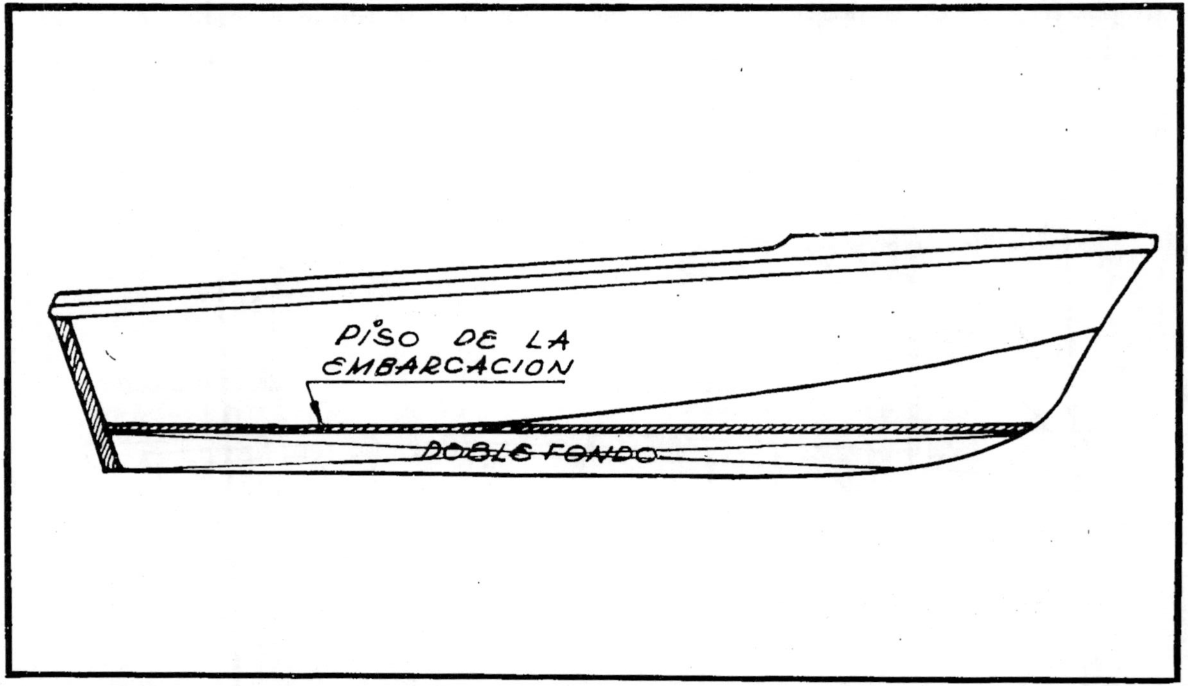

Fig. Nº 75: Corte longitudinal en un casco con fondo en "V", mostrando la ubicación usual del piso interior, límite del doblefondo.

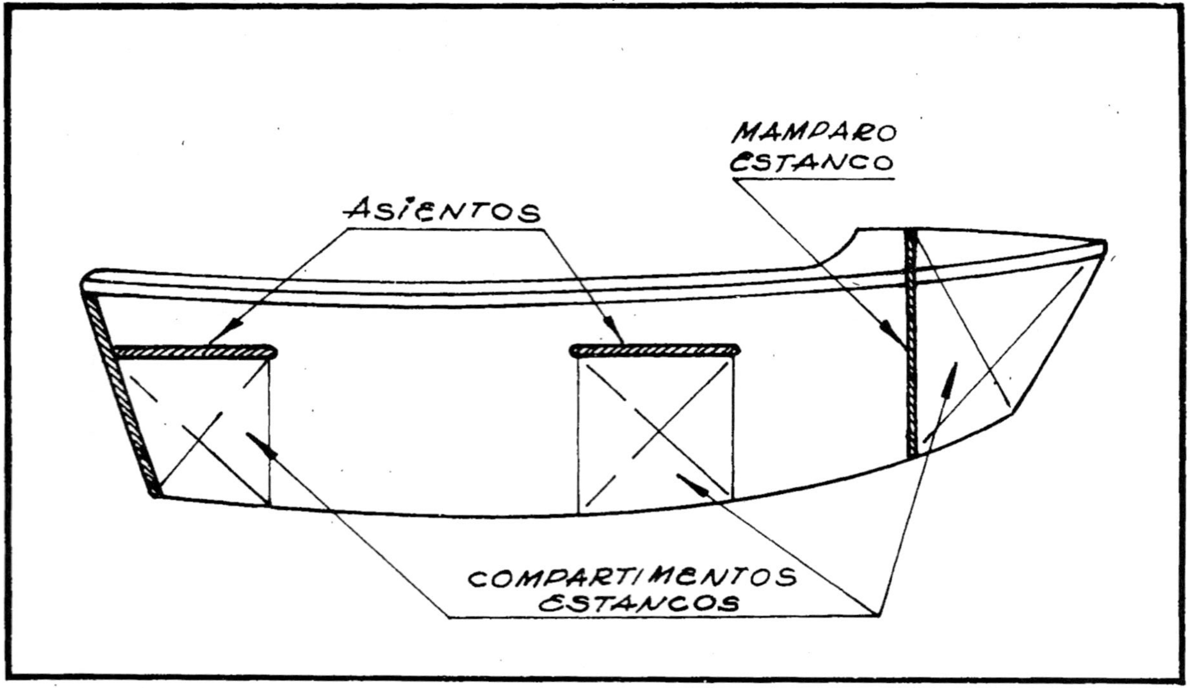

Fig. Nº 76: Disposición conveniente de los compartimentos estancos en un pequeño chinchorro con secciones redondeadas. (No en escala).

Este reticulado debe poseer una serie de piezas que una vez vinculadas entre sí, deberán ajustar con cierta precisión sobre el fondo de la embarcación por su parte interna, mientras que su parte superior, deberá limitar un plano sobre el que posteriormente se asentará el piso, generalmente construído en madera terciada del tipo para uso náutico, y posteriormente plastificada.

En general, en cascos con fondo en "V", se suele ubicar a los largueros que principalmente constituyen la estructura elemental del doblefondo, en correspondencia con los dientes o listones de deriva del fondo de la embarcación, dejando que uno de estos largueros, (el central), siga el plano de crujía del casco, es decir que iría ubicado sobre el centro de la quilla, y con una longitud máxima desde el espejo de popa o antes, si es que se piensa destinar una "bandeja" de desagüe, hasta la zona de la roda, con intersección en ésta última, de acuerdo a la altura prefijada.

En consecuencia, al planificar la construcción del doblefondo estanco, se hace necesario de antemano, conocer la forma y dimensión de cada uno de los largueros; es decir el central, y el o los de una banda, ya que los de la opuesta, como es lógico suponer, resultarán simétricos a éstos últimos.

Dicha forma, puede ser definida efectuando un plantillado previo teniendo en cuenta la cara interna del laminado del casco, y consecuentemente la curvatura que presente el fondo en la zona en que apoyará el larguero en cuestión.

A los fines de contar con una marcación exacta de la forma que adoptará el piso, en correspondencia con la altura a la que va a ser ubicado, puede efectuarse un procedimiento sencillo, el que sin embargo, permitirá obtener un resultado satisfactorio.

El mismo consiste en nivelar perfectamente el casco ya moldeado y encontrándose aún en el interior de su molde correspondiente, tanto en forma transversal como longitudinalmente, cuidando en este último caso, que el nivelado se verifique en la medida en que adopte, con respecto a la línea de nivel, la posición exacta en que deberá flotar en condiciones ideales, lo que generalmente, y en especial, en cascos típicos con fondo en "V", significa que la zona de popa de la quilla, se mantenga paralela a la línea de flotación de proyecto.

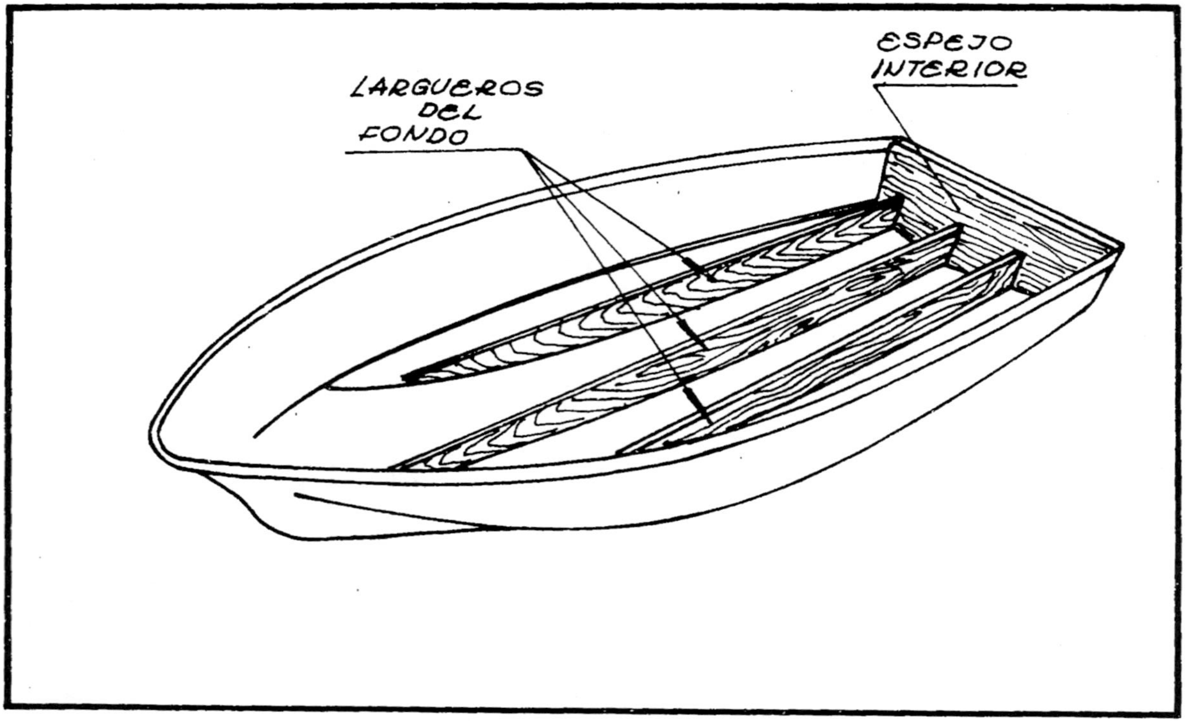

Fig. Nº 77: Perspectiva de un casco en "V", mostrando la ubicación de los largueros del fondo.

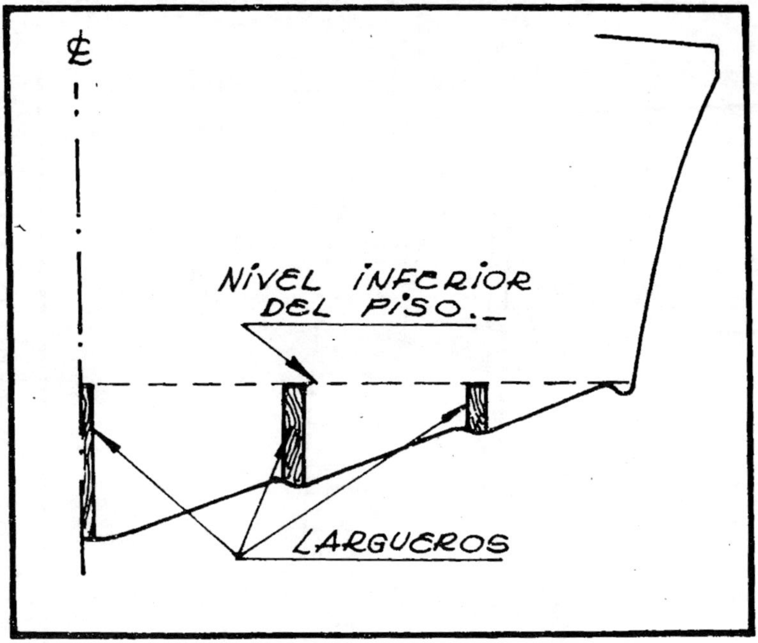

Fig. Nº 78: Corte en una sección transversal perteneciente al casco reproducido en la figura Nº 77.

El nivelado correspondiente, tal como lo muestra la figura 79, puede ser realizado en forma efectiva, usando una regla de longitud conveniente, asentada alternativamente sobre la brida de corte de perfilar del molde, y directamente sobre el laminado del casco, y aplicando sobre el canto superior de dicha regla, el nivel de burbuja.

La figura Nº 79, ilustra la forma de realizar el nivelado en el sentido longitudinal, y la posición de la regla y el nivel.

Habiendo nivelado el casco, y por ende, su correspondiente molde, en el sentido longitudinal, será necesario hacerlo ahora en el sentido transversal, para lo cual bastará con el empleo de un listón perfectamen-

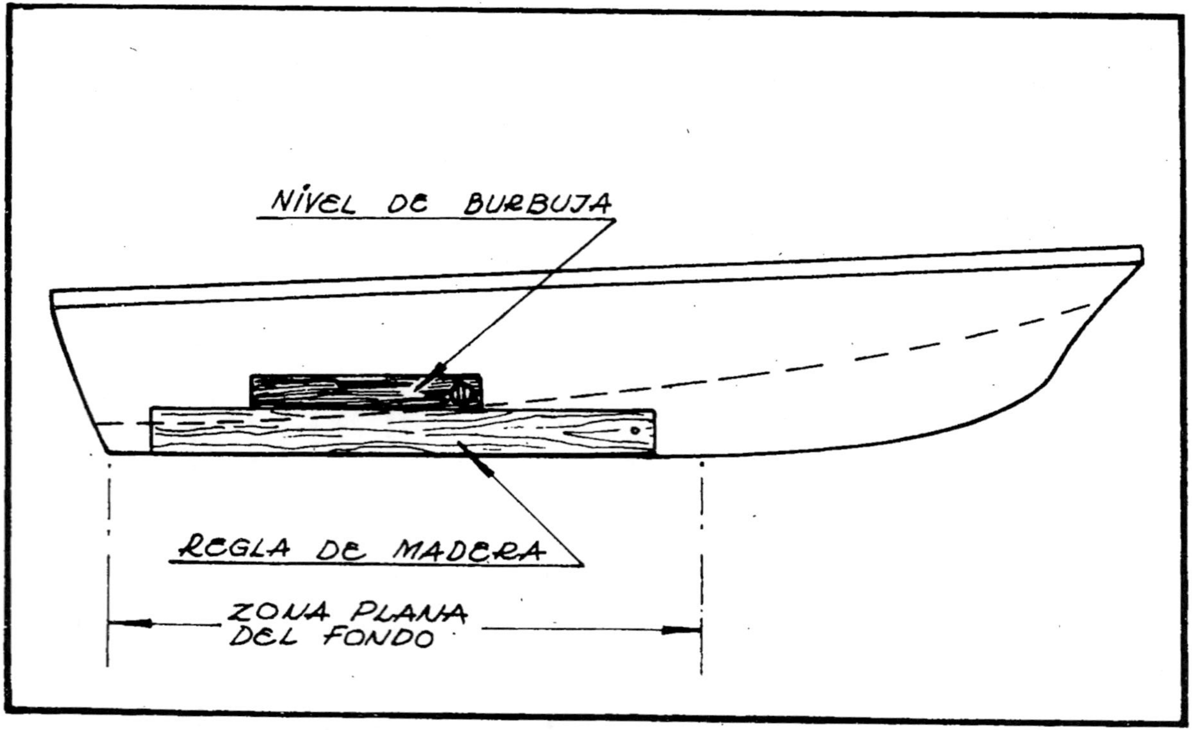

Fig. Nº 79: Corte esquemático mostrando cómo puede nivelarse longitudinalmente el casco moldeado.

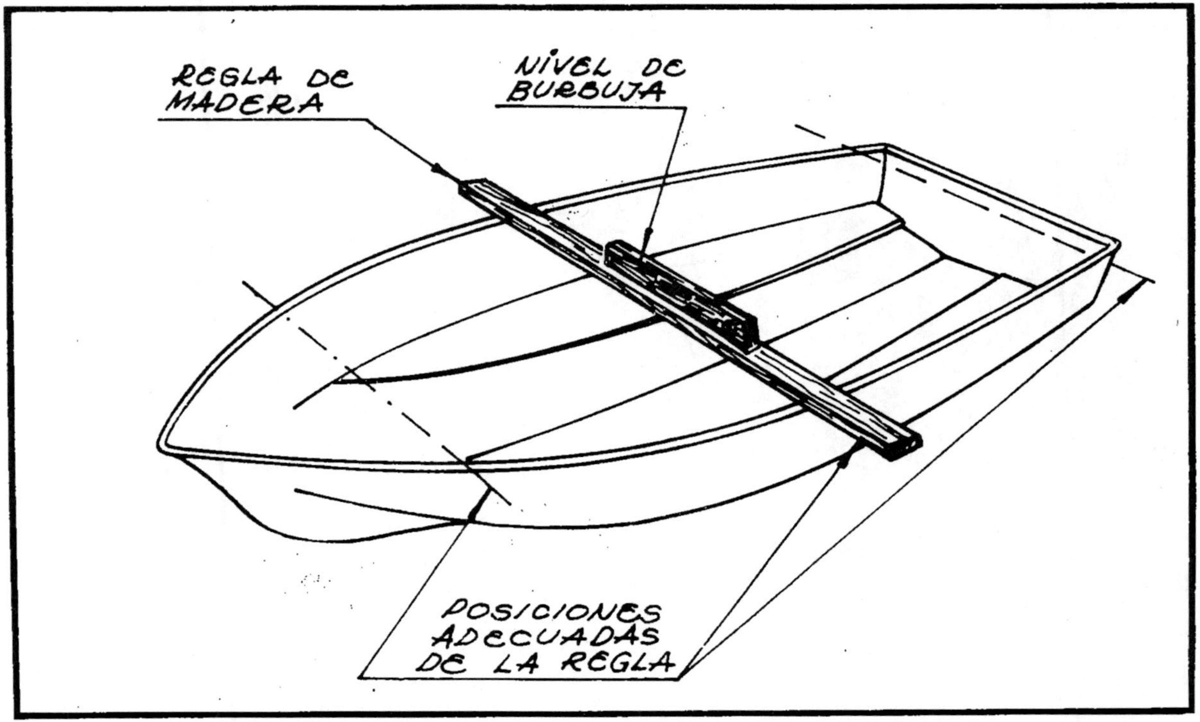

Fig. Nº 80: Una manera práctica de verificar transversalmente el nivel del casco moldeado.

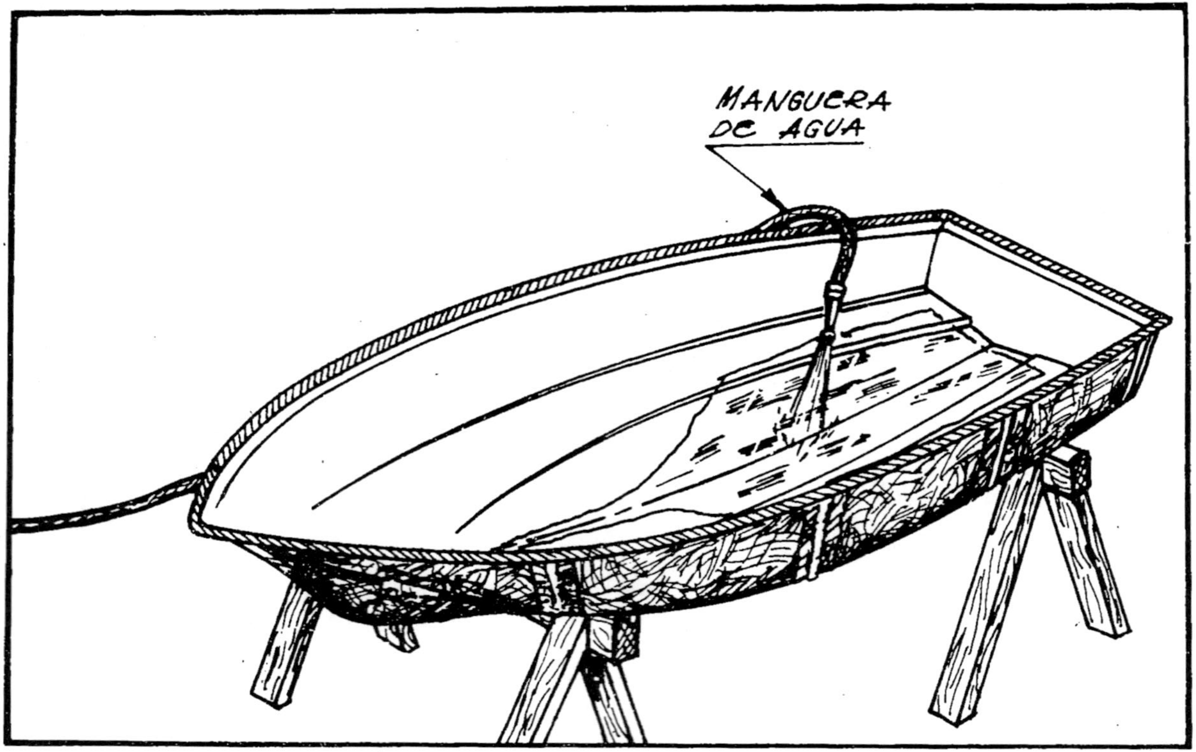

Fig. Nº 81: Llenando el casco con agua, aún en su molde, para obtener el nivel de piso.

te recto de una longitud tal, que permita abarcar ambas bridas de perfilar de ambas bandas del molde, y de tal forma que sobresalga ligeramente de éstas, en forma análoga a como lo muestra la figura Nº 80; tomando el nivel en tres puntos de la eslora total del casco, por ejemplo en correspondencia con la zona de proa, central y de popa, y procediendo a apuntalar al mismo tiempo al molde sobre el piso, se obtendrá un nivelado del conjunto satisfactorio.

En estas condiciones, y fijado en un punto del interior del casco, por ejemplo en la zona del espejo de popa, la altura a que deberá llegar el doblefondo estanco, procédase, ya sea utilizando recipientes adecuados,

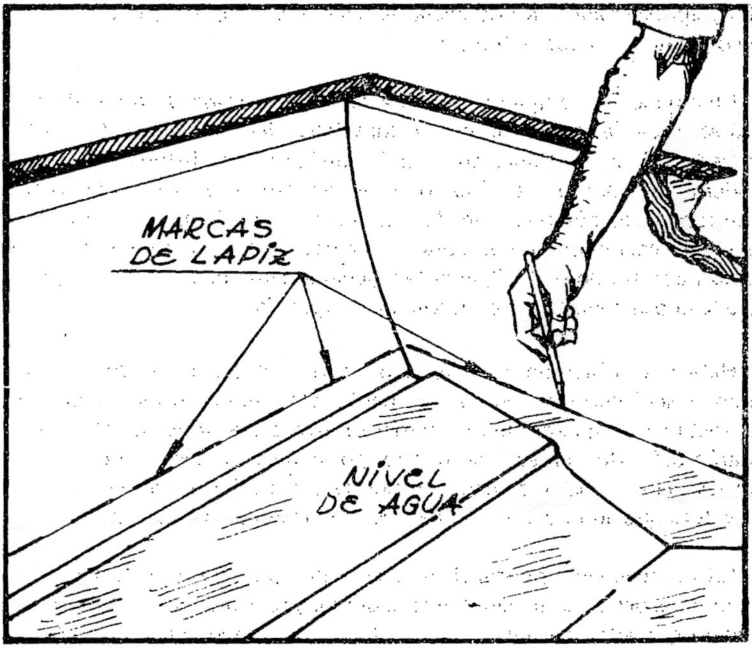

Fig. Nº 82: Cómo se efectúa la marcación del nivel de agua sobre el laminado interno del casco.

o mejor aún, mediante una manguera conectada a la canilla más próxima, a vertir dentro del casco, una determinada cantidad de agua hasta que el nivel libre, alcance la marca efectuada anteriormente.

Una vez que la masa líquida, se encuentre en reposo absoluto, definirá la posición exacta, e inclusive la forma correspondiente que adoptará el piso a través de todos los puntos que el nivel líquido, se intersecciona con la cara interna del casco.

En estas condiciones, y utilizando un lápiz de mina blanda, efectúense marcas alternadas a una cierta distancia unas de otras, en correspondencia con la superficie libre de la masa de agua encerrada en el interior del casco moldeado, en forma análoga a como lo muestra la figura Nº 82, verificado lo cual, deberá ser desagotada aquélla pudiéndose emplear, para este objeto, un trozo de manguera a manera de sifón, aprovechando la diferencia de nivel existente entre el casco y el suelo del local en que se trabaje.

Efectuado el completo desagote de toda la masa de agua, deberá secarse toda la humedad de la superficie del laminado del casco, procediendo a continuación a unir mediante un listón flexible de madera, las marcas de lápiz que se tendrán a la vista y definidas anteriormente, obteniéndose de esta forma, la posición real del piso y su forma correspondiente, cuya configuración tratándose de un casco común con fondo en "V", adoptará generalmente una forma aproximada a la que se muestra en el detalle de la figura 83.

Habiendo obtenido el nivel exacto que alcanzará el doblefondo estanco, será necesario ahora, obtener las plantillas correspondientes de los distintos largueros que formarán su estructura principal, los cuales estarán definidos, en su cara superior por el nivel del piso ya delimitado por las marcaciones efectuadas, y por su parte inferior, de acuerdo a la curvatura que adopte el fondo del casco en la zona correspondiente.

En consecuencia puede efectuarse el plantillado previsto, mediante algunos recortes de madera terciada unidos provisoriamente entre sí, de manera que adopten burdamente la forma del fondo; dicha plantilla así conformada, deberá asentarse en el lugar correspondiente cuidando que quede perfectamente vertical, lo que puede ser verificado mediante un nivel común de burbuja, realizando nuevas marcaciones y cortes a los

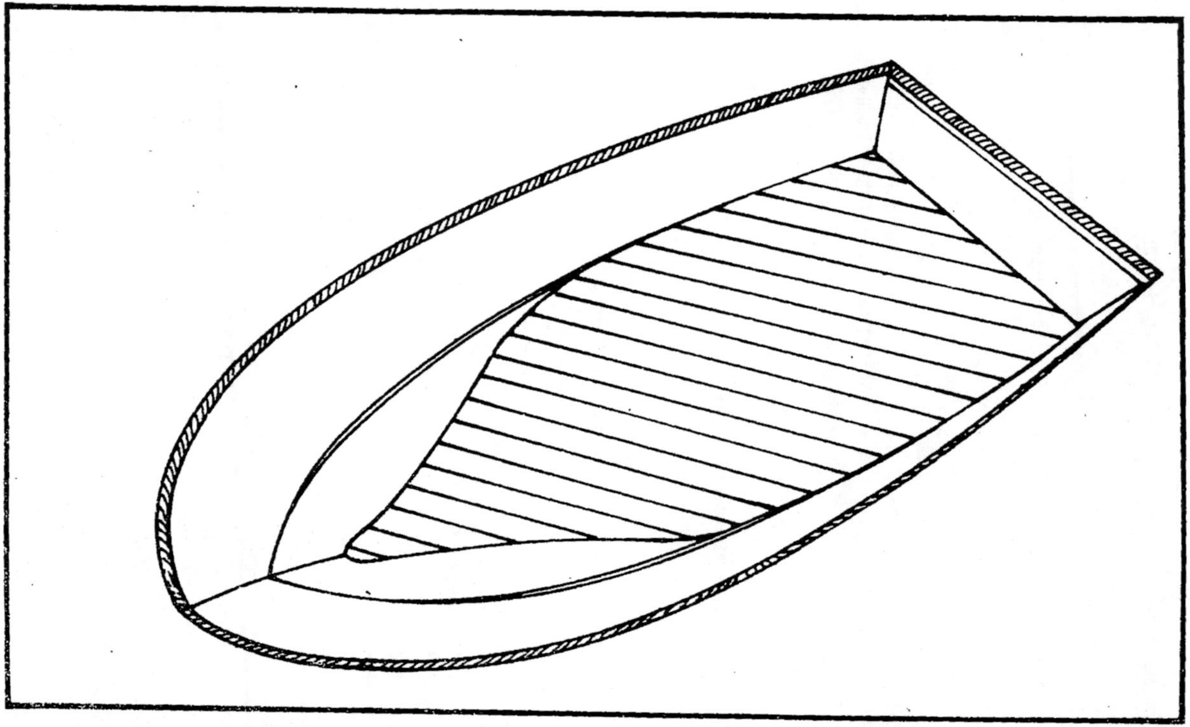

Fig. Nº 83: La zona rayada, indica el desarrollo del plano que forma el piso del casco, límite superior del dobléfondo estanco.

efectos de aproximarla a su forma real, hasta que asiente correctamente en toda su longitud y sin que sea necesario forzarla, contra la cara del fondo.

Una vez ubicada la plantilla en su lugar correspondiente, será necesario obtener la marcación de su canto superior en correspondencia con las líneas definidas ya en el casco y efectuadas como se recordará, teniendo en cuenta el nivel que ocupará el piso; este canto será una línea recta que podrá definirse tomando dos puntos en la plantilla, correspondientes a la zona de proa y popa en que ésta, se interseccionará con el casco, los que una vez unidos mediante una regla larga, posibilitarán cortar la plantilla a su forma final, luego de lo cual deberá presentarse nuevamente en el lugar que ocupará el larguero, haciendo una nueva observación de su ajuste.

La figura Nº 85, muestra la plantilla ya terminada, y en la posición adecuada a la zona que posteriormente se alojará el larguero correspondiente.

Siguiendo los criterios enunciados deberá operarse para elaborar cada larguero que forme parte de la estructura del doblefondo; por supuesto teniendo en cuenta que para los simétricos de ambas bandas, bastará con obtener una sola plantilla, con la cual será posible cortar conjuntamente ambas piezas.

De todas maneras, el cortado de los largueros, supone una simple operación de carpintería, que consiste en ubicar la plantilla sobre el material correspondiente, que en general, y para las dimensiones de la embarcación del ejemplo, suele ser madera de cedro en lo posible estacionado, y de un espesor de alrededor de 22 mm, correspondientes a 1" cepillada.

La plantilla en cuestión se sujetará en forma provisoria, con algunos clavos, marcando luego todo su contorno sobre la madera prevista, y realizando los cortes necesarios con una sierra del tipo sinfín.

Durante la operación del trozado de las piezas, es necesario prestar especial atención a su canto superior, de manera de que éste resulte lo más recto posible; por lo que es preferible, al efectuar el corte en esa zona, dejar un excedente de material, como para que sea posible después, "refilar" todo el canto con una garlopa común de carpintero.

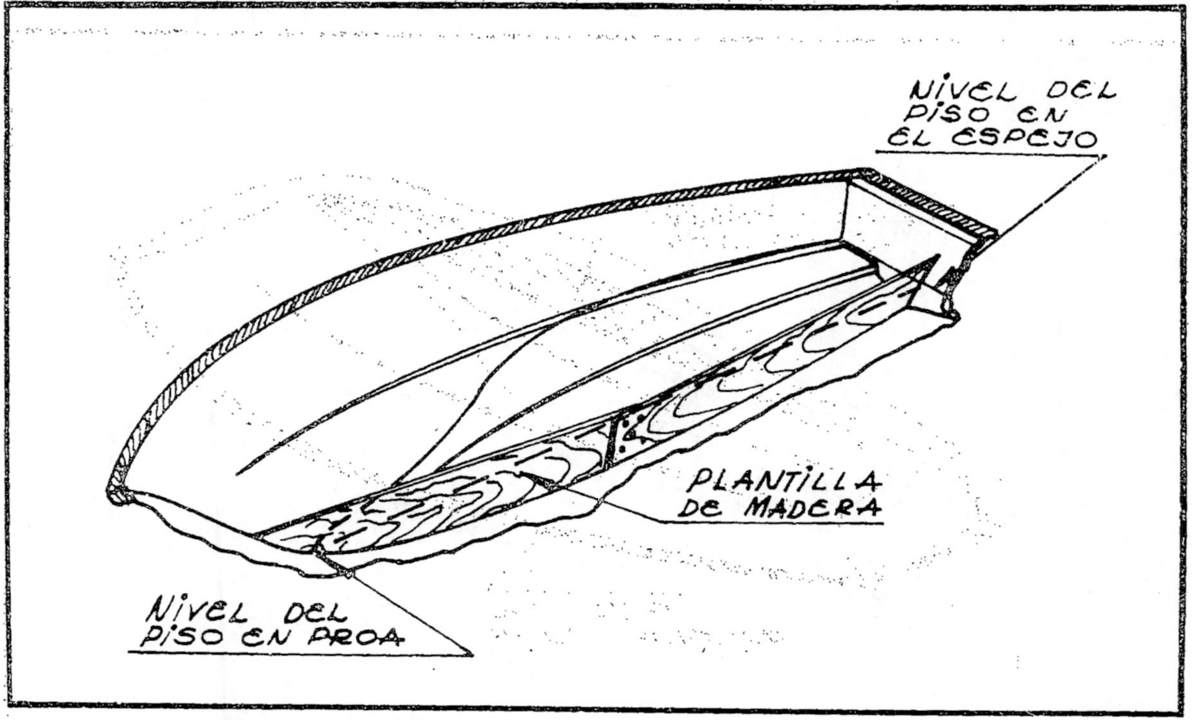

Fig. Nº 84: Cómo se obtiene la plantilla de uno de los largueros; en este caso, el central.

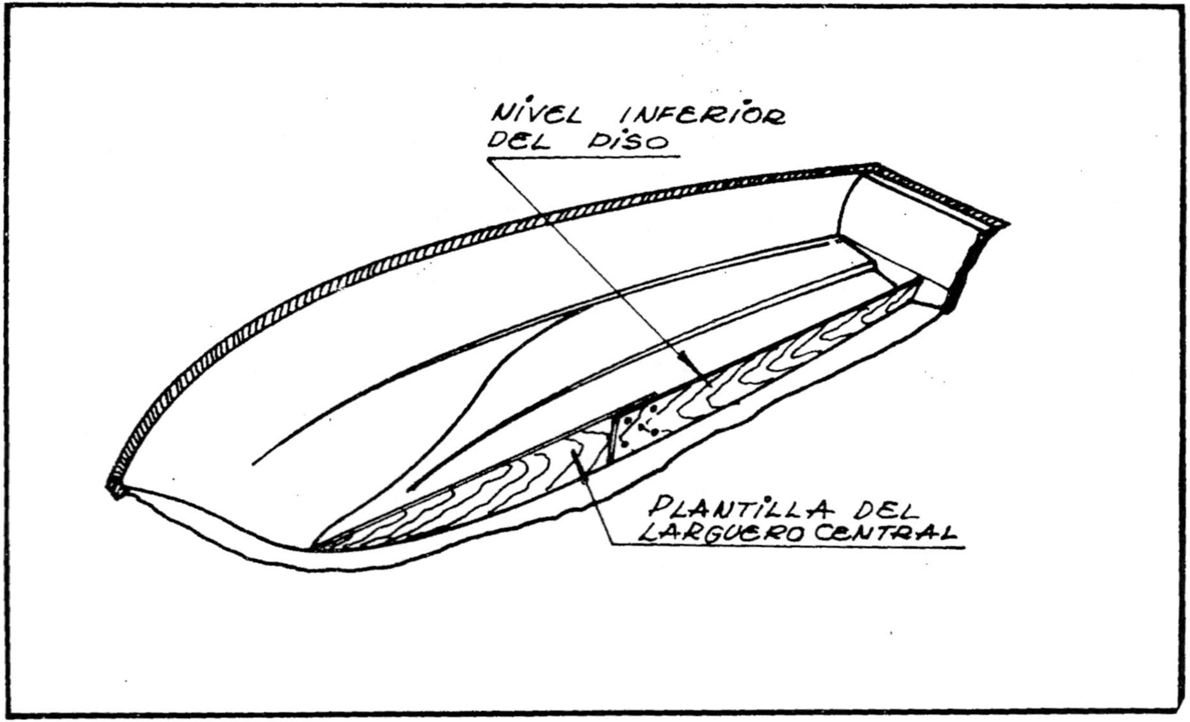

Fig. Nº 85: La plantilla de uno de los largueros ya terminada y en posición.

En la parte inferior de los largueros, es decir, la parte curvada que asentará directamente sobre el fondo del casco, habrá que efectuar algunas muescas en "V", mediante dos simples cortes de serrucho y ubicadas a una distancia de aproximadamente 40 cm. entre sí.

El objeto de estas muescas, es el de servir de imbornales para el libre pasaje del agua que eventualmente pueda filtrarse en el interior del doblefondo del casco.

En definitiva, la configuración general del larguero, será análoga a la que se muestra en la figura 86.

Obtenida la totalidad de los largueros que insumirá el esqueleto elemental del doblefondo, es posible conformar el mismo, vinculando aquellos en forma adecuada.

Sin embargo, a los efectos de una conformación burda, es conveniente en estos casos, presentarlos en los lugares que ocuparán definitivamente, y vincularlos en esa posición pero en forma provisional, con el auxilio de algunos listones de madera de desecho, clavados sobre el canto superior.

La unión final de los largueros, y consecuentemente, el reticulado total que soportará el terciado que formará el piso de la embarcación, lo forman listones de cedro de una sección aproximada de 22 x 45 mm, colocados en forrna transversal, en encastres efectuados previamente sobre el canto superior de los largueros, teniendo en cuenta que queden distanciados unos 30 a 40 cm. de centro a centro.

En los extremos de estas traviesas, habrá que proceder a realizar el chanfle correspondiente, de manera que se adapten a la inclinación del fondo del casco.

En la figura Nº 87, puede verse un detalle importante de la construcción del esqueleto del doblefondo, donde se muestra de qué manera se efectúa el encastre de las traviesas en los largueros correspondientes.

La unión de todas las piezas, se mantiene en posición, mediante tornillos de bronce de cabeza fresada Nº 21 x 40 mm. de longitud, para

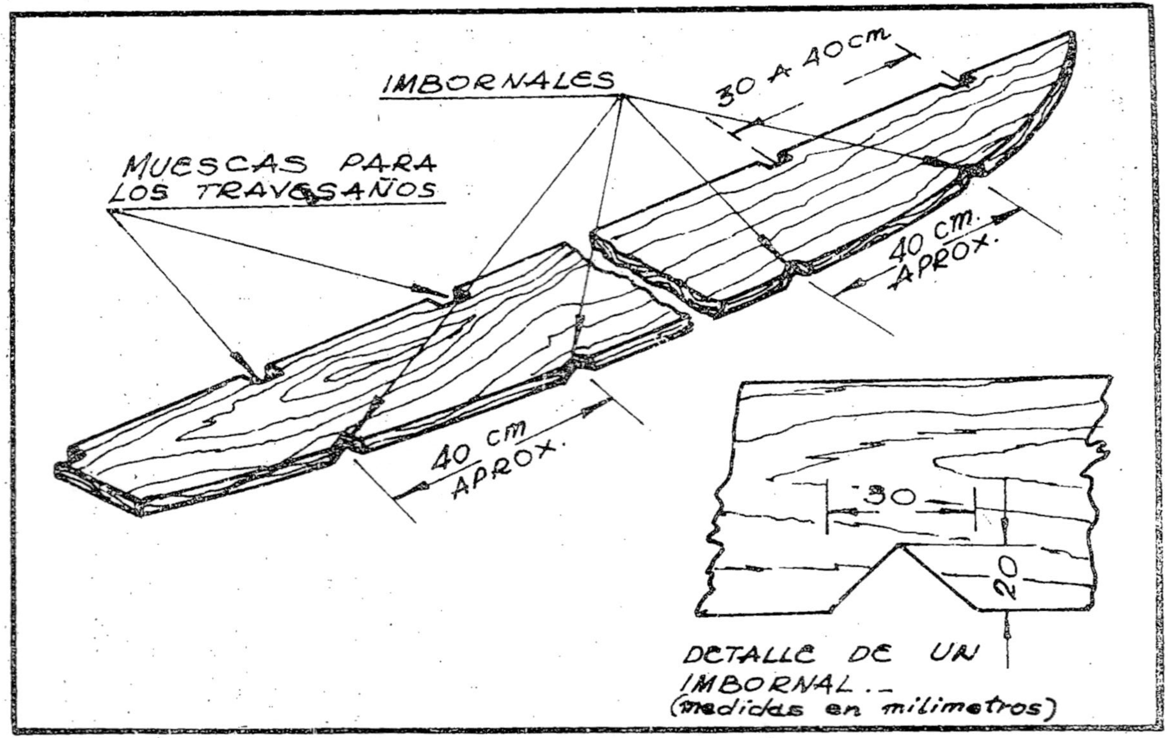

Fig. Nº 86: Un larguero ya terminado, mostrando la ubicación de los imbornales, y muescas para los travesaños de vinculación.

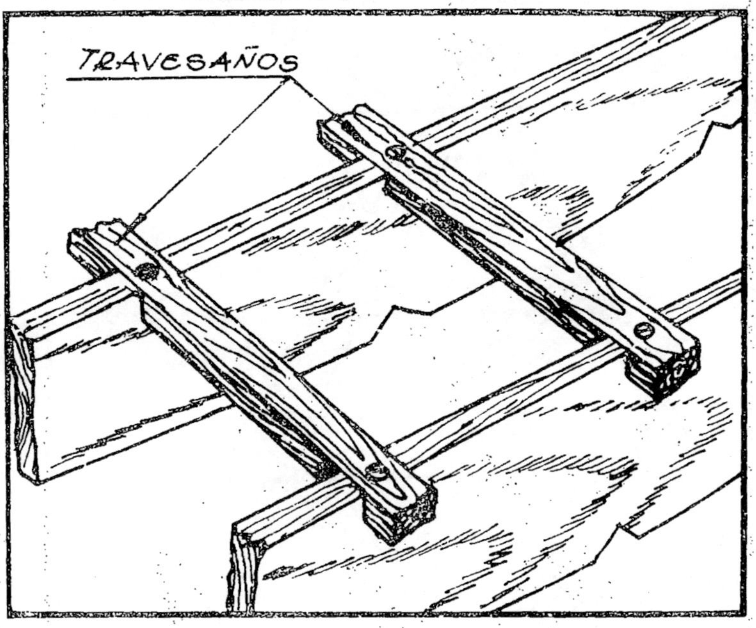

Fig. Nº 87: Detalle de los travesaños que vinculan los largueros del fondo.

el caso considerado, embutiendo las cabezas de los mismos, a fin de que sea posible perfilar más tarde, todo el plano superior del esqueleto para que el terciado del piso, asiente correctamente en todos sus puntos.

Teniendo completamente construído el esqueleto del doblefondo, y una vez perfectamente perfilado, es conveniente proceder a dar sobre todas sus superficies, una generosa mano de resina debidamente acelerada y catalizada, de manera de formar una capa aislante que preserve a la madera de la eventual humedad que se verifique en el interior del doblefondo estanco; al aplicar esta mano de resina, téngase cuidado de cubrir muy bien las juntas entre las distintas piezas, así como también, y en especial, las superficies de los largueros que estarán en contacto con el fondo del casco y el piso superior, y por donde eventualmente pueda filtrarse agua.

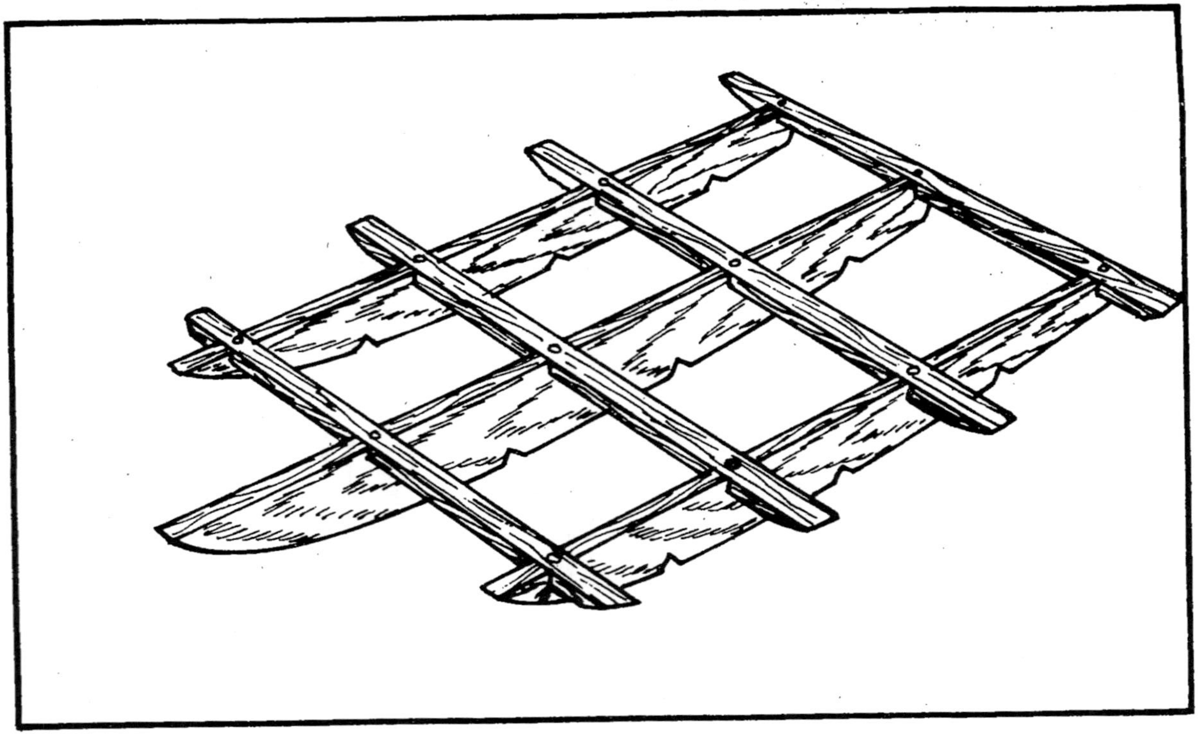

Fig. Nº 88: Perspectiva del esqueleto del doblefondo terminado.

Para la fijación definitiva del esqueleto del doblefondo en el casco, habrá que preparar de antemano, y en correspondencia con las zonas donde los largueros harán contacto, una especie de "cama" de apoyo, a los efectos de que aquél permanezca estrechamente adherido a la cara superior del laminado del casco.

Puede utilizarse para este objeto, la masilla elástica fabricada a base de resina poliester que se expende en algunos comercios, o bien, si se desea, puede sustituirse aquella preparando un compuesto de resina pura homogeneizada con aserrín de madera, en la cantidad suficiente como para que se presente como una masa de consistencia espesa.

Debe tenerse la precaución de que el aserrín a emplear, no contenga humedad entre sus partículas, ya que podría influir desfavorablemente en el fraguado de la masilla; por lo mismo, ésta, debe ser acelerada y catalizada en la forma acostumbrada, pero teniendo en cuenta de que produzca un fraguado más bien lento.

Sea cual fuera el compuesto a usar, éste deberá extenderse con una espátula, formando una capa abundante en la zona donde harán contacto los largueros, asentando a continuación el esqueleto en el lugar que le corresponda, manteniéndolo en esta posición presionándolo con algunos pesos distribuídos en lugares estratégicos, hasta que se verifique el completo fraguado del compuesto usado para sellar la unión.

Sin embargo, antes de que esto ocurra, es necesario eliminar todos los restos de material que hayan sobrado luego de asentar el esqueleto en su lugar, de manera de que la superficie circundante, quede preparada para realizar las operaciones de la vinculación definitiva de este último.

Esta vinculación, se materializa con el auxilio de tiras de fieltros de fibra de vidrio ubicadas a manera de abrazaderas, como lo señala la figura 89, de forma que el material de vidrio, rodee al larguero o pieza que estará en contacto directo con el laminado del casco, y su pestaña inferior resultante quede adherida a este último.

Para estas "abrazaderas" debe utilizarse de preferencia, primero un fieltro de 450 gramos por metro cuadrado, encima del cual, se colocará otra tira de tela de roving de 30 cabos.

Como de costumbre, será necesario previo a la aplicación de los fieltros, extender una generosa capa de resina en toda la zona a cubrir, aplicando a continuación el material de fibra de vidrio, y acomodándolo con el auxilio de un pincel de manera de que quede lo más prolijo posible, en especial en su parte superior donde, más tarde, asentará el terciado que formará el piso.

Es conveniente colocar los mencionados fieltros, cortándolos en largos de más o menos 30 cm., y del ancho requerido a la altura del larguero a fijar, de manera de que se cuente con suficiente tiempo para

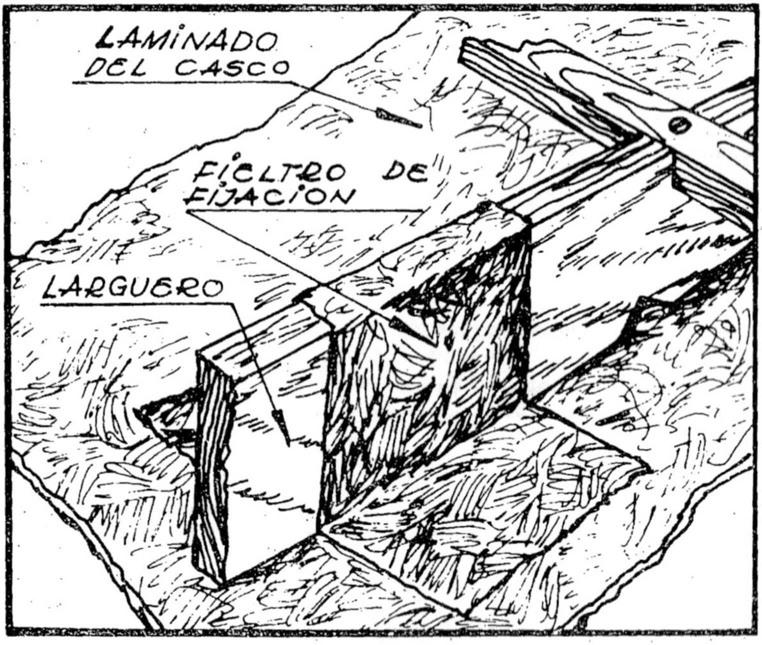

Fig. Nº 89: Detalle mostrando cómo se vincula el esqueleto del piso al fondo del casco.

colocar la totalidad de los refuerzos, antes de que se produzca el fraguado de la resina que se esté usando.

Este detalle se comprenderá fácilmente, si se tiene en cuenta que al seccionar los fieltros en medidas pequeñas, su colocación se podrá efectuar en un tiempo relativamente menor.

Las secciones de fieltros, de todas maneras, deben encimarse en unos 3 cm. más o menos, de manera de formar un solapado entre las mismas, hasta que se consiga cubrir, siguiendo este criterio, toda la longitud de los largueros.

Debe prestarse especial atención, de no cubrir con el material de vidrio previsto para la vinculación de los largueros, las muescas que a manera de imbornales se habrán cortado en éstos; lo que se consigue haciendo previamente los cortes necesarios tanto en el trozo de fieltro como en la tela de roving, y esto, antes de fijarlos definitivamente.

Vinculada así, la estructura del doblefondo al casco, debe dejarse fraguar completamente el conjunto luego de lo cual, si se desea, puede retirarse definitivamente el casco del molde, ubicándolo convenientemente en otro sitio, para continuar con las tareas posteriores.

Sin embargo, si no se tiene la intención de comenzar el moldeo de otra unidad, es preferible mantenerlo en la posición primitiva con lo que por un lado, se contará con un mayor espacio útil en el interior del local, mientras que por otro, se eliminarán al máximo las eventuales pequeñas deformaciones que aún pudieran producirse en el casco, aunque si bien, éste, a esta altura de la construcción, contará con una adecuada resistencia estructural.

A continuación, deberá emparejarse la superficie de todos los elementos que constituyen el esqueleto del doblefondo, principalmente en lo que respecta a su cara superior, y en especial, en las zonas de los solapados de la unión de los sectores de fieltros, que a consecuencia del mayor número de capas, presentarán en esos lugares, una marcada desnivelación, asimismo, durante esta operación, deben eliminarse las posibles fibras endurecidas con la resina ya fraguada, que no se encuentren a nivel correcto.

El objeto fundamental de esta operación, que deberá ser realizada con un disco abrasivo colocado en la pulidora eléctrica, es el conseguir que los distintos paneles de terciado que constituirán más tarde el piso propiamente dicho, asienten en forma correcta sobre la estructura, y una vez fijados, conformen una superficie perfectamente plana.

Una vez finalizado el "perfilado" de la cara superior de la estructura del doblefondo, según las explicaciones dadas, deberá eliminarse el polvo resultante y los posibles restos de material que hubieran quedado en el interior del casco; procediendo a continuación, a preparar una determinada cantidad de resina diluída al 10 % con monómero de estireno y debidamente acelerada y catalizada en las proporciones adecuadas como para que sea posible obtener un fraguado lento, de manera de contar con suficiente tiempo para aplicar todo el volumen de la misma, en condiciones favorables.

Con la resina así preparada, y utilizando un pincel más bien ancho, se pintará todo el interior del casco, cuidando de no colocar una excesiva cantidad de material especialmente en los costados del casco, de manera de que no se originen "chorreaduras", por el contrario, es preferible "estirar" la resina a la manera de una pintura común, de forma de lograr una capa abundante, pero de espesor uniforme; esta capa de resina debe dejarse fraguar el tiempo necesario.

CONSTRUCCION DEL PISO:

Generalmente en las embarcaciones construídas en fibra de vidrio, y en especial en aquellas de dimensiones menores, el piso correspondiente que por otra parte pasará a cumplir también la función del límite del doblefondo estanco, se conforma mediante sencillos paneles de madera terciada para uso naval, en espesores que lógicamente deberán estar de acuerdo a las dimensiones generales de la embarcación.

Para nuestro ejemplo, ya mencionado en varios capítulos, y en general, para cascos similares, puede adecuarse el uso de material de unos 5 mm. de espesor aproximadamente; sin embargo, previo al cortado del mismo, será necesario efectuar un plantillado elemental de manera de obtener la configuración de los distintos sectores que compondrán, en conjunto toda la superficie que abarcará el piso.

Como es lógico suponer, esta última consideración tendrá vigencia en el caso de cascos de dimensiones más o menos importantes, pues en el caso de aquellas más reducidas, sean por ejemplo chinchorros y botes auxiliares, es posible construir el piso correspondiente en una sola pieza, en razón de las medidas amplias con que se encuentran habitualmente en el comercio, las hojas del material.

De todas maneras, el plantillado se hace necesario en ambos casos, pudiéndose obtener fácilmente, mediante trozos de madera terciada fina de desecho, o cartón grueso.

El límite, y consecuentemente la forma de cada uno de los paneles que formarán el piso, deberá corresponder a la marcación efectuada anteriormente en el interior del casco; asimismo, las juntas entre secciones de terciados, es conveniente que se verifiquen en correspondencia con los listones transversales que vinculan los largueros, de manera de ofrecer una superficie de apoyo eficiente para el posterior atornillado.

El ajuste del plano del piso, con respecto a las formas internas del laminado que constituye el casco, puede resultar un poco trabajoso, sin embargo, es necesario que sea efectuado en la forma más correcta posible, lo que puede ser logrado haciendo en primer lugar el corte principal del material, de acuerdo a la plantilla que le corresponda, y luego ajustando paulatinamente las distintas secciones alternativamente, hasta obtener un resultado satisfactorio.

Obtenida la, o las piezas de terciado del piso, y antes de fijarlas definitivamente, es conveniente proceder a extender una capa de resina en toda la superficie inferior de éstas, a los efectos de preservar la madera contra la probable humedad del doblefondo, esperando el tiempo necesario como para que se establezca su perfecto fraguado.

La resina se extenderá en una capa uniforme, con un pincel o rodillo, y en lo que a su preparación se refiere, deben seguirse los mismos criterios enunciados en un párrafo anterior.

En estas condiciones, puede comenzarse la fijación definitiva del piso, asegurándolo en su lugar exacto, mediante tornillos de bronce de cabeza fresada de longitud conveniente, y colocados a una distancia

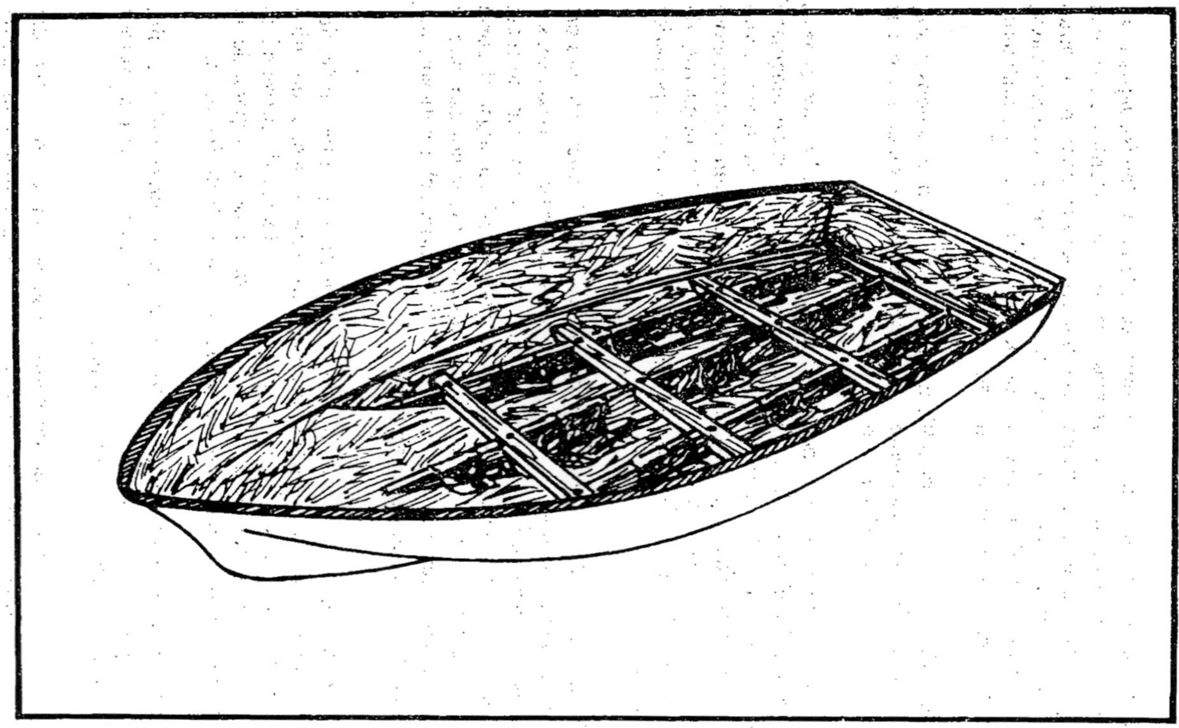

Fig. Nº 90: El esqueleto del doblefondo ya vinculado al casco, y listo para recibir el piso propiamente dicho.

aproximada de 10 cm. unos de otros, teniendo la precaución de embutir muy bien sus cabezas, de manera que las operaciones posteriores se vean facilitadas.

Una vez atornillado completamente el piso, en correspondencia con las uniones de las distintas secciones que lo forman, deben colocarse centrándolas sobre ellas, y a manera de tapajuntas, dos tiras superpuestas de fieltro de "450", previamente impregnados con resina para facilitar su adhesión con la madera.

Estas tiras de fieltro, podrán tener unos 7 cm. de ancho y sus longitudes serán las que posean las distintas juntas a cubrir.

Luego de colocadas la totalidad de las mismas, deberán dejarse fraguar convenientemente procediendo a continuación, a emparejarlas lo más posible con el auxilio de la pulidora eléctrica y un disco abrasivo.

En estas condiciones, el piso se encontrará en condiciones óptimas para recibir el plastificado correspondiente, que se materializará en este caso, con la aplicación de una capa de tela de roving de 15 cabos inmediatamente sobre la superficie de la madera terciada.

La tela de roving, debe ser cortada de antemano según la figura a cubrir, pero dejando en todo su perímetro un excedente de más o menos 5 cm. de ancho, para que se forme una pestaña de fijación a los costados del casco, de manera semejante a como lo muestra la figura Nº 92.

El proceso de la aplicación de la tela de roving es sencillo, y el resultado de la operación será plenamente satisfactorio, si se tienen en cuenta algunos pequeños detalles; en primer lugar, es necesario efectuar un generoso impregnado de la cara superior de la madera terciada del piso, utilizando para este fin, resina convenientemente diluída con monómero de estireno (puede emplearse la proporción del 10 %), y posteriormente acelerada y catalizada.

Sobre la capa de resina resultante, se extenderá a continuación el material de tela de roving, la que se impregnará a su vez, con un pincel o rodillo continuamente empapados en resina.

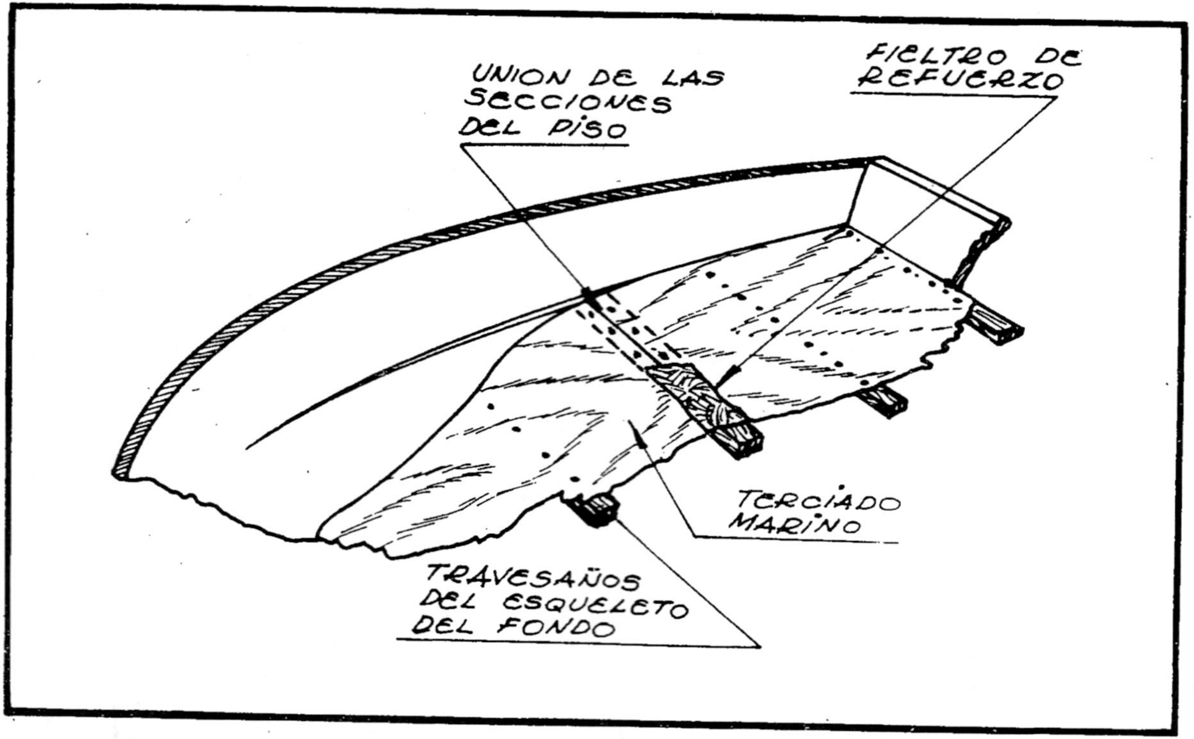

Fig. Nº 91: Perspectiva parcial del casco mostrando cómo se fija el piso sobre el esqueleto correspondiente.

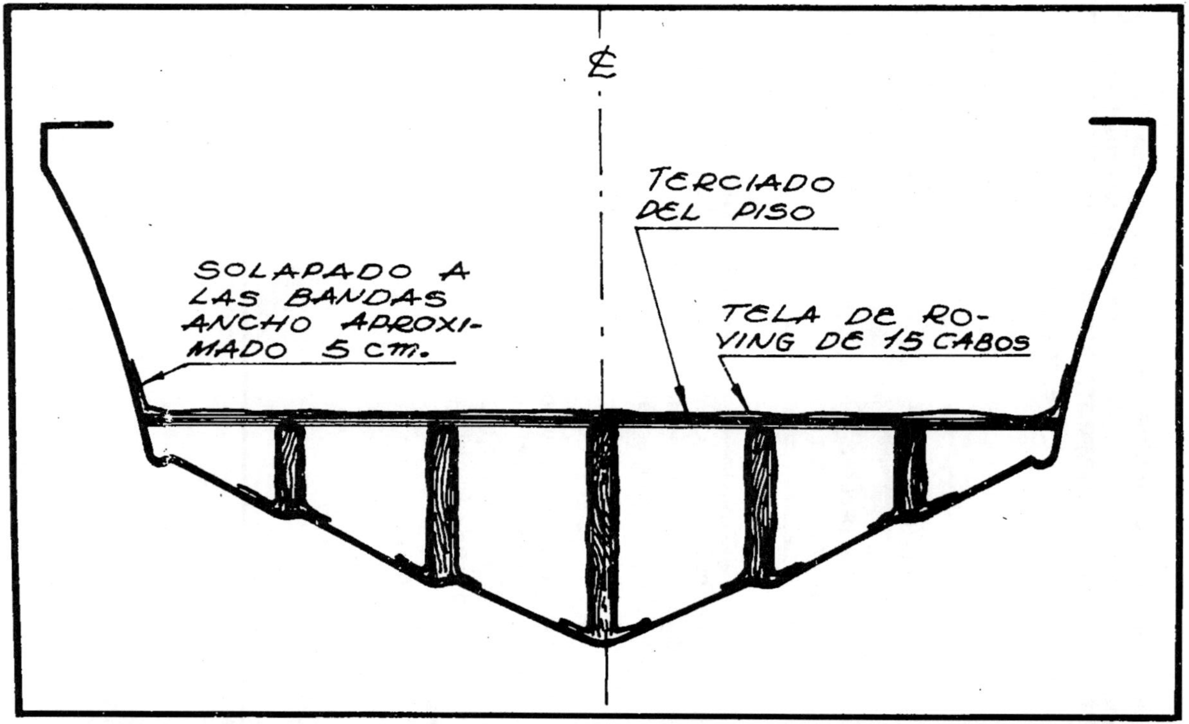

Fig. Nº 92: Corte en una sección del casco en construcción, mostrando el detalle del recubrimiento del piso con tela de roving.

Debe obtenerse una perfecta adhesión entre las superficies en contacto, y en manera especial, en lo que respecta a las pestañas previstas durante el corte del material, con los costados y/o fondo del casco, utilizando especialmente en estas zonas, una buena cantidad de resina, extendiéndola como de costumbre, ya sea con el rodillo o mejor aún el pincel de impregnar, evitando asimismo que se originen chorreaduras.

Déjese fraguar este laminado de tela de roving, y a continuación efectúese un pulido general de toda la superficie, usando la pulidora, para eliminar todas las pequeñas fallas que pudieran haber quedado, de manera de obtener una superficie aceptable, y en lo posible exenta de desniveles pronunciados.

En estas condiciones, y luego de eliminar el polvo resultante de esta última operación, puede darse una mano de color al interior del casco, usando una determinada cantidad de gel - coat de la tonalidad deseada, el que previamente se habrá acelerado y catalizado en la forma ya explicada anteriormente.

El gel - coat, en este caso, se aplica a pincel, a la manera de una pintura común, tratando de cubrir con un espesor adecuado, todas las imperfecciones posibles, ya que es necesario tener en cuenta, que esta aplicación de gel - coat, formará una superficie que prácticamente quedará a la vista una vez finalizada la construcción de la embarcación.

☆ ☆ ☆

CAPITULO SEPTIMO

TERMINACION DEL INTERIOR DEL CASCO

"EL SALPICADO"

La operación del "salpicado", como vulgarmente se la conoce, se efectúa en las embarcaciones construídas en fibra de vidrio, a los efectos de logar una terminación adecuada en especial en las zonas del laminado del casco, o aún de cualquier pieza de la embarcación, que no habiendo sido obtenidas en forma perfecta como lo es en la cara del laminado que se encuentra en contacto con el molde, necesitan asimismo, contar con un detalle de terminación que resulte agradable a la vista.

En general, el laminado del casco efectuado en forma manual, como se ha explicado en capítulos anteriores, presenta, por su cara interna, una superficie irregular, aún en el caso de que haya efectuado un trabajo esmerado, a consecuencia de la trama del material de fibra de vidrio, defecto éste, que se torna más visible aún, en el caso de laminados cuya última capa, esté constituída por fieltro solamente.

Si bien, el pintado final del interior del laminado mediante gel - coat, disimula bastante este defecto, la superficie resultante, presenta en general un aspecto algo burdo, "áspero" a la vista, que no concuerda en ninguna forma con la perfección de su superficie exterior.

En consecuencia, mediante la operación del salpicado, es factible lograr una regularidad de textura en toda la superficie tratada, que disimula perfectamente bien las fallas nombradas, inclusive es posible realizar una combinación de colores adecuada, obteniéndose una superficie agradabla a la vista y estéticamente muy aceptable.

La operación de "salpicado", consiste esencialmente en la acción de depositar con el auxilio de un soplete especial, pequeñas gotas de gel - coat sobre la superficie interna del laminado, de manera que el conjunto de las mismas forme una textura irregular; bajo estas condiciones, las gotas de resina expelidas por la pistola en forma de lluvia espesa, se deposita sobre la superficie del laminado, y dado que en general se acostumbre efectuar por lo menos dos aplicaciones con otros tantos colores de gel - coat, que hagan contraste con el del fondo, forman un granulado característico de gran colorido y agradable aspecto.

Aunque las generalidades de la operación del "salpicado", vistas así, someramente, hagan suponer una tarea sencilla, a los efectos de obtener un resultado satisfactorio, será necesario conocer de antemano y consecuentemente, poner en práctica, algunos detalles al parecer insignificantes, pero que sin embargo contribuirán marcadamente en lo que al resultado final se refiere.

Por otra parte, y dado que una vez efectuado, el salpicado se hace prácticamente imposible de eliminar, previendo un resultado dudoso en las primeras tentativas, es aconsejable realizar algunos ensayos antes de acomoter la aplicación definitiva, utilizando como superficie de contacto, algún trozo de chapa de metal, o terciada en desuso.

La consideración principal, en lo que al trabajo se refiere, está estrechamente vinculada al tipo de pistola o soplete a usar, para provocar la mencionada "luvia" de gotas de gel - coat.

El soplete que se presta más adecuadamente a estos fines, es el usado vulgarmente por los mecánicos para el lavado de motores o piezas de los mismos, empleando un diluyente pulverizado como puede ser, por ejemplo, el kerosene.

Este soplete, cuya configuración general se muestra en la figura N° 93, debe ser objeto de una pequeña reforma para adecuarlo más específicamente a los fines de realizar el salpicado de gel - coat.

En principio, debe retirarse tu taza, o sea el recipiente que eventualmente contiene el kerosene cuando se pulveriza el mismo, ya que durante la operación del salpicado no es recomendable su inclusión; asimismo, se hace necesario reformar el pico original que generalmente posee la pistola, en forma similar a como lo muestra la figura 94, vale

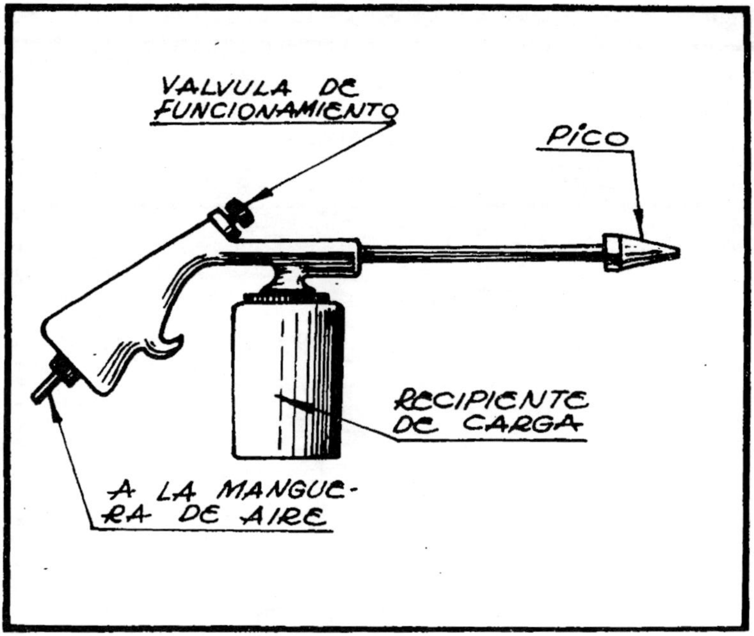

Fig. Nº 93: Una vista de perfil del soplete utilizado para el "salpicado".

decir, agradando convenientemente el orificio interior del mismo, de manera que el aire expelido por el compresor, forme en esta cavidad, una turbulencia adecuada para que las gotas de gel - coat, sean despedidas en forma uniforme.

Una vez efectuadas las modificaciones al soplete, de acuerdo a las indicaciones dadas, debe conectarse éste al compresor mediante la manguera correspondiente, apretando la abrazadera de sujeción que rodea a la misma.

En dos recipientes comunes, como pueden ser por ejemplo, dos envases de hojalata de los usados para contener la resina de impregnar, correspondientes a una capacidad de un litro, no más; prepárense dos cantidades aproximadamente iguales de gel - coat de diferente color, según el gusto personal: por ejemplo, si la mano de gel - coat dada al interior del casco, fuera de color gris, pueden prepararse dos cantidades de gel - coat en tonalidades negra y blanca.

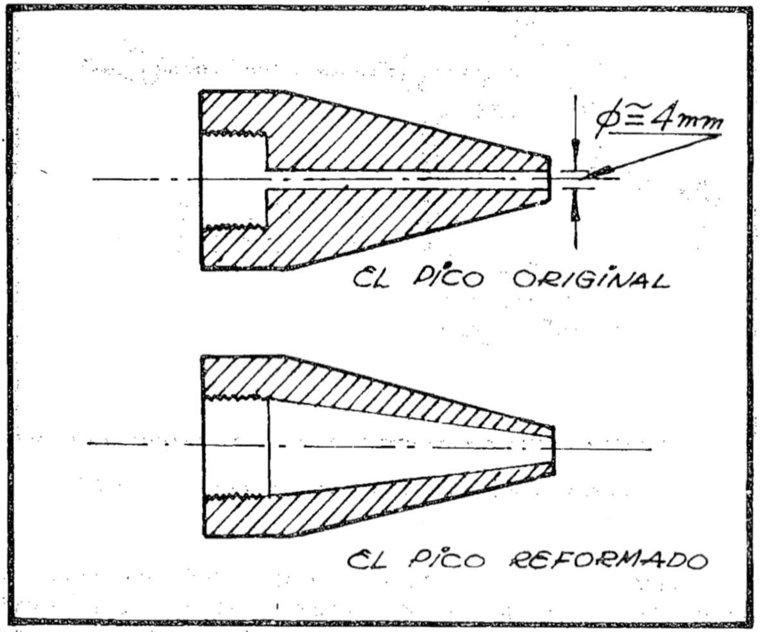

Fig. Nº 94: Dos vistas en corte del pico del soplete de "salpicado". El inferior muestra la reforma a efectuarle para tal fin. (No en escala).

No es conveniente llenar excesivamente los recipientes con el material a aplicar, bastando con preparar alrededor de 250 gramos de gel - coat de cada color, según la superficie a cubrir.

El gel - coat, sin diluir, y fraccionado en la cantidad prevista, debe ser acelerado y catalizado en las proporciones mínimas que aconseje su fabricante en función de la temperatura que se encuentre en el interior del local en esos momentos.

En estas condiciones, se abre completamente el robinete de presión del aire del compresor, hasta que ésta se haga mínima, y se inserta el tubito vertical de la pistola en el interior de la masa de gel - coat contenida en uno de los recipientes (ya acelerada y catalizada), tomando con una mano éste y con la otra el soplete, tal como lo muestra la figura Nº 95.

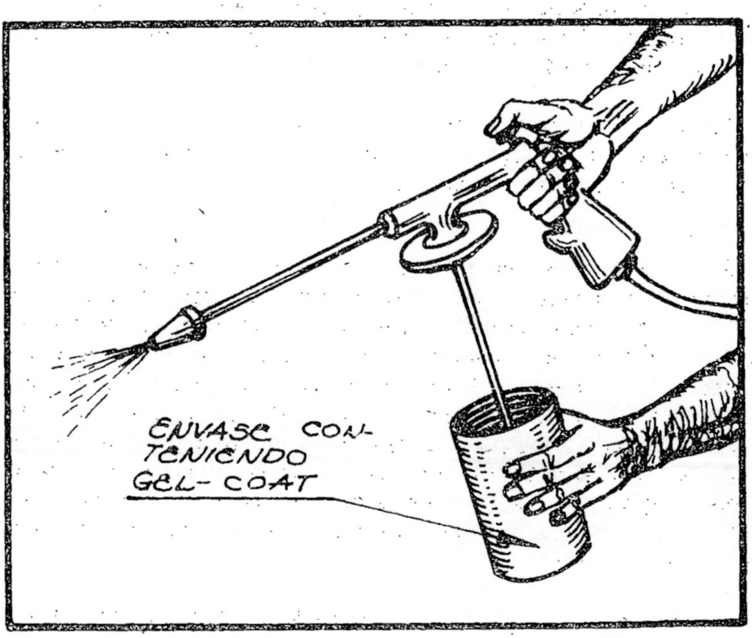

Fig. Nº 95: Cómo se utiliza el soplete para efectuar el "salpicado".

A continuación, se dirije el pico del soplete hacia la superficie de ensayo, preparada de antemano, y hágase aumentar el valor de presión de salida de aire en forma paulatina graduando el robinete correspondiente, hasta que por el pico del soplete, se verifique un flujo continuo de gotas espesas de gel - coat.

Es de hacer notar, que este ensayo previo debe efectuarse por fuerza, ya que la presión de aire debe estar de acuerdo a la densidad de gel - coat, por lo que una vez obtenido el valor óptimo, se estará en condiciones recién, de verificar el salpicado sobre la superficie interna del casco.

De todas maneras, trátese de no aplicar una excesiva cantidad de material, sino que resultará más conveniente mover constantemente el soplete hacia uno y otro lado en forma alternativa, de manera que las gotas queden depositadas sobre la superficie, pero lo suficientemente separadas entre sí, como para conformar un conjunto agradable y evitar el aspecto de "cargado" del conjunto.

Aplicada la primera "mano" de salpicado utilizando uno de los colores de gel - coat elegidos, procédase a efectuar la segunda aplicación, sucesivamente, en la forma ya explicada.

Si se desea, puede aumentarse el número de colores de gel - coat que constituirá el salpicado, elevándolo hasta tres o cuatro, de acuerdo al gusto y criterio personal del constructor; sin embargo, debe tenerse en cuenta que al utilizar un número mayor de aquellos que los previstos en la explicación anterior, deberá necesariamente aplicarse cada uno teniendo en cuenta que las gotas correspondientes a cada "capa" de color, resulten lo suficientemente separadas entre sí, de manera que al ir superponiendo las restantes y en especial cuando se finalice el proceso, el resultado no aparezca como excesivamente "cargado" de material, lo que en cierta forma, desvirtuará el trabajo, por lo menos en lo que a la faz estética se refiere.

Terminada la operación de "salpicado", debe dejarse fraguar completamente el gel - coat que lo forma, el tiempo necesario; sin embargo, y por las características propias del mismo, es posible que aún después de que se verifique el completo fraguado de éste, la superficie del salpicado se presente al tacto con una cierta "pegajosidad", que en la mayoría de las veces, resulta imposible de ser evitada.

Si bien, en casi todos los casos, esta pegajosidad desaparece en forma natural luego de transcurridas aproximadamente unas 24 horas, a los efectos de contar con una mayor comodidad en las tareas posteriores a realizarse, puede planificarse una operación sencilla, tendiente a neutralizar, por lo menos en forma momentánea, la "pegajosidad" mencionada.

Normalmente, en estos casos, se conviene en aplicar sobre la superficie final del salpicado, una capa de parafina diluída en una determinada proporción con monómero de estireno.

La disolución de la parafina hasta que se encuentre en condiciones óptimas como para ser aplicada mediante la pistola utilizada durante la aplicación del salpicado de gel - coat, se logra colocando a la cantidad necesaria a emplear, en un recipiente perfectamente limpio, y agregándole luego una determinada proporción de monómero de estireno; la proporción recomendada para estos dos elementos, estaría en alrededor de 100 partes de monómero en peso, y tres de parafina, también considerándola en peso.

El recipiente, conteniendo estos dos productos, se lleva al baño de maría, hasta que se verifique la completa disolución de la parafina, mezclando el contenido a intervalos, con una varilla de madera.

Con el líquido resultante, cárguese el recipiente del soplete, el que previamente se habrá limpiado perfectamente con acetona para eliminar todos los posibles restos de gel - coat que pudieran haber quedado en sus conductos luego del salpicado, y pulverícese la superficie de forma de que se vaya formando sobre la misma, una delgada película aislante.

Una vez seca la capa de parafina así aplicada, podrá comprobarse que la superficie del laminado salpicada, habrá perdido su pegajosidad característica, presentándose suave al tacto.

Esta película de parafina, no interferirá en absoluto con los trabajos posteriores a efectuarse en el interior del casco, pero de todas maneras, puede, si se desea, retirarse, simplemente con el auxilio de un trapo limpio humedecido en monómero de estireno o acetona.

Con la concreción de este último proceso descripto, el casco de la embarcación puede darse por completamente terminado; en consecuencia, en estos momentos se está en condiciones de comenzar con el paso inmediato posterior, que en condiciones normales, estará referido a la construcción de la cubierta correspondiente.

☆ ☆ ☆

CAPITULO OCTAVO

EL LAMINADO DE LA CUBIERTA

El conjunto de operaciones que insume el laminado completo de la cubierta, presenta una gran similitud con el proceso del moldeado del casco, pudiéndose si se quiere, admitir alguna diferencia en lo que respecta a la cantidad y tipo de materiales de vidrio a emplear, que en general resultan menores en este caso específico, dado que si bien la cubierta deberá soportar eficazmente algunos esfuerzos, éstos, no alcanzarán a obtener, en condiciones normales, valores tan elevados como los que eventualmente podrán verificarse sobre el casco.

En consecuencia, a los efectos de considerar el proceso en sí, y explicarlo de forma que resulte más simple, podrán dejarse de lado algunos detalles de aplicación de mano de obra, ya mencionados en el capítulo referido al laminado del casco, de manera de no entrar en repeticiones, sin embargo, es necesario tener muy en cuenta otros, que el aficionado deberá conocer, y por lo mismo llevar a la práctica, de manera de obtener un resultado satisfactorio, en especial si se tiene en cuenta que quizás de todas las piezas que conforman una embarcación en plástico reforzado, la cubierta desde el punto de vista estético, resalta y se visualiza en forma muy especial, justamente por la posición que ocupa.

El proceso del laminado de la cubierta comienza por lógica, y tal como en el caso del laminado del casco, con la adecuada preparación de la superficie del molde respectivo, en lo que se refiere a su encerado y a la aplicación de las capas de agente de despegue.

Posteriormente y una vez verificado el completo secado de éste, deberá encararse la aplicación del gel - coat que conformará la primera capa de color del laminado.

En lo que respecta a este paso de la construcción, es factible hacer una consideración especial, desde que es posible pigmentar la cubierta

La fotografía ilustra el proceso del laminado de una cubierta perteneciente a un casco dotado de una semi-cubierta. Ambos operarios (uno utilizando rodillo y el otro pincel), están impregnando y moldeando en su lugar, la primera capa de fieltro.

Foto gentileza Astillero Juanjo S. A.

ya sea en una sola tonalidad, o combinando varios colores que realzarán aún más el conjunto de la embarcación terminada.

En el primer caso, las explicaciones dadas en el capítulo referido al laminado del casco, pueden considerarse como las adecuadas, no así en el caso de preferirse obtener la cubierta en dos o más tonalidades de color combinadas, desde que la aplicación de los distintos colores de gel - coat deberán darse por separados y tomando determinadas precauciones.

Dadoquela configuración general y la ubicación de los distintos colores en toda la superficie de la cubierta, debe responder al gusto individual del constructor, no es posible indicar o efectuar una apreciación sobre cuál es el método, si lo hay, de ubicar los mismos; pero a los efectos de una mejor interpretación en las explicaciones a darse, se conviene en tomar como ejemplo, la cubierta correspondiente al proyecto ya considerado anteriormente, cuya forma general, podría admitirse semejante a la que se muestra en la figura Nº 96, donde se ubican asimismo los límites (o "cortes" como vulgarmente se los llama) de colores, los que en este caso particular, y en general siguiendo el mismo criterio en casi todas las construcciones de este tipo, se suelen ubicar en correspondencia con algún desnivel de la cubierta aprovechando éste, como corte de color, y en consecuencia pigmentando las superficies adyacentes con los colores previstos de antemano.

En consecuencia, una vez planificados sobre la cubierta a moldear los "cortes" de colores mencionados, el primer paso del proceso de aplicación del gel - coat, deberá ser, fijar en correspondencia con los límites impuestos, una cinta engomada del tipo de la utilizada por los pintores, de forma que al ir adhiriéndola sobre la superficie de moldeo de la cubierta, su contorno siga exactamente el de aquéllos.

A continuación, y tal como lo muestra la figura Nº 97, cúbranse enteramente con papel común y cuidando que no se verifiquen intersticios por donde eventualmente podría filtrarse el gel - coat a aplicar, las restantes áreas de la cubierta que por el momento no recibirán pigmentación, lo que equivale a admitir que solamente se dejarán expuestas a la vista, aquéllas que serán cubiertas con una sola tonalidad de gel - coat.

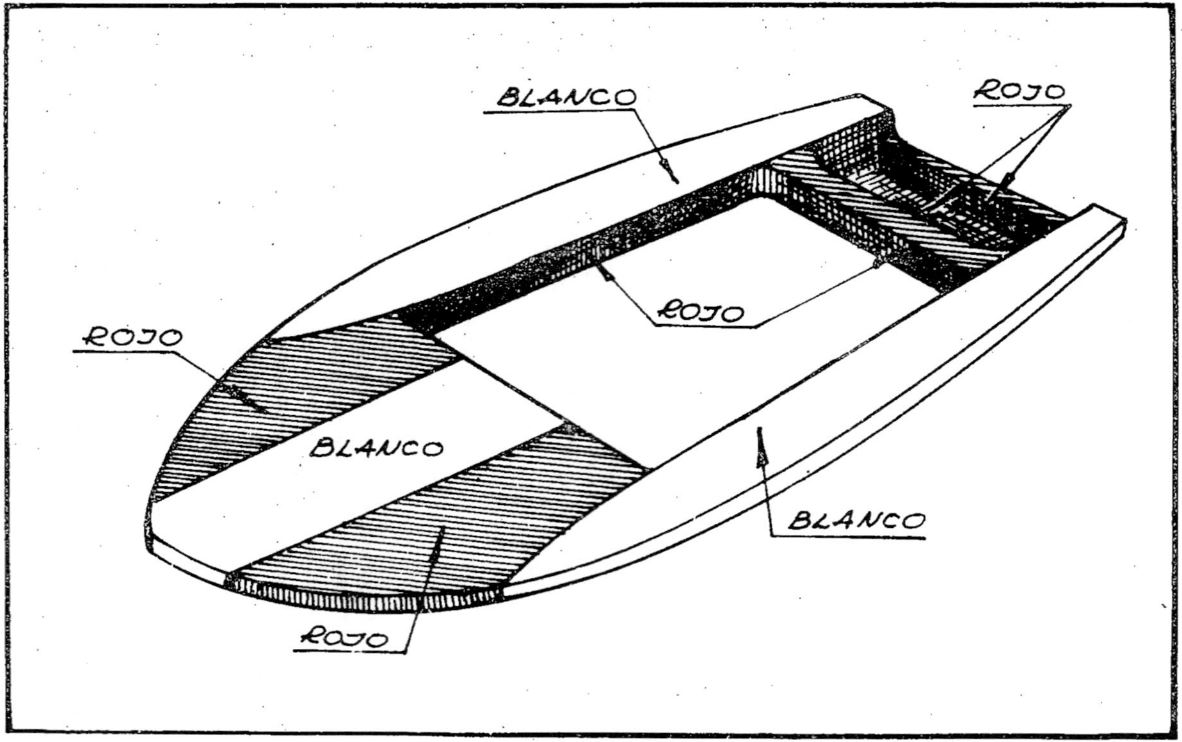

Fig. Nº 96: Un ejemplo de disposición de colores en una cubierta.

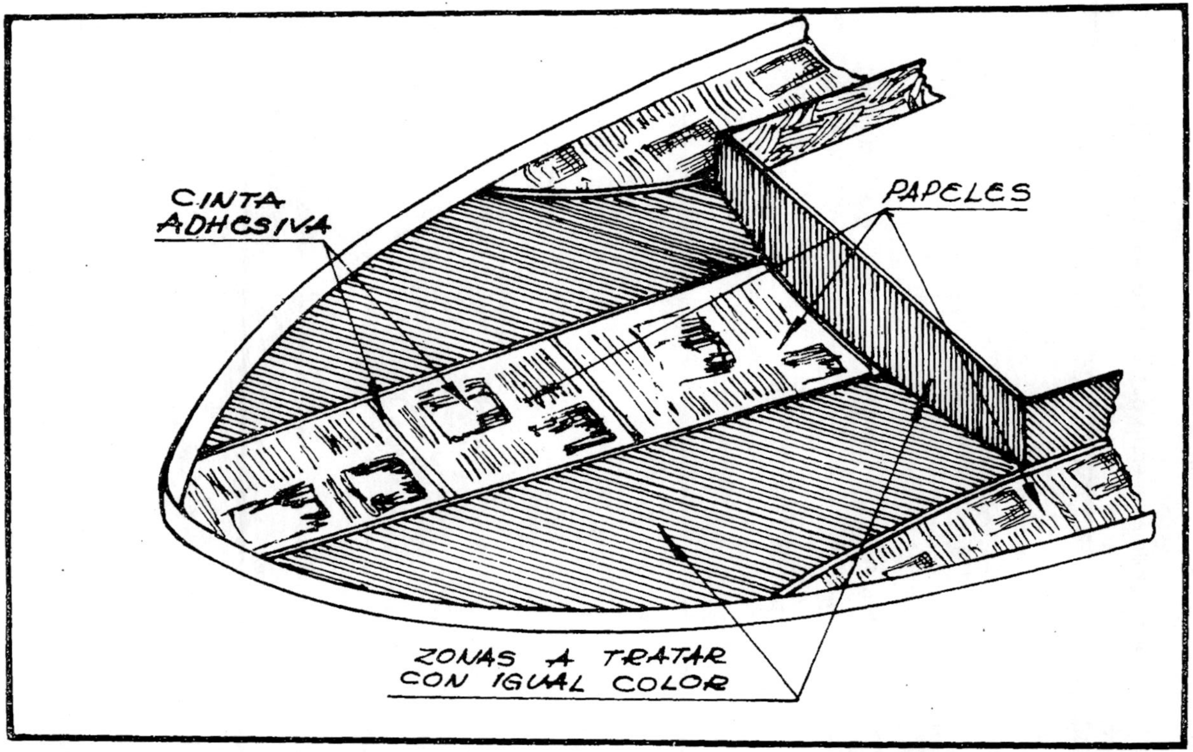

Fig. Nº 97: Cómo se dispone el corte de colores en el molde de la cubierta.

La preparación de éste, en lo que se refiere a la cantidad a utilizar, como así también a su acelerado y catalizado previos, se efectuará siguiendo el mismo criterio ya explicado en un capítulo anterior.

En estas condiciones, puede ser sopleteado el gel - coat en las zonas pertinentes, procediendo de inmediato y por ende antes que comience el proceso de su fraguado, a retirar las cintas engomadas y los trozos de papel colocados anteriormente.

El objeto de quitar las cintas adhesivas antes de que fragüe la capa de gel - coat aplicada, es el de evitar que una vez endurecida ésta, se dificulte la extracción de las mismas y que por lo tanto, no se verifique una línea de separación de colores perfectamente definida.

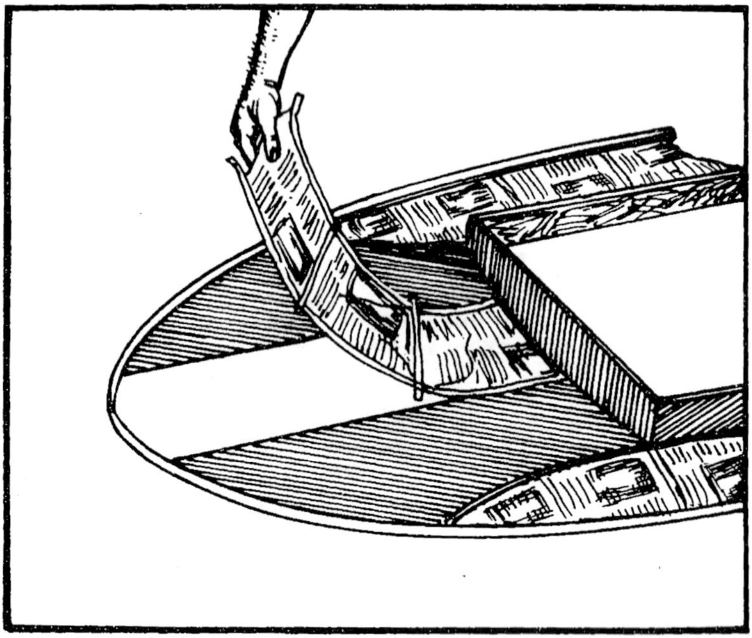

Fig. Nº 98: Al retirar el papel junto con la cinta engomada, quedará definido el "corte" de colores.

Al llegar a esta altura del proceso, debe permitirse que el gel - coat aplicado, fragüe completamente, ocurrido lo cual, y habiendo previamente tenido la precaución de lavar perfectamente la pistola con que se habrá sopleteado, puede aplicarse el color de gel - coat restante, operación ésta, que podrá efectuarse sin mayores cuidados, en la medida en que podrá admitirse sin inconvenientes, una superposición de colores, que de todas maneras, se verificarían en la cara de la capa de gel - coat que se tendrá a la vista, es decir, la interior, pero ya no, y esto es lo importante, en la exterior.

Nuevamente deberá esperarse un tiempo prudencial hasta que se produzca el fraguado del gel - coat aplicado en último término, para luego proceder a comenzar con la aplicación de los distintos materiales de fibra de vidrio que en conjunto constituirán el laminado elemental de la cubierta.

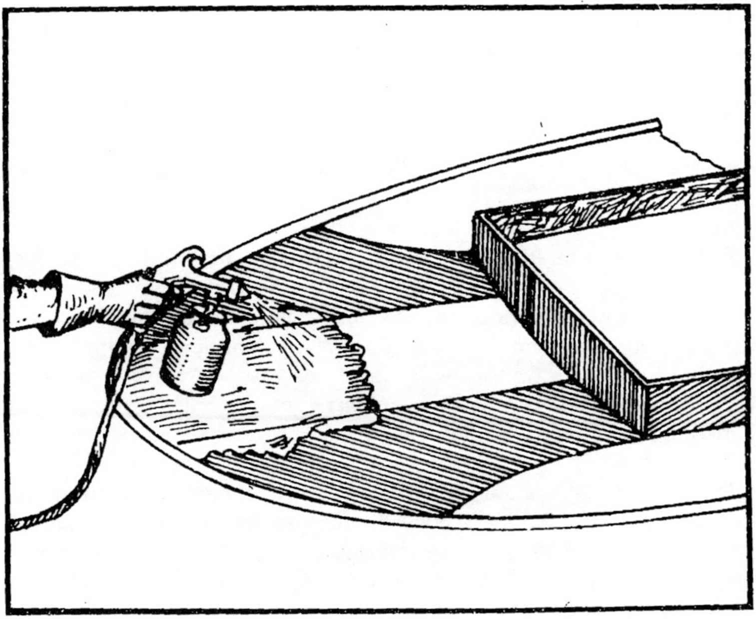

Fig. Nº 99: Sopleteando el restante color de gel - coat.

Para la cubierta de la embarcación del ejemplo ya mencionado repetidas veces, que como se recordará pertenecía a un casco típico de casco en "V", con una eslora de 3,80 m. y en general, para cualquier otra que corresponda a una embarcación de dimensiones más o menos semejantes, puede admitirse que un laminado correcto, insumirá los siguientes materiales de fieltros de vidrio superpuestos en capas:

1 velo de superficie laminado sobre la capa de gel - coat.
1 capa de fieltro de 450 gramos por metro cuadrado.
1 tela de roving de 15 cabos.
2 últimas capas de fieltro de 450 gramos por metro cuadrado.

Ya en posesión de la totalidad de estos materiales, habrá que proceder a fraccionar los mismos, a los efectos de obtener los distintos trozos que se irán superponiendo al realizar el laminado correspondiente.

Este fraccionado deberá ser efectuado luego de un estudio previo de las formas generales que ostente la cubierta, de manera de hacer que los trozos resultantes no posean áreas muy grandes, con lo que se dificultaría su impregnado, y a la vez considerando que puedan unirse mediante el consabido y necesario solapado, tal como se operara en el moldeado del casco, de preferencia en los ángulos y/o nervaduras de la cubierta.

Este detalle, tenido en cuenta dentro de términos razonables, posibilitará el evitar la innecesaria discontinuidad de superficie que se originaría en correspondencia con los encimamientos de trozos de fieltros, a consecuencia del solapado previsto, con lo que en parte, se dificultaría la inclusión de los refuerzos de madera que más tarde se fijarán sobre la cara interna de la cubierta, ya que éstos, no apoyarían sobre una superficie perfectamente pareja.

De todas maneras, como se torna prácticamente imposible evitar por completo estos pequeños inconvenientes, se recomienda efectuar el seccionado de los distintos materiales que constituirán las distintas capas del laminado, de manera que los trozos resultantes se encimen en sus bordes, pero haciendo que las eventuales uniones, queden alternadas; con lo que de alguna manera se acrecentará la resistencia mecánica intrínseca de la cubierta.

Teniendo ya todos los trozos de fieltros cortados, habrá que pesar el conjunto, a los efectos de calcular la resina necesaria para su completa y eficaz impregnación; este cálculo, ya explicado en el capítulo referido al laminado del casco, se reduce simplemente a duplicar el peso obtenido de los fieltros, obteniéndose así, la cantidad, también referida a unidades de peso, de la resina pura necesaria para laminar en forma correcta a aquéllos.

La preparación de la resina de impregnar, en lo que se refiere a la cantidad de monómero de estireno a adicionarle, como así también a las proporciones de acelerador y catalizador a usar, es análoga a la explicada para el laminado del casco, por lo que, para no entrar en largas repeticiones, pueden tomarse como correctos los criterios vertidos en ese párrafo.

En cuanto al laminado en sí de la cubierta, su procesado debe comenzar con la aplicación del velo de superficie, sobre la capa de gel - coat; el que se deberá fraguar completamente antes de continuar con el resto de las capas de estratificados, las que asimismo, se laminarán de preferencia dejando transcurrir el tiempo necesario como para que se verifique el fraguado completo de la ya aplicada, antes de laminar sobre ella, la inmediata posterior.

Una vez completado el laminado elemental de la cubierta, perfílense sus bordes en correspondencia con la brida de corte, ya considerada anteriormente, y permítase que la última capa de aquél, fragüe perfectamente, e inclusive es recomendable además esperar un tiempo prudencial, antes de continuar con las tareas posteriores, de manera que el material del laminado tenga la posibilidad de "curar" en forma efectiva.

☆ ☆ ☆

CAPITULO NOVENO

REFUERZOS DE LA CUBIERTA

TERMINADO DE LA MISMA

El laminado elemental de la cubierta constituído por los distintos estratificados de resina y materiales de vidrio, tendrá una vez completamente fraguado y eventualmente "curado", una resistencia mecánica relativamente elevada, pero que la mayoría de las veces no será suficiente como para absorber en forma eficiente los esfuerzos que durante el uso de la embarcación, se manifestarán por diversas causas sobre el área total de aquélla.

En consecuencia, y en la misma forma a como se operara durante la construcción del casco, se hará necesario dotar al laminado de la cubierta de una serie de refuerzos accesorios cuya finalidad es aumentar su módulo de resistencia, así como también evitar probables deformaciones de conjunto y además, en lo que respecta a otros refuerzos menores, conformar con estos últimos una base sólida con suficiente cuerpo como para que sea posible fijar en correspondencia con ellos, los diversos herrajes y accesorios que necesariamente deberán incluirse en la embarcación a los efectos de adecuarla al uso posterior; tal sería el caso por ejemplo, de los herrajes de amarre, constituídos por las bitas, cornamusas, portaespías, etc.; los herrajes que deberán cumplir una función más específica, tal el caso de las luces de navegación, y eventualmente aquellos otros que de alguna manera se incluirán a los fines de un efecto estético, como pueden ser por ejemplo, el parabrisas, soportes para pequeños mástiles de banderas, etc.; esto referido específicamente a embarcaciones de propulsión mecánica, ya que en el caso de embarcaciones de vela, habrá que considerar de antemano qué lugar ocuparán los elementos constitutivos del aparejo, como pueden ser por ejemplo, el herraje de fijación del mástil, cornamusas para amarre de escotas, cáncamos para la fijación de tensores de estays, "garruchos" para asegurar a ellos, los motones correspondientes a la escota de la botavara y foque, así como también y eventualmente para el aparejo de la orza, etc., los que en la generalidad de las veces, deberán ser vinculados indefectiblemente sobre alguna zona de la cubierta.

Todas estas consideraciones hacen que una vez terminado el laminado completo de la cubierta, deba planificarse con qué forma y disposición deberán conformarse los distintos refuerzos de madera a adherir sobre la cara interna de ésta y que fundamentalmente estarán constituídos por los baos, cortados ya con la forma curvada correspondiente; algunos largueros que colocados en forma longitudinal vinculen a aquéllos de manera de obtener un reticulado eficiente, y otros, que podrán ubicarse en correspondencia con los "corredores" laterales de la cubierta; eventuales escuadras que reforzarían determinadas formas complejas, y por último, una serie de tacos de madera que colocados en lugares estratégicos, posibilitarán fijar en ellos, los accesorios mencionados anteriormente.

Ya que puede admitirse que existiría un número ilimitado de tipos y dimensiones de cubiertas, correspondientes a sus respectivos cascos, es un poco difícil establecer qué disposición más conveniente debería dársele a los refuerzos de la cubierta, generalizando el criterio de ésta, desde que habría que efectuar teóricamente, una consideración especial, para cada tipo específico de embarcación y ello como se comprenderá, no sería posible.

En consecuencia, debe admitirse como solución correcta, la remisión al ejemplo gráfico concreto, que en condiciones de similitud de dimensiones con la embarcación que se esté construyendo, podría ser materializado sin inconvenientes.

En la figura Nº 100, se ilustra una cubierta tipo, como podría ser la correspondiente al proyecto ya visto, con el conjunto de los refuerzos de madera, ubicados en su lugar.

Como se podrá observar, se ha incluído en la zona de proa, donde se visualiza un área de superficie importante, un reticulado constituído por un número determinado de baos, los que, colocados a una distancia de unos 30 cm. de centro a centro aproximadamente, se encuentran

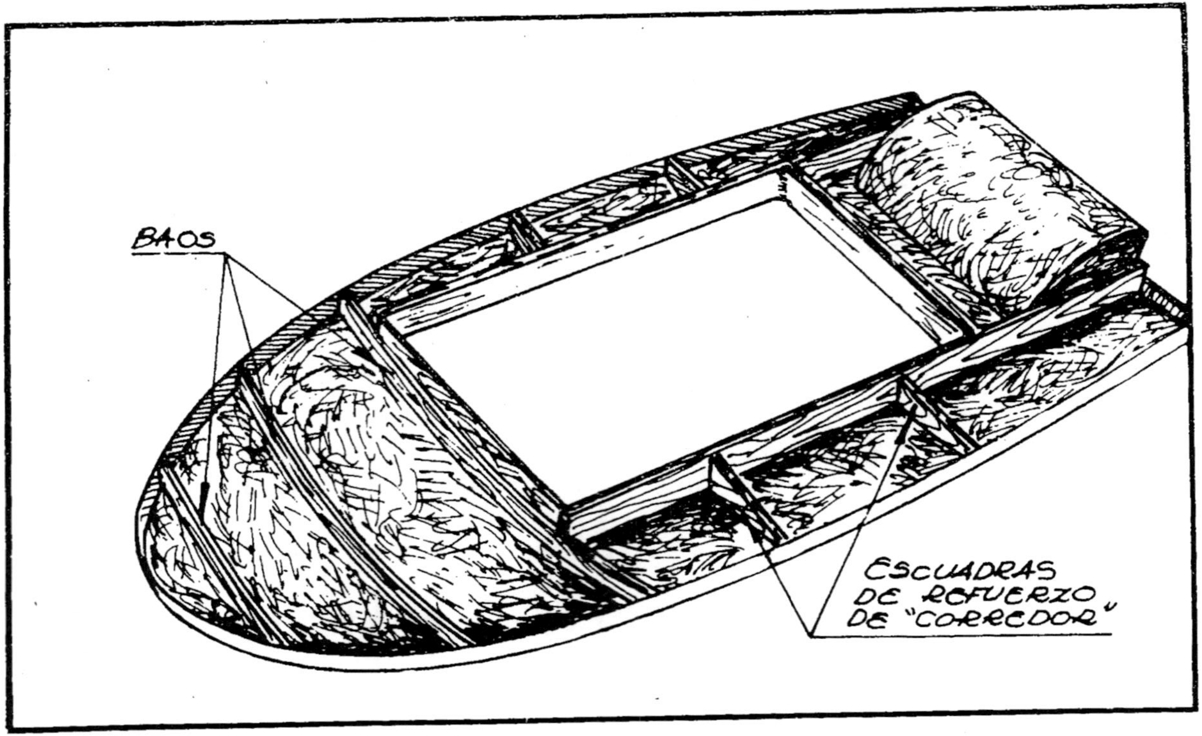

Fig. Nº 100: Cubierta de lancha para motor fuera de borda, con sus refuerzos de madera ubicados en posición vinculados con dos largueros que corren de proa a popa en correspondencia con los límites laterales del cockpit.

Asimismo, pueden observarse en dicha figura, algunas escuadras y tacos de fijación de herrajes.

En la figura Nº 101, en cambio, puede verse un tipo más elemental, si puede llamársele así, de cubierta, que tanto por sus dimensiones como por sus formas, resulta menos importante que la anterior, y se la puede suponer acertadamente, como correspondiente a un chinchorro de dimensiones reducidas; en este caso particular, se ha resuelto el conveniente reforzado de la misma, incluyendo en la zona de proa, donde se admite el área más importante en lo que a su superficie se refiere, sendos baos y un pequeño taco de madera, para la eventual fijación de la bita o cornamusa de amarre.

Por último, y por tomar tres ejemplos típicos, en la figura 102, se ilustra en perspectiva la cubierta moldeada de un pequeño velero de regatas donde se han incluído la totalidad de los refuerzos necesarios a los efectos de adecuarla a su uso específico.

Nótese la disposición de los diversos tacos para la fijación de los distintos herrajes del aparejo, así como también la profusión de baos, necesarios en este caso, en razón de la amplitud de las áreas que circundan al pequeño cockpit.

CONSTRUCCION Y FIJACION DE LOS REFUERZOS:

La construcción y consecuentemente, la posterior fijación de los refuerzos de la cubierta, presenta caracteres análogos a los referidos al caso específico del casco.

En general, la totalidad de las piezas resultantes que pasarán a constituir los mencionados refuerzos, se obtienen de madera de cedro o eventualmente pino de la variedad Brasil, pero en cualquiera de los dos casos, extremando las precauciones en la medida en que el material a utilizar, resulte lo más estacionado posible, a fin de evitar que una vez fijados en su lugar correspondiente, sufran deformaciones y reviramientos importantes, lo que, en la mayoría de los casos, se comunicarán al laminado de la cubierta, deformándolo en la misma medida.

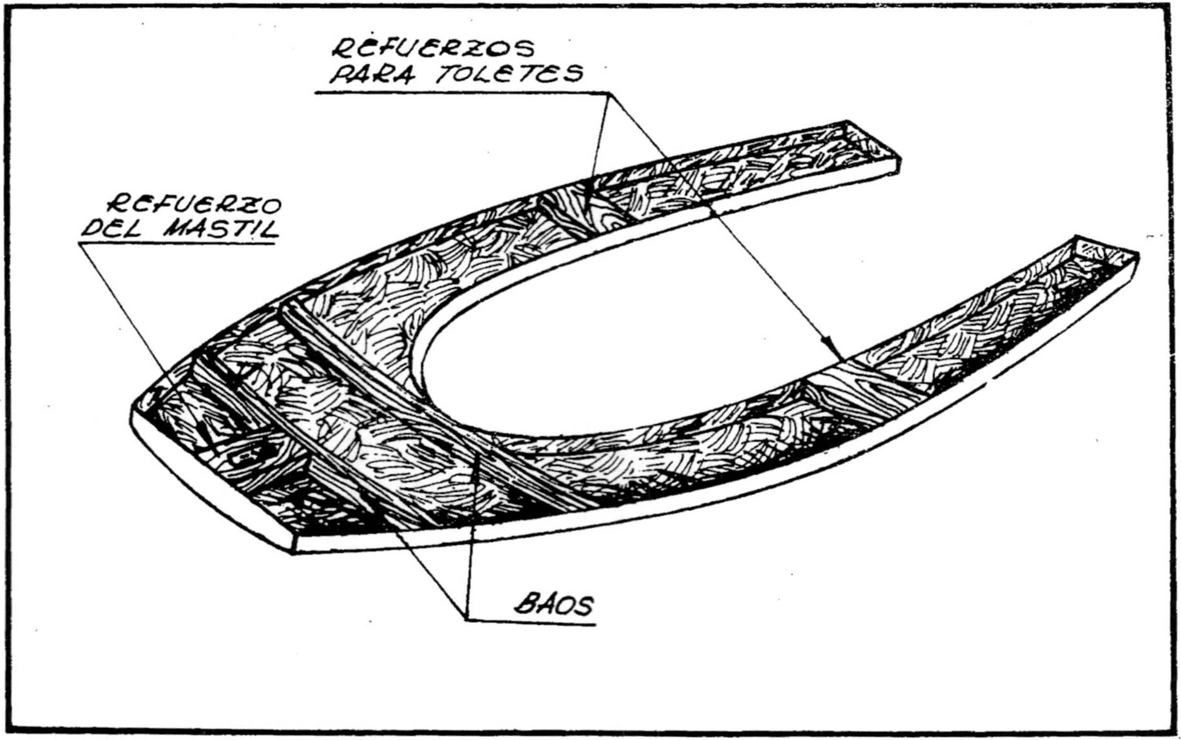

Fig. Nº 101: Cubierta de un pequeño chinchorro a vela o remo, con sus refuerzos correspondientes.

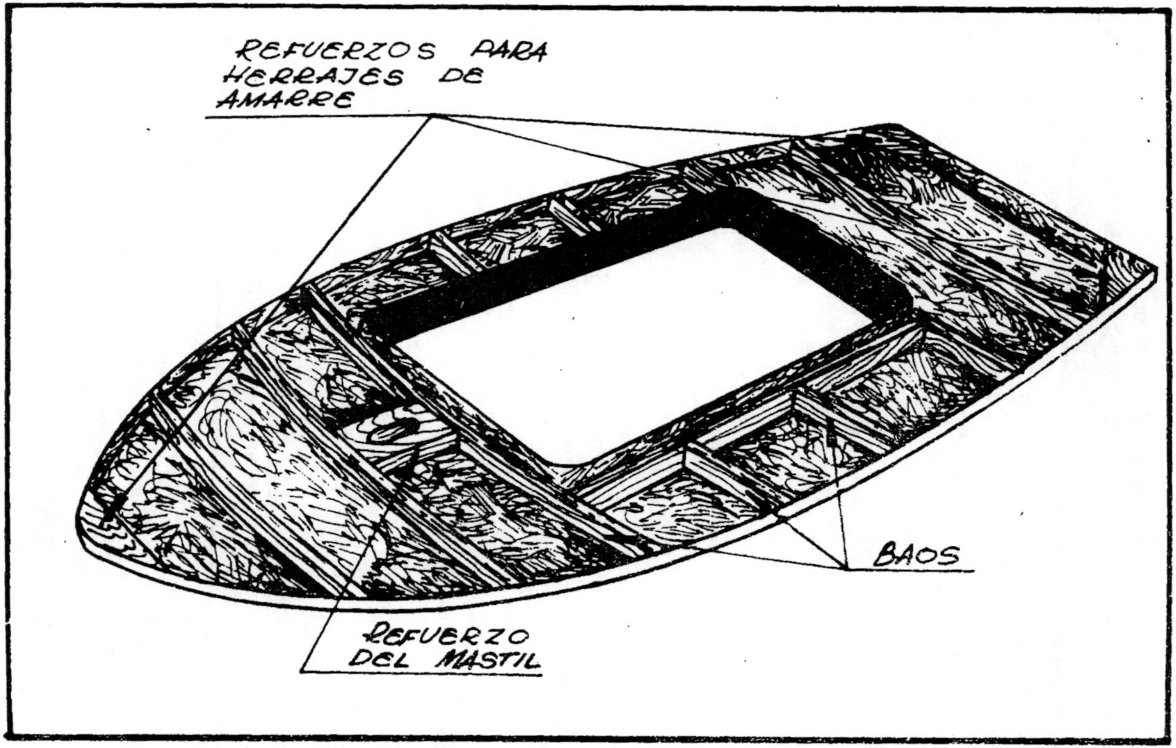

Fig. Nº 102: Cubierta de un velero de dimensiones menores, con sus refuerzos.

La sección de los diferentes refuerzos puede sufrir algunas variaciones, de acuerdo a las dimensiones lineales que poseerán, en correspondencia con las de la cubierta a la que irán vinculados, pero en general puede admitirse que, para el caso del ejemplo citado reiteradamente, los baos podrán tener una sección rectangular de alrededor de 18 x 50 mm., así como también los largueros que los vincularán, mientras que las escuadras de refuerzo podrán conformarse en material de 15 mm. de espesor.

Los tacos de fijación de herrajes, en cambio, pueden conformarse de trozos cortos de listón de 22 x 45 mm. si es que se van a fijar los distintos herrajes, mediante tornillos comunes para madera, o en su defecto, dándoles una sección de 15 x 45 mm., si el vínculo de unión entre los herrajes y la cubierta, se efectúa con pernos roscados pasantes con tuerca, de diámetro y longitudes convenientes.

Tratándose de la cubierta de una embarcación menor, como podrá ser por ejemplo la que ilustra en la figura Nº 101, perteneciente a un pequeño chinchorro, los refuerzos correspondientes, en la misma medida en que se verán reducidos en su dimensión lineal, podrán ser construídos empleando madera de menor espesor, pudiéndose tomar como base 15 mm. para los baos, dándoles a éstos una altura de 45 mm., y conformando los tacos de sujeción de herrajes, en listón de dimensiones análogas.

De todas maneras, una vez ubicada sobre la cara interior de la cubierta, la posición que más tarde ocuparán los mencionados refuerzos, habrá que efectuar tal como en el caso de la construcción del "esqueleto" del doblefondo del casco, un plantillado previo a los efectos de obtener la configuración exacta de las distintas piezas que materializarán a aquéllos.

Este plantillado previsto, podrá efectuarse empleando recortes de madera terciada común o en su defecto cartón grueso, sin embargo, este último puede eventualmente acusar una excesiva elasticidad que representará en cierta manera un inconveniente durante el proceso de ajuste de la plantilla que se esté construyendo, por lo que es preferible en consecuencia, usar el mencionado terciado en un espesor de 3 ó 4 milímetros.

Fundamentalmente la curva o mejor llamada "vuelta" o "boleo" de los baos a incluir como refuerzos, tomándose este caso particular por resultar típico en este tipo de operaciones, puede ser fácilmente obtenido y con una gran aproximación, si fuera el caso de que no se dispusiera del plano del modelo correspondiente de la cubierta, donde esta curva en la casi totalidad de los casos figura; mediante un procedimiento sencillo que se muestra esquemáticamente en la figura Nº 103 y cuya explicación correspondiente sería la siguiente:

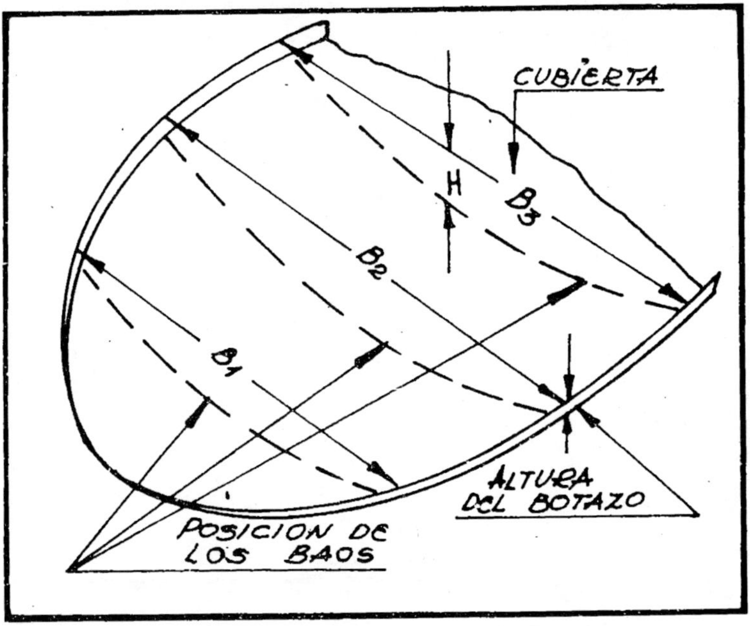

Fig. Nº 103: Cómo se considera la "vuelta" o "flecha" de bao. (En la figura, la altura H).

Una vez ubicados los lugares exactos donde descansarán los distintos baos, tómese la manga de la cubierta en correspondencia con dicha marca, definida con la letra "B" en dicha figura; esta distancia deberá ser tomada en la parte inferior de la cubierta sin considerar por el momento, la altura del realce correspondiente al botazo.

En estas condiciones, y empleando un listón recto entre ambos puntos definidos, márquese sobre el mismo su centro, y perpendicularmente al canto superior, mídase la distancia entre éste y el punto más bajo de la cara interior del laminado de la cubierta, (altura "H").

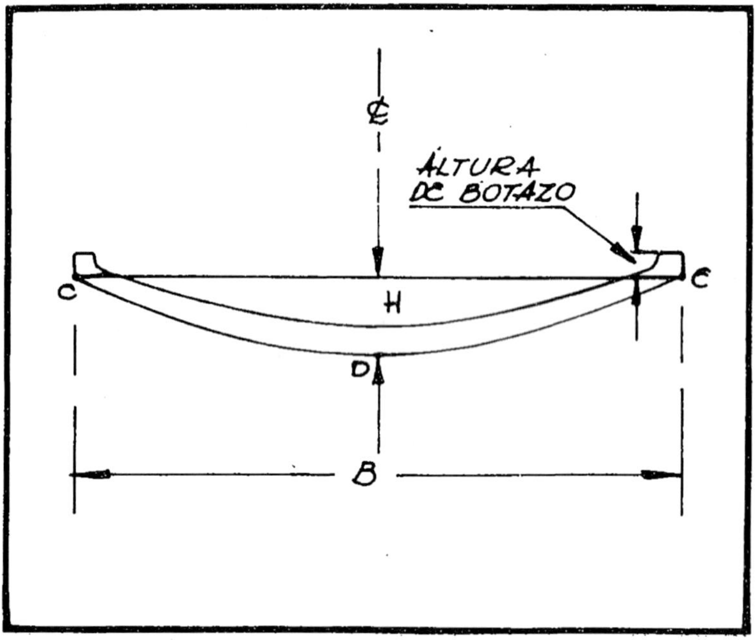

Fig. Nº 104: El bao ya trazado.

Con estas dos medidas, y por lo tanto, definidos los puntos "B", "C", y "D", mediante un flexible de madera, puede obtenerse una curva que corresponderá a la que posea la cubierta en esa zona, obtenida la cual, y como lo muestra la figura Nº 104, es posible por último obtener la configuración final del bao de refuerzo en cuestión.

Este sencillo, pero eficaz procedimiento, podrá ser utilizado en todos los baos a colocar, y si se desea, es posible efectuar el trazado explicado, directamente sobre la madera a usar, de manera de acelerar el trabajo en la medida en que podrá cortarse el material en forma inmediata.

Obtenidos según el criterio expuesto, todos los baos, y si se diera el caso de que las dimensiones de la embarcación, exigieran reticular los mismos, habrá que proceder a su vinculación mediante los largueros ya previstos, los que se encastrarán a media madera con aquellos, tal como lo muestra el detalle de la figura Nº 105, donde además, se muestra el reticulado de baos ya listo para ser fijado a la cubierta.

Este reticulado y consecuentemente, las distintas piezas que lo constituyen, pueden fijarse provisoriamente mediante un clavo común en correspondencia con cada encastre, hasta que se verifique su aplicación definitiva sobre la cara interna del laminado de la cubierta.

Es de hacer notar que deberán redondearse en forma conveniente todos los cantos visibles de los distintos refuerzos, a los efectos de facilitar la impregnación del material de vidrio a usar en su fijación definitiva; este redondeado deberá efectuarse en forma bastante marcada, siendo preferible que su radio correspondiente resulte más bien amplio, y por lo mismo, que nunca obtenga un valor inferior a los 5 milímetros.

En cuanto al resto de los refuerzos que incluirán en la cubierta, los mismos, dada su simpleza de formas, no precisarán de una explicación detallada, tanto sean las escuadras de refuerzo como los trozos de tacos de madera que posibilitarán la eficiente sujeción de herrajes, resultarán con formas sencillas, por lo que el plantillado previo puede ser eliminado como paso constructivo, excepto eventualmente en el caso espcífico de las escuadras que reforzarán los "corredores" laterales del cockpit, que esquemáticamente, y a manera de ilustración, se muestran en la figura 106.

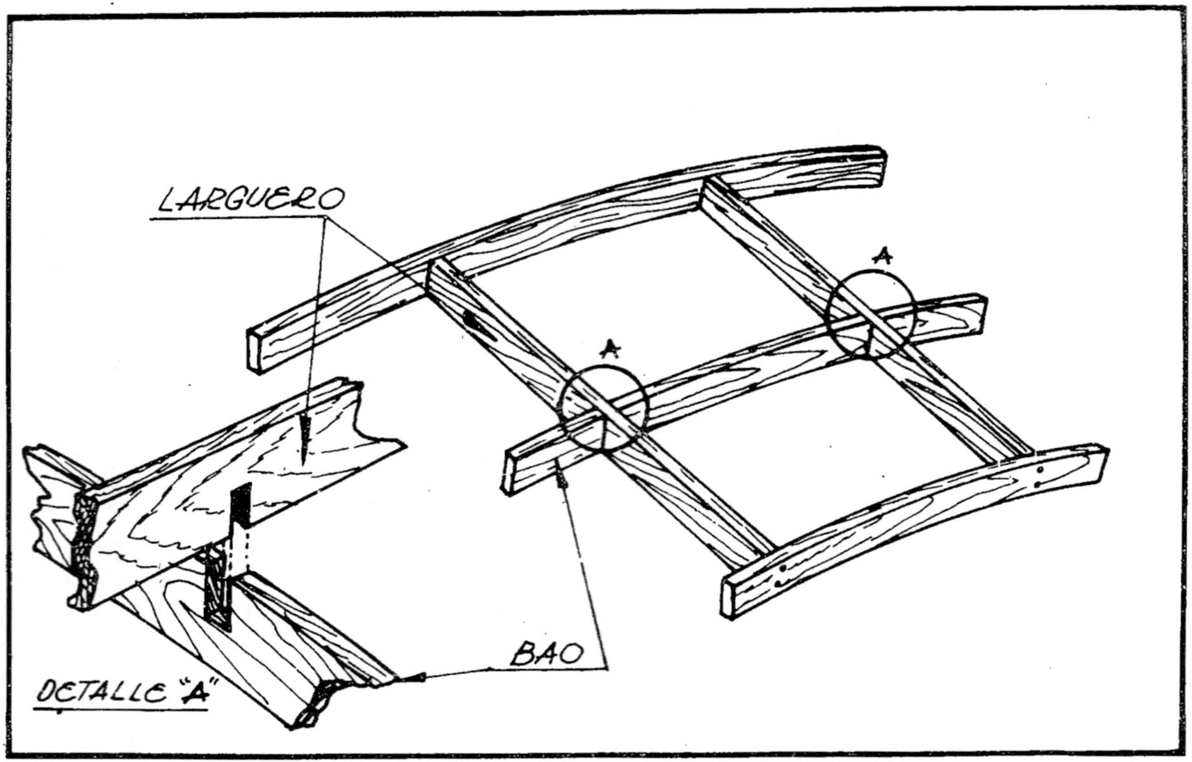

Fig. Nº 105: El reticulado de baos completo.

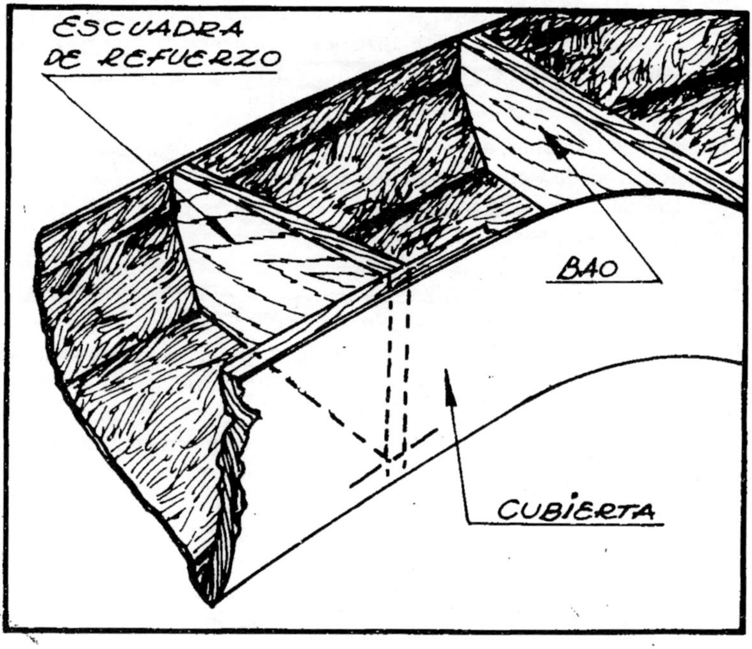

Fig. Nº 106: Ubicación de una escuadra de refuerzo en las zonas laterales de la cubierta o "corredores".

FIJACION DE LOS REFUERZOS:

La fijación del conjunto de refuerzos de madera sobre la cara interior del laminado de la cubierta, podrá ser efectuada siguiendo también el criterio expuesto en las explicaciones dadas durante la inclusión de los refuerzos correspondientes al casco, vale decir, que su vinculación deberá verificarse con el auxilio de trozos de tiras de fieltros impregnadas y luego laminadas convenientemente.

A la sazón, la esencia del procedimiento es similar, sea cual fuere el tipo de refuerzo a colocar; si se tratara por ejemplo del reticulado de los baos, éste deberá apoyarse en el lugar exacto que ocupará más tarde sobre el cual y previamente, se habrá extendido una buena capa de resina acelerada y catalizada al mínimo, de manera de favorecer aún más la adherencia entre las superficies que estarán en contacto.

En estas condiciones, asiéntese el reticulado en su lugar, para luego ir amoldando tiras de fieltro en anchos de unos 15 cm. más o menos, de forma que se dispongan a manera de abrazaderas vinculando por lo mismo el refuerzo previsto, a la cubierta.

El fieltro a colocar que deberá ser del tipo de 450 gramos por metro cuadrado, es conveniente que sea impregnado antes de su colocación definitiva, sobre algún vidrio o trozo de madera, de forma que se amolde con más facilidad a la conformación particular que deberá tomar una vez fijado definitivamente; asimismo, y también en este caso particular, es conveniente utilizar la correspondiente resina diluída en las proporciones acostumbradas, pero acelerada y catalizada en las cantidades mínimas aconsejadas por su fabricante; esta precaución tiene por objeto hacer que se produzca un lento fraguado del material, con lo que se evitarán en gran parte las eventuales contracciones bruscas del fieltro impregnado, lo que en la mayoría de los casos puede originar deformaciones perfectamente reconocibles luego en la superficie pulida y brillante de la cubierta, que se manifestarán como ondulaciones con forma de cavidades, por lo que se acostumbra a decir entonces, que el material se encuentra "chupado".

Sin embargo, si el trabajo ha sido realizado tomando las precauciones previstas, este probable efecto no se hará presente, resultando por lo mismo, que la cubierta presentará su cara superior con una adecuada continuidad, y por lo mismo, sin deformaciones visibles.

En lo que a la fijación de los tacos y escuadras de refuerzo se refiere, las recomendaciones serían las mismas; en todos los casos es conveniente fraccionar el trozo de fieltro a colocar, de manera que éste, abarcando todo el desarrollo del refuerzo, se resuelva contra la zona de la cubierta correspondiente, en un solapado más bien ancho (alrededor de los 5 cm.), que será en definitiva, el que mantendrá estática la unión.

Asimismo, se reitera la necesidad de redondear convenientemente todos los ángulos y vértices del refuerzo de madera a fijar, a los efectos de que el fieltro que lo cubrirá, pueda impregnarse y amoldarse con extrema facilidad y sin que se originen abultamientos del material o eventuales burbujas de aire.

En las figuras Nº 107 a 110 inclusive, se ilustran varios detalles gráficos de la fijación de algunos de los refuerzos de la cubierta considerados.

TERMINADO DE LA CUBIERTA:

La operación de "terminar" la cubierta, presenta, en general, caracteres análogos al proceso constructivo desarrollado en el capítulo séptimo, y que referido en ese caso particular, al casco, abarcaba esencialmente el pintado y el posterior salpicado de toda la superficie interna del laminado que lo conformaba.

En el caso particular de la cubierta, y suponiéndola en las condiciones en que explícitamente fuera dejada en el párrafo anterior, es decir, totalmente moldeada y con sus correspondientes refuerzos estructurales adheridos a ella, habrá también que efectuar, a los efectos de dejarla en condiciones como para que sea posible ubicarla definitivamente sobre el casco, una serie de operaciones ya reiteradas, que fundamentalmente estarán referidas al lijado, el pintado, y finalmente el salpicado de su superficie interna.

En condiciones normales, estas últimas tareas, permitirán admitir que la cubierta se encuentra completamente terminada y por ende, lista para que una vez desmoldada, sea posible efectuar el armado final de la embarcación.

El lijado de la cara interna de la cubierta, que deberá realizarse mediante el uso de lija para madera de grano grueso, tiene por objeto emparejar, dentro de lo posible todas las áreas que ocupan las distintas partes del laminado que la conforma, así como también las correspondientes a los refuerzos de la misma; este lijado, tiene especial importancia a los efectos de lograr dentro de lo razonable, una

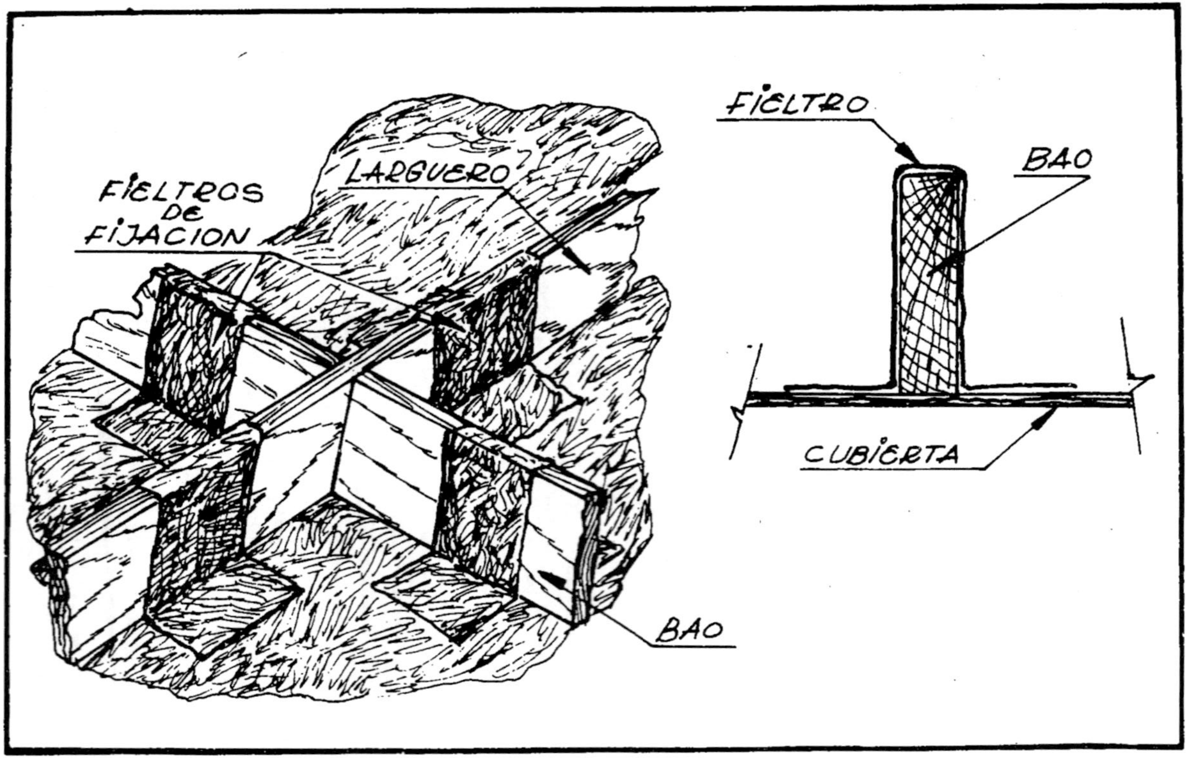

Fig. Nº 107: Detalle mostrando cómo se vincula el reticulado de baos al laminado de la cubierta.

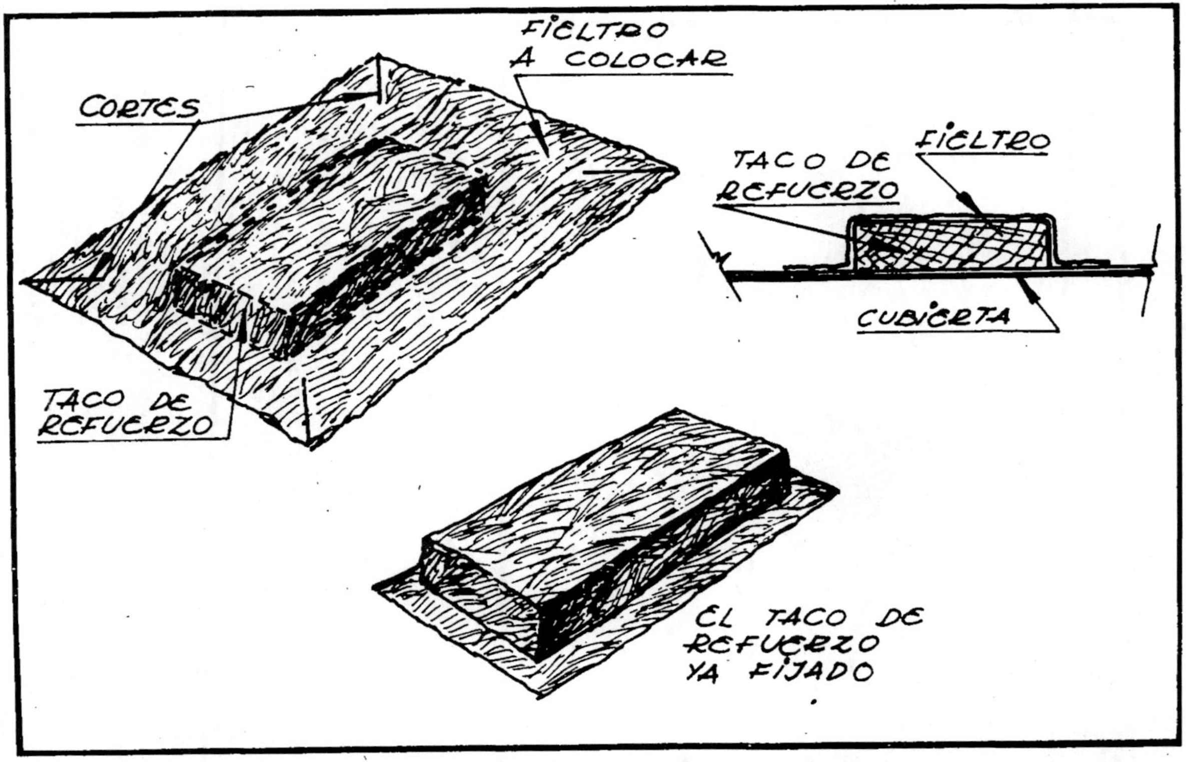

Fig. Nº 108: Cómo se fija un taco de refuerzo.

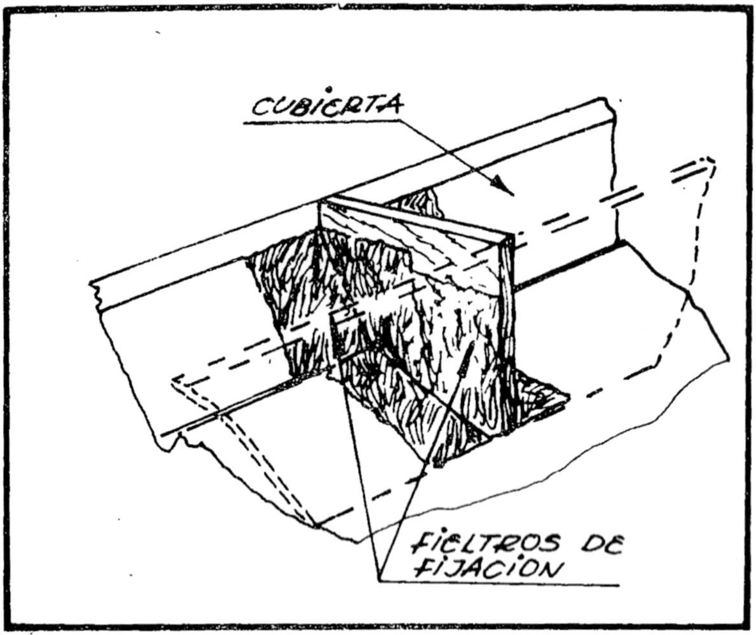

Fig. Nº 109: Detalle mostrando cómo se vincula al laminado de la cubierta, una escuadra de refuerzo lateral.

superficie lo más regular posible del estratificado de fibra de vidrio-resina, con el objeto de hacerlo más agradable a la vista, y por otra parte, facilitar las tareas posteriores.

Así, la cara interna de la cubierta, deberá ser lijada en todos sus puntos, debiéndose prestar especial atención a las eventuales fibras fraguadas que sobresalgan excesivamente de la superficie del estratificado; en la mayoría de los casos, estas fibras fraguadas podrán ser eliminadas solamente con el auxilio de la lija pasada sobre ellas reiteradas veces, pero en ocasiones, y si el efecto fuera más notable, habrá que proceder a cortar el material sobrante con una sierra para metales, emparejando luego con la lija en la forma descripta.

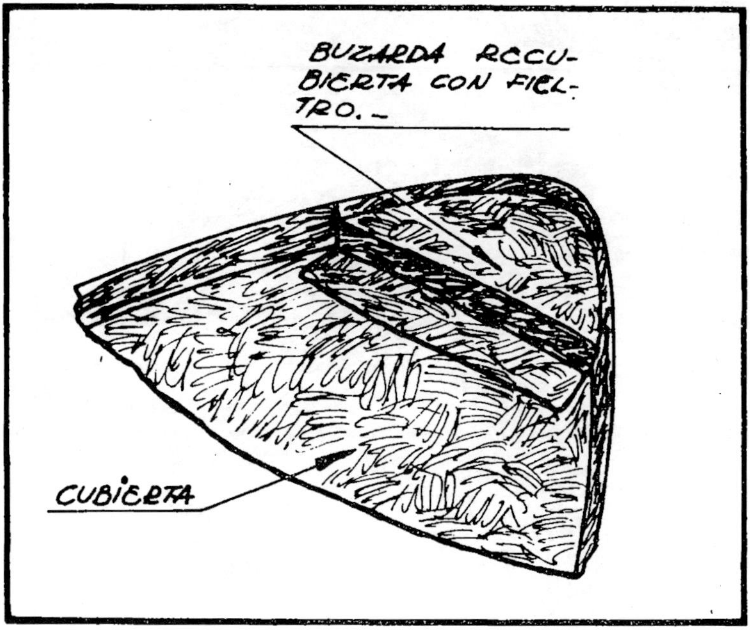

Fig. Nº 110: Fijación de una buzarda de refuerzo.

En estas condiciones, debe eliminarse del interior de la cubierta, y utilizando de preferencia un cepillo de mano de cerdas largas, o eventualmente un pincel, todo el polvo resultante del lijado anterior, a los efectos de preparar adecuadamente el laminado para recibir la mano de resina pigmentada.

Esta capa de color, cuya tonalidad deberá adecuarse al gusto personal del constructor, posibilitará conformar una adecuada base para el posterior salpicado de toda la superficie, lo que tendrá un valor estético de terminación muy destacable, pero fundamentalmente contribuirá en forma marcada, a que la cubierta posea una estanqueidad absoluta, desde que la fusión de la primera capa de resina pigmentada y

Fig. Nº 111: Lijando la cubierta ya moldeada para eliminar desniveles importantes.

el posterior salpicado sobre ésta, "sellarán" eficientemente la eventual porosidad del laminado de la cubierta, a través del cual pueden en ocasiones, producirse algunas filtraciones de agua.

El pintado de la cara interior de la cubierta se acostumbra a darse a pincel, utilizando una determinada cantidad de gel - coat preparado según las explicaciones ya dadas en capítulos anteriores, en lo que se refiere a su disolución, aceleración y cantidad de catalizador a adicionar.

Sin llegar a formar una capa excesivamente "cargada", es conveniente, sin embargo, extenderlo en un espesor más bien abundante pero uniforme, esperando a continuación el tiempo necesario para que se establezca su completo fraguado.

Durante esta operación téngase la precaución de que no se verifiquen restos de agua y/o humedad en correspondencia con la superficie del laminado a tratar, ya que este detalle dificultará el fraguado de la capa de material aplicada, tornándolo en ocasiones prácticamente imposible.

Asimismo, lávense convenientemente los pinceles y envases usados en la forma explicada en un capítulo anterior, de manera de tener todos los útiles y accesorios de trabajo, ordenados como para encarar en forma correcta las tareas posteriores.

Verificado el fraguado de la capa de resina pigmentada aplicada, podrá encararse la operación del salpicado de la cara interna de la cubierta, de acuerdo a las consideraciones realizadas en su momento cuando se hiciera referencia al proceso homónimo, efectuado en el interior del casco; dicho salpicado, podrá componerse ya sea con uno o dos colores de gel - coat distintos, en razón de que la cara interna de la cubierta, una vez instalada en su lugar correspondiente, se verá muy poco y por lo tanto su función estética tiene un valor relativo, de todas maneras, este detalle quedará librado al criterio del constructor, así como también los colores de gel - coat a usar, los que sin embargo, en general se combinan de acuerdo al tono de base, de manera que contrasten con este último.

Fig. Nº 112: Aplicando la capa de resina pigmentada.

Fig. Nº 113: Golpeando el molde de la cubierta para favorecer su pósterior desmolde.

4: Inyectando el aire a presión a través de los picos de aire para obtener el desmolde definitivo.

Una vez totalmente salpicada la superficie en cuestión, es conveniente, tal a como se operara en el caso del casco de la embarcación, a extender sobre aquélla, una capa de parafina convenientemente diluída con monómero de estireno, con el objeto de eliminar la pegajosidad resultante.

Habiendo llegado a este punto, se hará necesario retirar la cubierta de su correspondiente molde que hasta ahora la retuviera en su interior, a los efectos de proceder posteriormente al armado final de la embarcación.

La operación de desmoldar la cubierta, no presentará mayores dificultades, máxime teniendo en cuenta la experiencia que el aficionado habrá, de alguna manera, acumulado durante la materialización del mismo proceso efectuado anteriormente durante el desmoldado del casco, ya que en esencia, la forma de operar es semejante.

Es conveniente también en este caso, proceder a golpear en forma no muy brusca, toda la superficie exterior del molde que la contiene, para lo cual será conveniente invertir su posición, de manera que aquélla quede directamente a la vista.

Este tratamiento previo a base de golpes locales, que se efectuará con el auxilio de una maza de goma dura, tiene por objeto vencer la adherencia elemental que se verificará entre las superficies en contacto que corresponderán a la exterior de la pieza terminada y a la interior del molde.

Durante este paso previo al desmolde definitivo, préstese especial atención a aquellas zonas que presentan desniveles o molduras con formas complejas y donde, podría eventualmente, manifestarse un mayor "agarre" entre las partes.

Cuando se estime que el tratamiento citado sea el necesario, inviértase nuevamente la posición del conjunto cubierta-molde, y conéctese alternativamente la manguera del compresor a los picos de aire correspondientes, insuflando una determinada cantidad del mismo,

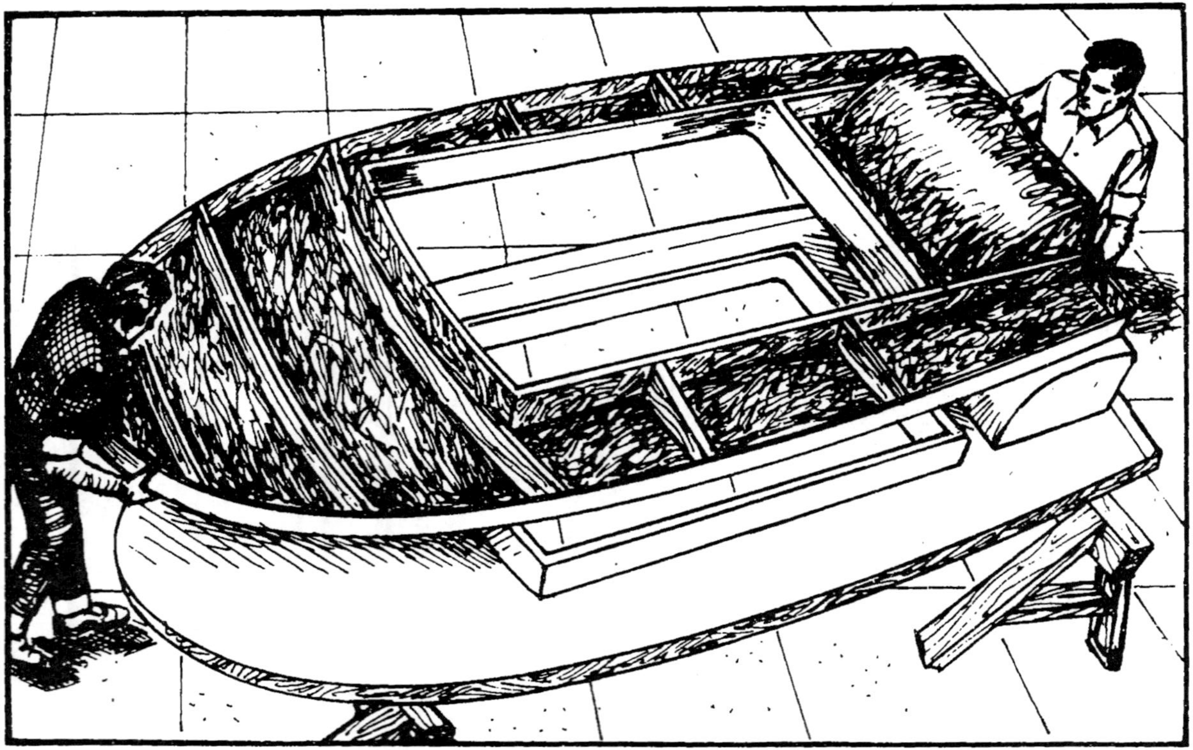

Fig. Nº 115: Retirando la cubierta de su correspondiente molde.

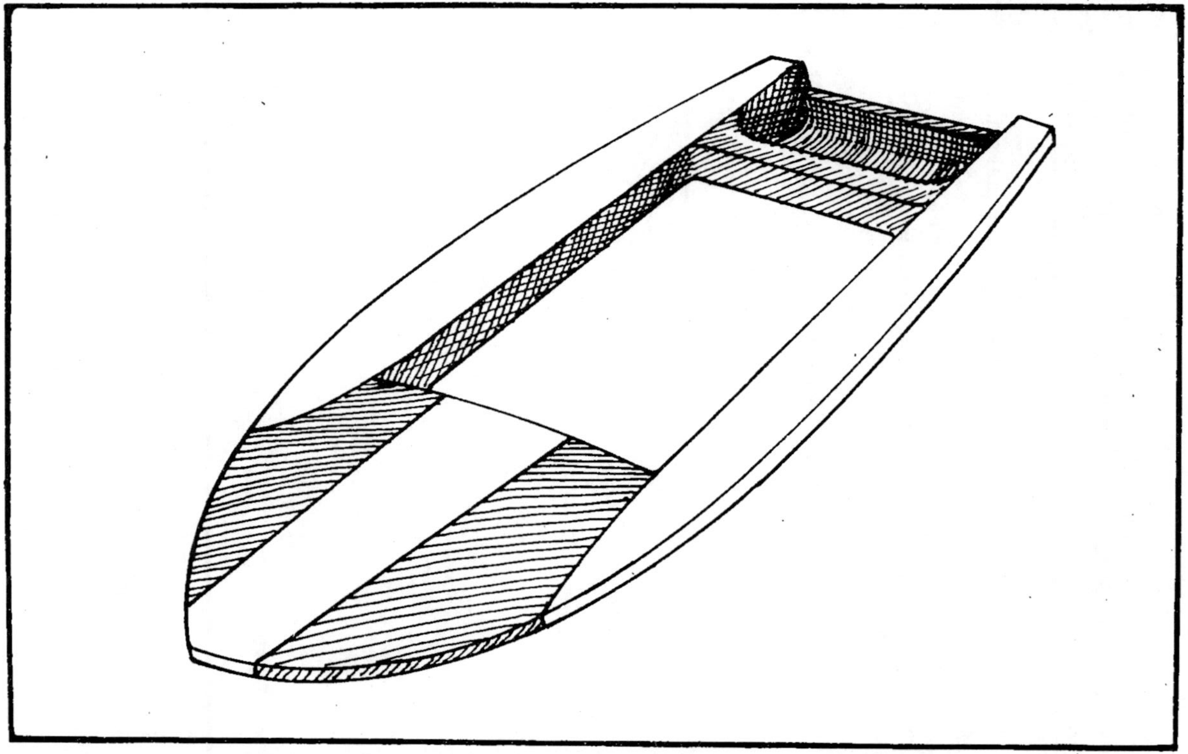

Fig. Nº 116: La cubierta terminada, lista para ser ubicada sobre el casco.

hasta que se note que la pieza se encuentra totalmente separada de su molde, luego de lo cual podrá retirarse completamente del mismo, tal como lo ilustra la figura Nº 115.

En la figura Nº 116, se muestra la cubierta completamente terminada y lista para que sea colocada sobre el casco correspondiente; en el dibujo asimismo, se muestran dos caballetes adecuados que la soportan momentáneamente hasta que llegue el momento de ubicarla en forma definitiva sobre el casco.

☆ ☆ ☆

CAPITULO DECIMO

EL ARMADO DEL CONJUNTO CASCO – CUBIERTA

A esta altura del proceso de fabricación de la embarcación que esté construyendo, el aficionado contará con dos elementos constitutivos de la misma, completamente terminados, que en conjunto resolverán la estructura envolvente fundamental del proyecto, es decir, el casco y su correspondiente cubierta; estos dos elementos que se encontraban digamos así aislados hasta este momento, deberán ser objeto de un proceso de "ensamble" a los efectos de vincularlos en forma definitiva, y con ello, obtener el armado final del conjunto.

Este armado final, puede ser efectuado según distintos criterios en lo que se refiere a sus zonas de vinculación, así como también en cuanto al elemento que posibilitará dicha unión, sin embargo la mayoría de las veces, y en casi todos los casos, la unión de la cubierta con el casco, se realiza tomando en cuenta la zona plana de estas dos piezas, que correspondería a la superficie de apoyo del botazo, manteniendo rígida la adherencia entre los dos laminados en contacto, con el auxilio de un número determinado de remaches de aluminio vulgarmente conocidos bajo el nombre genérico de "remaches pop".

Estos remaches, poseen la particularidad de que son susceptibles de ser colocados desde el exteior, y mediante el empleo de una "pinza" especial para estos casos, pueden ser remachados automáticamente en esa posición, lográndose, si la operación se realiza con cierto cuidado, una extrema facilidad de trabajo a la vez que una unión efectiva.

De todas maneras, y previo a la fijación definitiva de las partes, habrá que realizar un reconocimiento general del ajuste que se verifique entre las piezas a unir y esto, en toda la longitud de la zona de unión comprendida.

Para ello, y tal como lo muestra la figura Nº 117, será necesario que dos personas sujeten firmemente la cubierta asentándola a continuación

Un crucero de dimensiones mayores en construcción. En este caso, se está tratando de ubicar el molde de la cubierta sobre el correspondiente casco, a los efectos de la posterior unión de ambas piezas.

sobre el casco, de manera que todo su contorno se identifique con el correspondiente del casco, en la medida en que la zona plana del botazo de aquélla, cubra virtualmente a manera de "tapa", la correspondiente a este último.

En otras palabras, debe considerarse que la cubierta, tal como lo muestra en una vista en corte, la figura Nº 118, debe calzar exactamente por fuera del casco a la manera de una tapa común.

Es probable sin embargo, que en determinados puntos del solapado resultante, no se verifique un íntimo contacto entre las superficies de ambos laminados, probablemente como consecuencia de algún desnivel importante que se notará en la superficie del laminado interno de la cubierta; en tal caso, márquense convenientemente el lugar en cuestión y trátese con lija gruesa para madera, o utilizando el disco abrasivo de la pulidora, al defecto, hasta que éste desaparezca y se logre en consecuencia, una absoluta continuidad de superficie.

Asimismo, es probable que haya que efectuar en la zona de unión correspondiente al botazo del casco, algunas muescas con el objeto de permitir calzar en ellas, los refuerzos de madera de la cubierta; estas muescas podrán ser realizadas efectuando los cortes necesarios, con una sierra para metales y quitando el material del laminado abarcado entre ambas, debilitándolo previamente con una serie de agujeros practicados en los lugares correspondientes de forma que se encuentren uno al lado del otro.

Vuélvase a acomodar en su lugar la cubierta, y verifíquese nuevamente el ajuste entre ésta y el casco, realizando los ajustes pertinentes y repitiendo este proceso tantas veces como sea necesario hasta que se logre un resultado satisfactorio.

En estas condiciones, y utilizando una perforadora eléctrica liviana, deberán efectuarse los orificios necesarios en ambas superficies en contacto, ubicándolos en el centro de la altura del botazo y distanciándolos en forma longitudinal unos 20 cm. de centro a centro.

Generalmente se suelen utilizar para estos casos remaches del tipo ya mencionado con un diámetro de 4 mm., por lo que será conveniente utilizar para el perforado de los laminados, una mecha del mismo

Fig. Nº 117: Ubicando la cubierta en posición sobre el casco, para proceder a su posterior fijación.

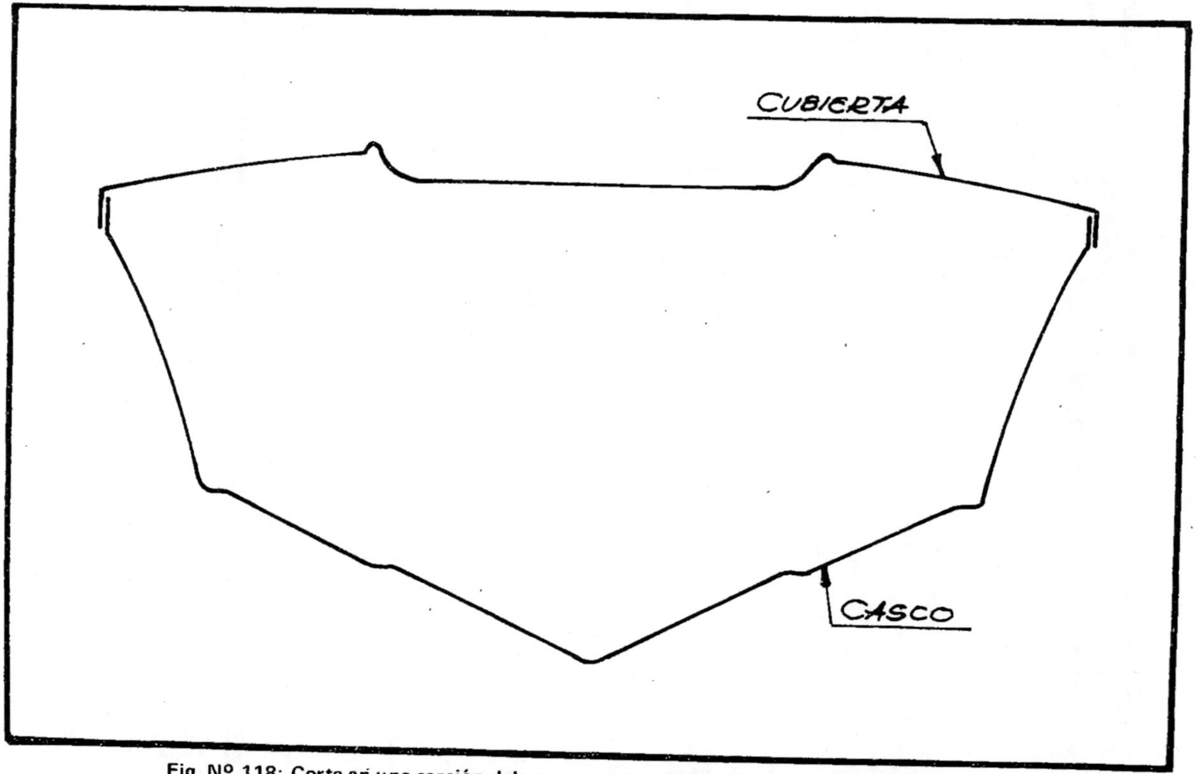

Fig. Nº 118: Corte en una sección del casco, mostrando la cubierta en su posición correcta.

diámetro como mínimo, o eventualmente ligeramente mayor, sea por ejemplo de 4,25 mm., de manera de asegurarse que el cuerpo del remache entre en la perforación prevista, en forma más bien ajustada.

A continuación, ubíquense en su lugar los remaches, tal como lo muestra la figura Nº 119, y con la pinza especial ya mencionada, efectúese el remachado de los mismos hasta que se haya completado este proceso en toda la longitud del botazo.

En la figura Nº 120, se muestra un corte esquemático de la unión resultante y la posición aproximada que deberá adoptar el remache una vez fijado definitivamente.

Habiendo llegado a este punto, se tendrán sólidamente vinculados la cubierta y el casco, sin embargo, tal unión deberá ser aún reforzada internamente con el objeto de conferirle una mayor rigidez, necesaria desde todo punto de vista, así como también para tornar la junta resultante completamente estanca, desde que es probable que durante la navegación de la embarcación y debido principalmente a efectos de escoras violentas o a continuos rociones cuando se avanza a alta velocidad, puedan originarse entre ambas superficies en contacto, filtraciones de agua.

La forma más conveniente de obviar los inconvenientes citados, y por otra parte es el criterio que se suele utilizar en estos casos, es ubicar en correspondencia con la junta citada, y desde el interior, dos tiras de fieltro encimadas, debidamente impregnadas, de manera que adoptando la posición aproximada de la que en detalle muestra la figura Nº 121, sellen en forma conveniente, la unión resultante.

Para la inclusión de las mencionadas tiras de fieltro, una de las cuales deberá resultar más ancha que la otra, detalle que también muestra la mencionada figura, y a los fines de facilitar la tarea, se recomienda trabajar colocando previamente la embarcación en forma invertida, de manera que el constructor quede literalmente dentro del cockpit y por debajo del casco, con lo que se tendrá un mayor y más fácil acceso a todas las zonas de la unión, en especial en la parta de proa donde por lógica se producirá un afinamiento de las formas del casco.

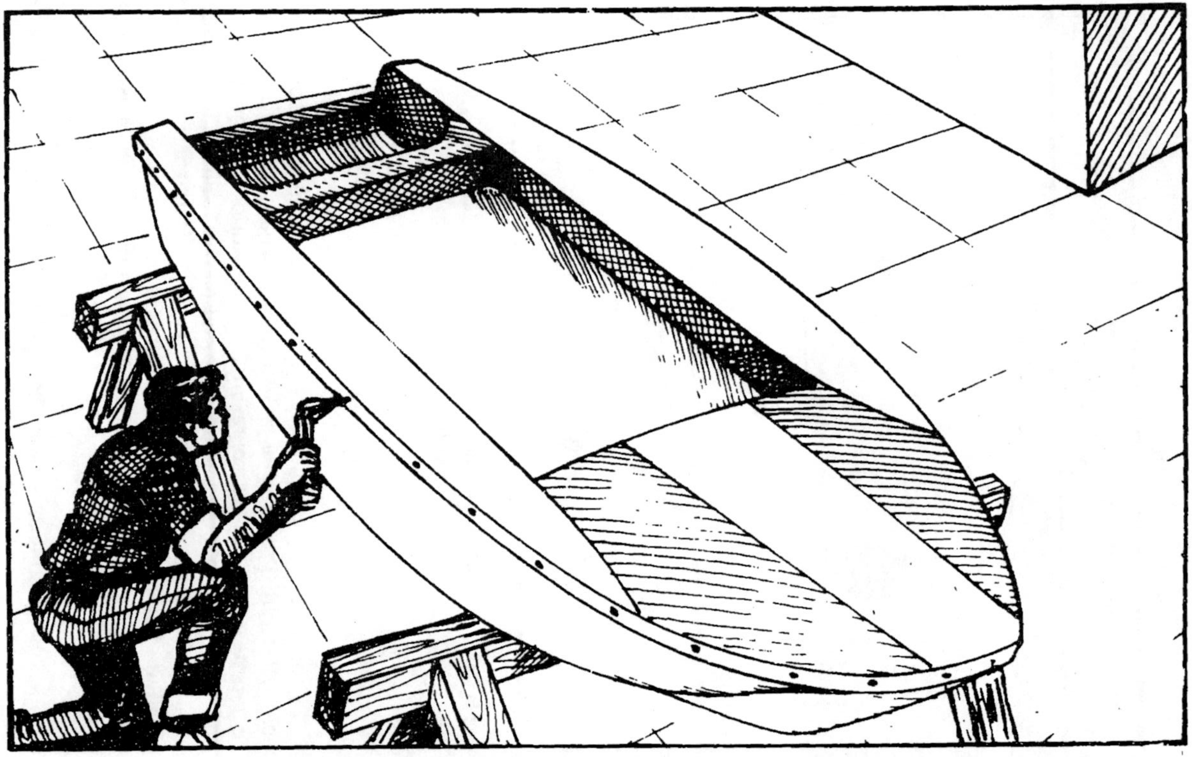

Fig. Nº 119: Fijando la cubierta con el casco mediante remaches de aluminio

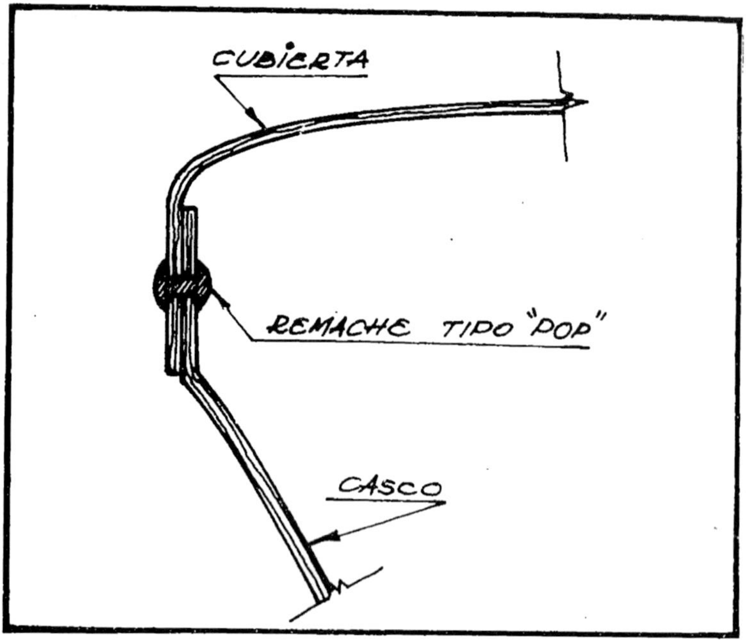

Fig. Nº 120: Corte en la zona de la borda, mostrando la cubierta y el casco unidos por el remache.

Es conveniente asimismo, colocar al mismo tiempo a ambas tiras de fieltro, las que previamente se habrán impregnado de antemano con abundante resina, ya sea sobre un trozo de vidrio o alguna superficie similar; en cuanto a la longitud de las mismas, se facilitará la tarea si se planifica la colocación de las tiras, fraccionándolas en trozos de una longitud aproximada de alrededor de los 30 cm., manteniendo en todos los casos, un ancho de material que abarque en su máximo, un desarrollo de alrededor de 15 cm.

Debe usarse suficiente resina para adherir las tiras de fieltro a la cara interior de los laminados del casco y cubierta, de manera de obtener

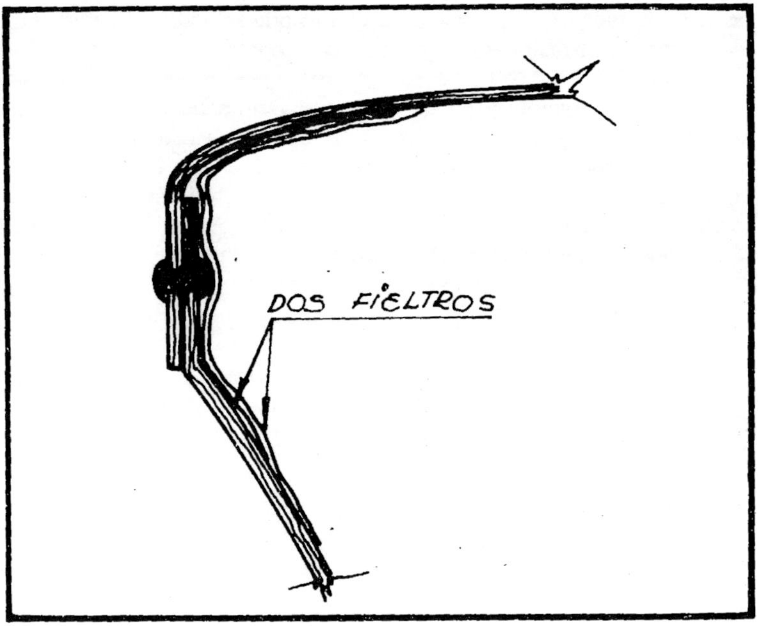

Fig. Nº 121: Cómo se disponen los fieltros de unión entre casco y cubierta.

una unión lo más rígida posible, y luego de completado todo el desarrollo longitudinal de la unión, déjese fraguar el conjunto el tiempo necesario.

Logrado este fraguado completo, y antes de colocar nuevamente a la embarcación en posición normal, es conveniente efectuar un pintado final en correspondencia con las zonas que abarquen los fieltros, utilizando para tal fin, una cierta cantidad de gel - coat previamente acelerado y catalizado en proporciones convenientes, y extendiéndolo a manera de una pintura espesa, con un pincel común, cuidando que penetre bien en todos los intersticios que pudieran haber quedado entre las tiras de fieltro y los laminados, con lo que se podrá evitar aún más, las eventuales filtraciones de agua en dicha zona.

En estas condiciones, puede darse por terminado la operación del armado de las dos partes fundamentales de la embarcación, es decir, el casco y la cubierta correspondiente, estándose en condiciones, en consecuencia, de continuar con las tareas posteriores, tendientes a lograr el terminado definitivo de la embarcación, operación que marcará la culminación del proceso constructivo de aquélla.

☆ ☆ ☆

CAPITULO DECIMO PRIMERO

TERMINADO DE LA EMBARCACION

La denominación de este capítulo, debe ser entendida explícitamente como el proceso que bien podría admitirse como el final, de todo el que abarcara la construcción de la embarcación en sí, a contar desde el estudio de su proyecto general, hasta el momento de su botadura, y encierra una serie de operaciones parciales tendientes fundamentalmente a dotar a la embarcación de todos aquellos accesorios y elementos que de una u otra manera posibilitarán que ésta pueda ser utilizada en condiciones normales, teniendo en cuenta el fin específico para el que fuera construída.

A la vez, dicho proceso de terminado, puede en alguna manera, suponer también una tarea de "embellecimiento" del conjunto armado elemental de la estructura del proyecto, que podría considerárselo, hasta este momento, como el constituído por el casco y la correspondiente cubierta, desde que dentro del mismo habrá que planificar la inclusión de una serie de elementos funcionales que en su forma intrínseca comunicarán un detalle ornamental al conjunto.

Si bien es cierto que sería prácticamente imposible abarcar en forma concreta, un detallado proceso de esta naturaleza, toda vez que habría que considerar en primer lugar un tipo definido de embarcación, así como también un definido gusto personal, ya que en cierta manera, lo uno está estrechamente ligado a lo otro, a los efectos de entrar a detallar la esencia de lo que podría abarcar el presente capítulo, es conveniente remitirse al ejemplo concreto, considerando un determinado tipo de embarcación, que con mayores o menores direrencias, tendría suficiente vigencia como para poder ser tomado como base, asociándola al caso particular de la embarcación que el aficionado esté construyendo.

Por otra parte, este criterio podría ser admitido con más exactitud ya que en ocasiones, y tratándose de embarcaciones de dimensiones aproximadas aunque de distinto tipo, algunos de los elementos a incluir durante el proceso del terminado o "montaje final" (valga la expresión), del proyecto, presentan características análogas en lo que se refiere a su lugar de colocación, así como también a su forma y dimensiones.

Normalmente, la inclusión de los distintos elementos mencionados, teniendo en cuenta las condiciones en que fuera dejada la embarcación en el capítulo anterior, suele comenzar por la fijación del botazo propiamente dicho, en que en estos casos, está constituído en la mayoría de las veces, por una "bagueta" de aluminio de perfil especial, la que se combina con otro perfil de goma dura, pero lo suficientemente flexible para que sea posible de ser amoldada, que se "encastra" en aquella, formando así, una moldura de forma aceptable y perfectamente apta para absorber, en determinado momento, los golpes locales que puedan originarse entre el borde exterior de la cubierta y el lugar donde eventualmente se amarre la embarcación.

La moldura de aluminio a utilizar, fácilmente adaptable a cada caso particular, desde que se fabrican en una extensa variedad de formas y dimensiones, deberá en principio poseer el mismo ancho que la zona plana correspondiente al casco y la cubierta; o en todo caso, ligeramente menor, pero siempre teniendo en cuenta que cubra eficazmente todo el ancho mencionado.

En lo que a su longitud se refiere, como normalmente se expende en tiras de largo standard, habrá que efectuar alguna unión a través de todo el perímetro que exige la cubierta, en cuyo caso se aconseja efectuarlo por ejemplo, en el ángulo entre el costado y el espejo de popa del casco, o en el centro exacto de la zona de la proa.

La fijación de dicha moldura al laminado de fibra de vidrio, que forma el casco y la cubierta, es en cierta manera sencilla, utilizándose para este fin, los remaches de aluminio del tipo "pop", ya mencionados en un párrafo anterior, los que se colocarán a una distancia de unos 20 cm. unos de otros, de todas maneras, y anteriormente a la inclusión del remache, habrá que proceder a la perforación de la bagueta de aluminio y el laminado de fibra de vidrio, presentando aquélla en su lugar exacto, y ubicando los orificios de preferencia en forma alternada, a los efectos de obtener una mayor adherencia en los lados del perfil de aluminio, tal como se muestra en forma de ejemplo en la figura Nº 122.

Normalmente, el amoldar la bagueta de aluminio a las formas resultantes de la cubierta y el casco, es una tarea sencilla, desde que en general, ésta, se muestra sumamente dúctil a ser doblada; de todas maneras, es aconsejable efectuar este proceso en forma paulatina combinando el amolde correspondiente con la fijación de los remaches; asimismo, cuando se haga necesario realizar la unión de los tramos de baguetas correspondientes, es conveniente marcar en la forma más exacta posible, dicha unión y luego seccionar el perfil de aluminio con una sierra para cortar metales, retocando luego el corte con una lima de grano fino.

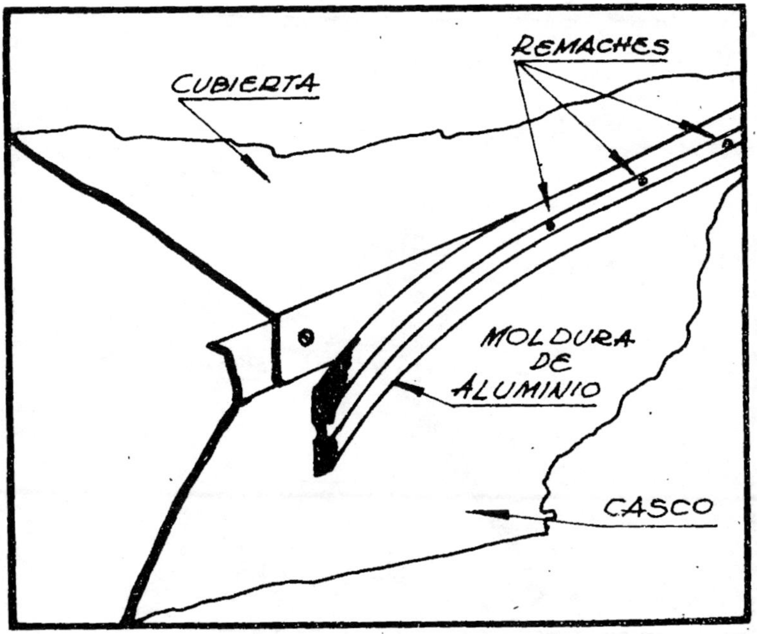

Fig. Nº 122: Cómo se fija la bagueta de aluminio que constituirá el botazo.

En la figura Nº 123, se muestra en una vista en corte, la posición y forma aproximada que adoptará la bagueta de aluminio una vez convenientemente remachada; nótese que aunque las cabezas de los remaches sobresalgan de la cara interior del perfil, los mismos, no interfieren en la operación posterior que estará destinada a la colocación de la "moldura" de goma dura que completará el botazo propiamente dicho, en razón de la conformación general del perfil de la bagueta que en la mayoría de los casos, es semejante al que se muestra en la figura.

Una vez que se haya completado la colocación de toda la longitud de la bagueta de aluminío, a través del perímetro de la cubierta en cuestión, podrá ubicarse en su lugar la moldura de goma dura a que se hiciera referencia anteriormente, y cuyo perfil, deberá estar de acuerdo

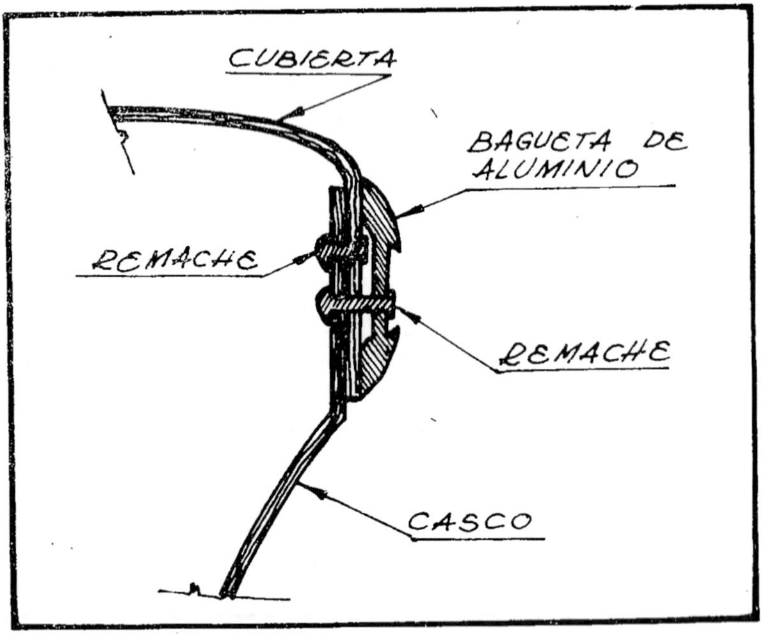

Fig. Nº 123: Corte esquemático mostrando la posición de la bagueta de aluminio ya fijada en su lugar.

a la configuración interior de la bagueta mencionada, de forma tal que se establezca un estrecho y efectivo "encástre" entre ambos elementos.

Es conveniente, antes de proceder a deslizar la goma en el interior del perfil de aluminio, humedecer aquélla con aceite pesado, a los efectos de que se torne más sencillo este procedimiento; asimismo, la unión de la bagueta de goma puede ser efectuada en alguna zona del recorrido del perímetro de la cubierta, de manera que a los fines de la faz estética, pase lo más desapercibida posible.

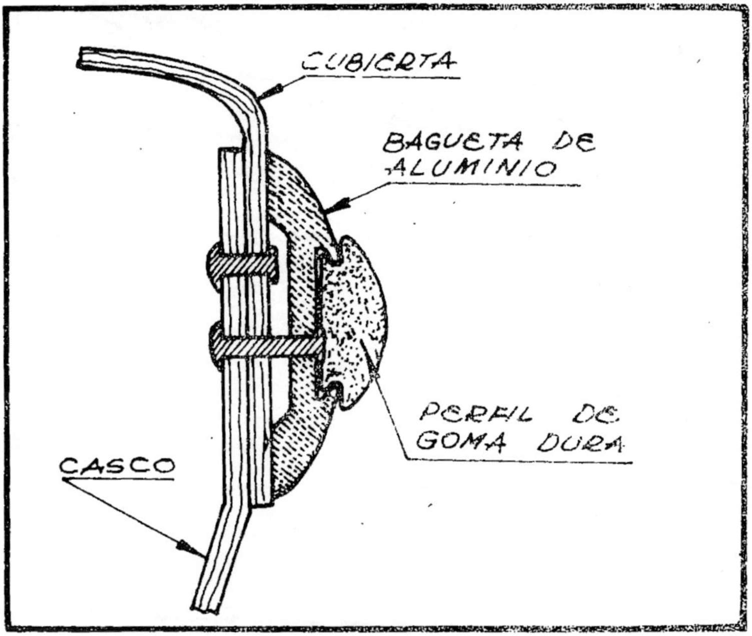

Fig. Nº 124: Una vista en corte del "botazo" completo.

La figura Nº 124, muestra en una vista en corte, el conjunto final de lo que se ha dado en llamar el botazo propiamente dicho, es decir, la bagueta de aluminio con su correspondiente perfil de goma ubicado en su lugar.

Es de hacer notar, por último, que en la unión resultante de la moldura de goma, es conveniente fijar ambos extremos de la misma con dos remaches de aluminio, vinculados al metal de la bagueta, de manera de evitar que la unión mencionada puede eventualmente deformarse con el uso posterior.

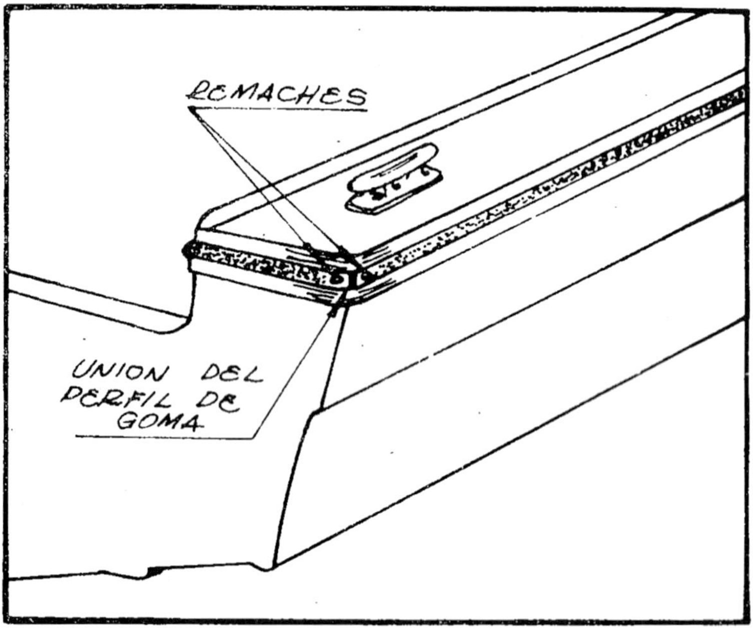

Fig. Nº 125: Detalle de "terminación" del botazo en la zona del espejo de popa.

UBICACION Y FIJACION DE LOS HERRAJES:

La correcta ubicación y consecuente fijación de los herrajes de la embarcación que se esté construyendo, en especial, los destinados al amarre y eventual maniobra y/o remolque de la misma, representa otro de los pasos importantes del proceso del "montaje final" de la unidad ya construída.

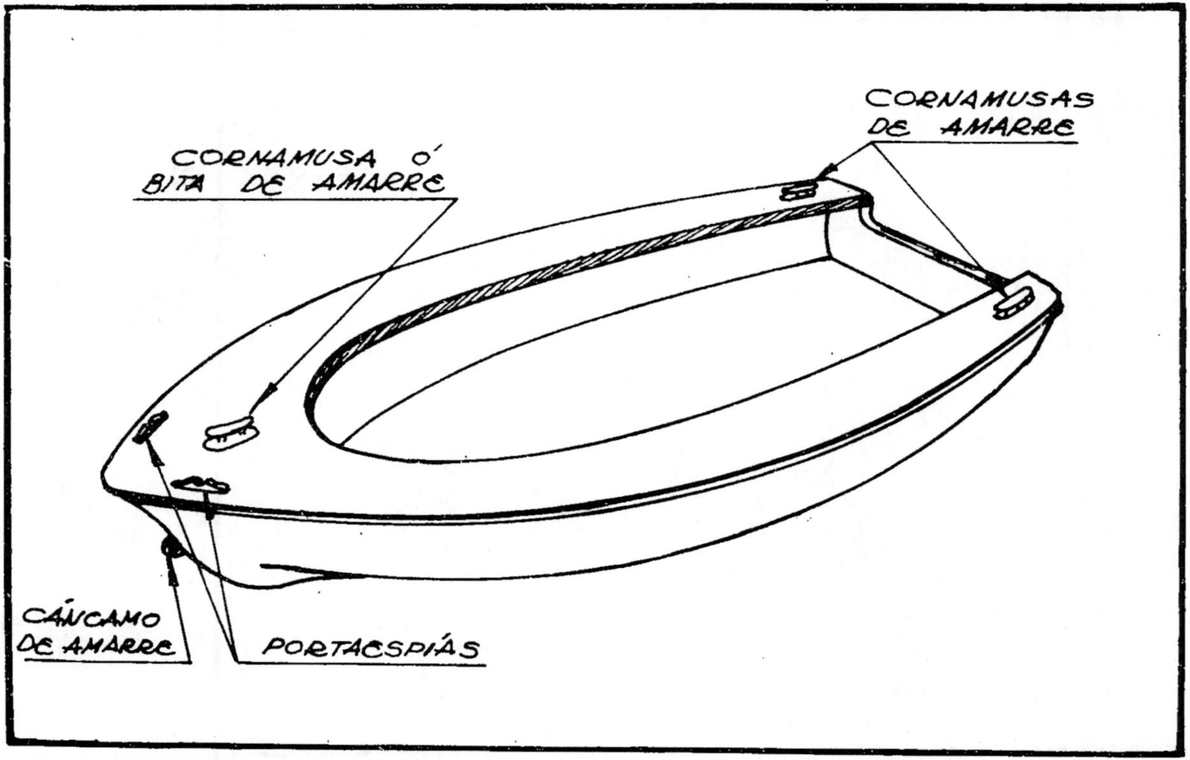

Fig. Nº 126: Herrajes de amarre mínimos en una embarcación menor a motor.

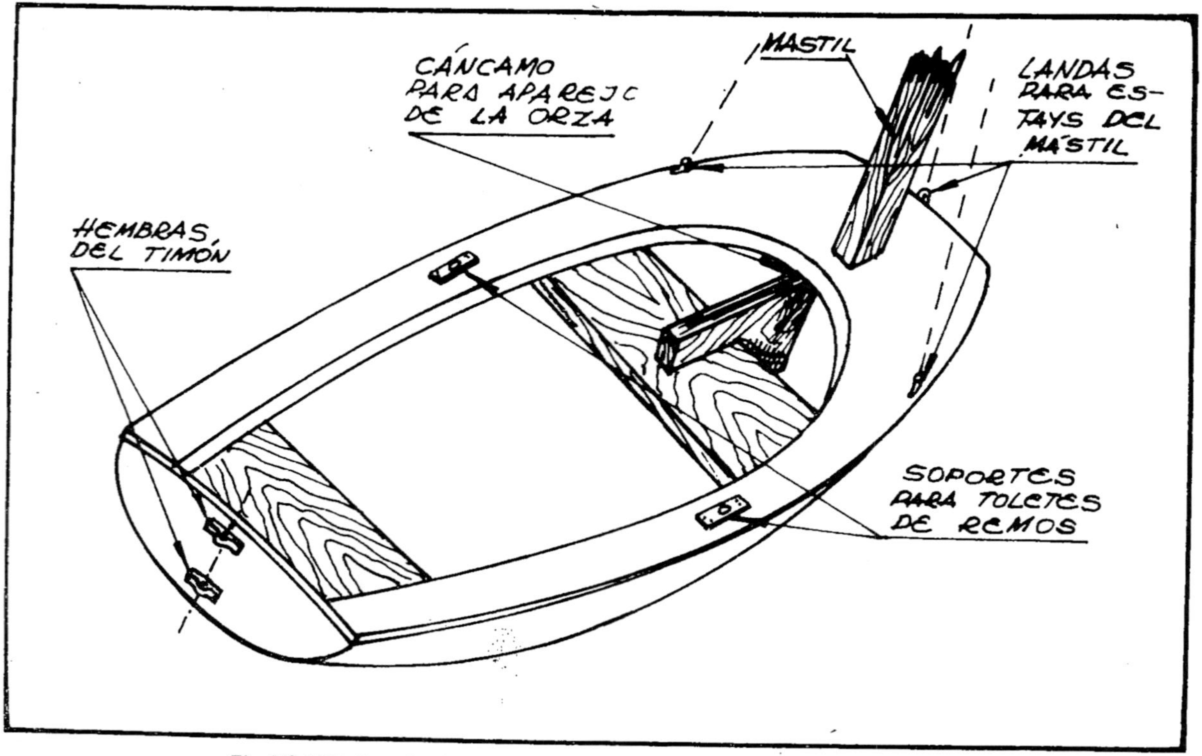

Fig. Nº 127: Herrajes de maniobra de un pequeño chinchorro de vela y/o remo.

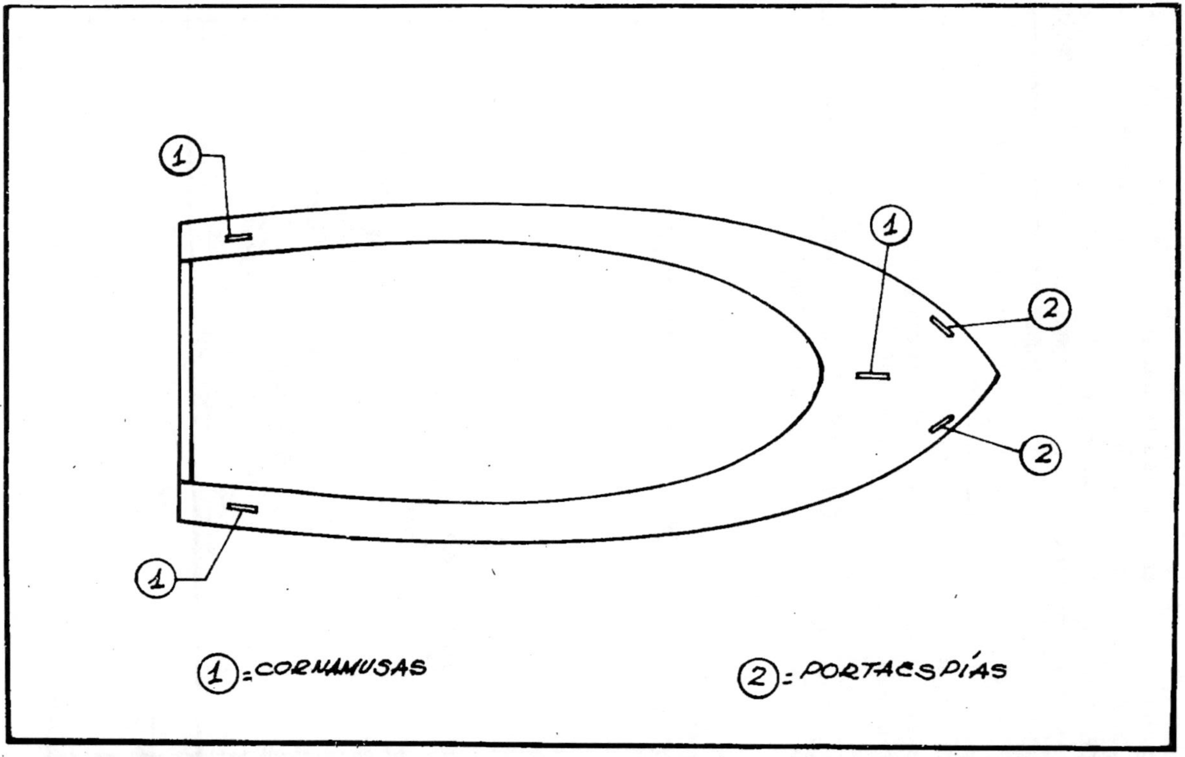

Fig. Nº 128: Una vista esquemática en planta de una embarcación menor con la ubicación usual de sus herrajes de amarre.

En condiciones análogas a las referencias vertidas anteriormente, es posible hacer una apreciación general considerando un ejemplo típico de embarcación que con pocas variantes, puede ser tomada como base para cualquier proyecto de dimensiones semejantes; así, es posible enumerar, y consecuentemente admitir en forma concreta, qué tipo de estos herrajes deberán incluirse en la embarcación que esté construyendo el aficionado, a los efectos de tornar cómoda y eficiente la maniobra de ésta en condiciones favorables, y por extensión, si se tiene en cuenta la esencia de esta obra, de qué manera práctica deberán ser vinculados a la cubierta y casco, los mencionados herrajes.

En las figuras Nº 126 y 127, se ilustran en una vista general, dos embarcaciones menores típicas como son, un bote para pesca propulsa-

Fig. Nº 129: Cornamusa y bita de amarre para embarcación menor.

do por un motor fuera de borda, y un pequeño chinchorro dotado de un elemental aparejo de vela; en ambos casos, se han ubicado los correspondientes elementos que forman el conjunto más conveniente de los herrajes de amarre y maniobra.

En la ilustración correspondiente a la figura N° 128, puede observarse la vista en planta correspondiente a una pequeña embarcación con la ubicación usual de los elementos de amarre mínimos que deberán incluirse en estos casos; en dicha figura, los identificados con el número 1, pueden ser sencillamente simples cornamusas de bronce cromado, o en su defecto, y si es que el gusto personal del constructor así lo requiere, algún tipo de bita más elaborado; elementos éstos reproducidos en una vista general en la figura N° 129.

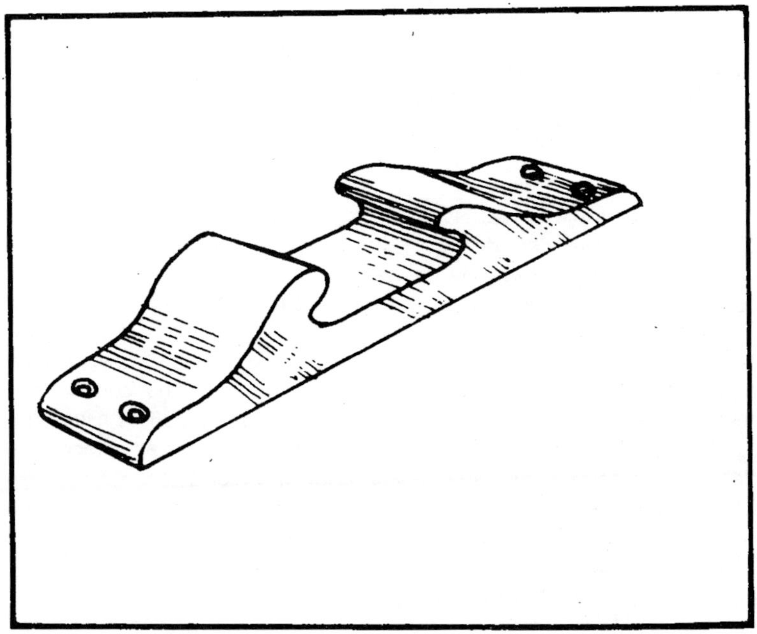

Fig. N° 130: Un clásico portaespía para embarcación menor.

Los elementos identificados con el número 2, corresponden a los denominados "portaespías", reproducidos en su forma general en la figura Nº 130, y cuya función específica es la de evitar el rozamiento del cabo de amarre sobre la cubierta de la embarcación, ya que poseen una especie de "garganta" por donde el correspondiente cabo pasa, desde la bita o cornamusa que lo afirma por un extremo, hasta el punto en que se amarra la embarcación, sea éste un muelle, una boya o boyarín, etc.

FIJACION DE LOS HERRAJES:

La operación de fijar convenientemente los distintos herrajes de fondeo, amarre y maniobra, en los lugares adecuados sobre el laminado del casco o de la cubierta, es en general sencilla, reduciéndose la mayoría de las veces, a colocar unos cuantos tornillos o eventualmente pequeños pernos roscados.

De todas maneras, resultará conveniente, sobre todo para el constructor profano, hacer una somera consideración de este paso de la construcción, e incluir en la misma, algunos pequeños detalles de mano de obra que a la postre resultarán convenientes para efectuar un trabajo correcto y prolijo.

En principio, trátese al adquirir los distintos herrajes, que las dimensiones generales de los mismos se encuentren en adecuada proporción con las homónimas de la embarcación; ya que desde el punto de vista estético este detalle resaltará a la vista en forma notable.

En ocasiones, suele notarse en algunas embarcaciones construídas y consecuentemente "terminadas" con poco esmero, una considerable desproporción entre sus dimensiones y la de los elementos accesorios que la resuelven estéticamante; así es posible observar en estos casos, elementos o herrajes exageradamente grandes y por oposición en otros casos, demasiado pequeños para la embarcación en cuestión; por otra parte, debe pensarse que la misión principal de estos herrajes, está relacionada directamente con el esfuerzo que los mismos deberán soportar el que es lógico suponerlo en proporción a las dimensiones generales de la embarcación y por lo mismo a su desplazamiento, de manera que se hace necesario reiterar la necesidad de observar una adecuada proporcionalidad de dimensiones entre los elementos citados.

En lo que a la fijación de los herrajes se refiere, el proceso correspondiente debe comenzar marcando en primer lugar sobre el laminado de la cubierta y eventualmente el del casco, los lugares donde se vincularán los mismos.

Tómese como referencia, una línea imaginaria que divida exactamente a la cubierta por su mitad en el sentido longitudinal, lo que equivaldría a considerar el plano de crujía de la embarcación, y en base a esta marca, ubíquense los distintos elementos ya sea centrándolos con ella, o bien, sea el caso por ejemplo de los portaespías, distanciándolos en forma equidistante de ésta; asimismo, conviene verificar en todos los casos, que la posición del herraje a colocar, coincida con la del taco de madera de refuerzo que se habrá ubicado anteriormente en la cara

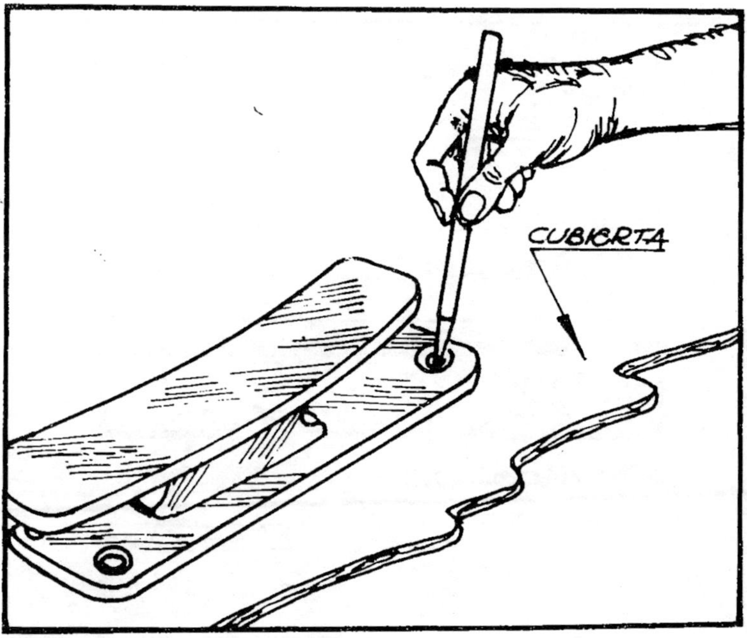

Fig. Nº 131: Marcando la posición de los tornillos de fijación de una cornamusa.

interna del laminado del casco o de la cubierta, de forma que los tornillos o pernos de fijación, se vinculen a éste a través del laminado correspondiente.

Ubicado el herraje a colocar en su posición, deberán ser marcados los centros de los orificios que en todos los casos poseen en su base, y por ende, más tarde, deberán pasar los mencionados tornillos o pernos de fijación; estas marcas podrán efectuarse simplemente con un lápiz de punta afilada o con una punta de metal cualquiera como puede ser una "punta" de marcar, o en su defecto un clavo convenientemente afilado; en la figura Nº 131, se muestra cómo puede realizarse prácticamente este proceso.

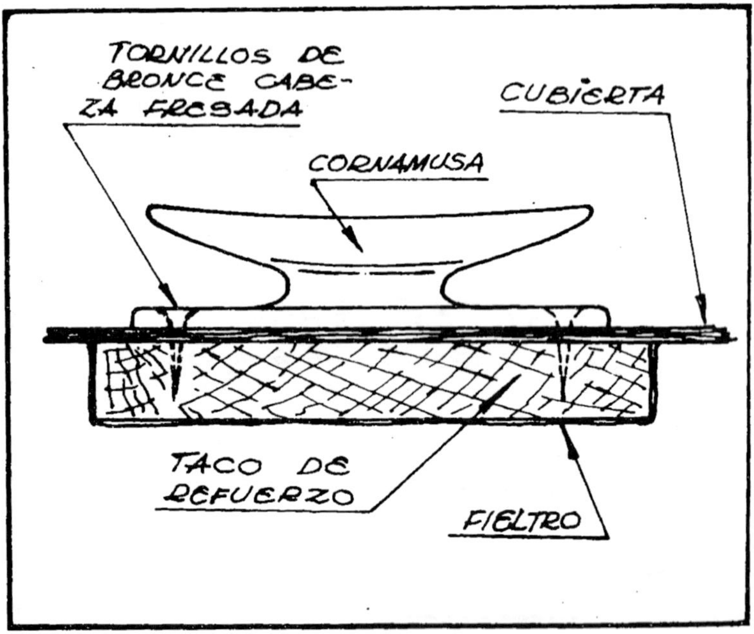

Fig. Nº 132: Detalle que muestra la fijación usual de una cornamusa mediante tornillos del tipo para madera.

A continuación, perfórense los orificios correspondientes, con una mecha de diámetro adecuado y fíjese en forma definitiva el herraje, ya sea utilizando tornillos de bronce con cabeza cromada del tipo para madera, o bien si se desea una mayor rigidez en ese punto, con pernos roscados provistos de tuerca y arandela.

En las figuras Nº 132 y 133, se muestran en una vista en corte, dos cornamusas ya fijadas en su lugar, utilizando los dos tipos de elementos de unión mencionados.

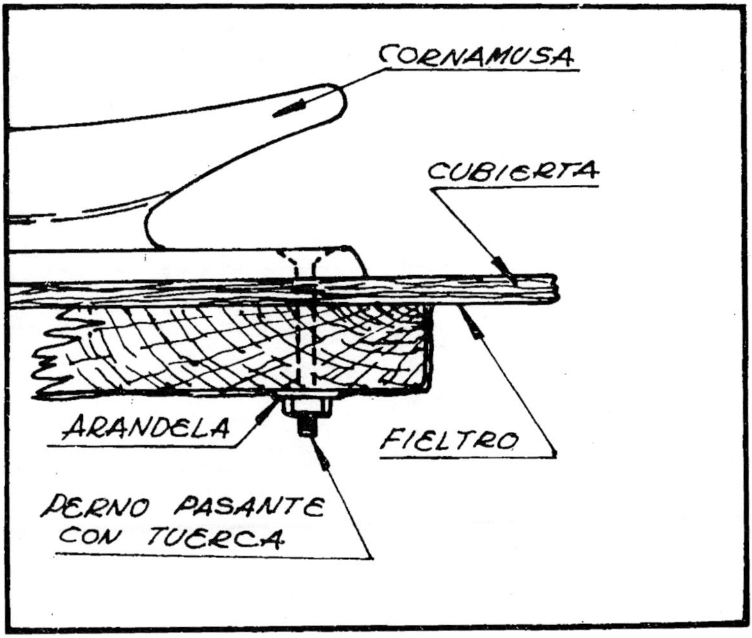

Fig. Nº 133: Fijación de una cornamusa mediante pernos pasantes con tuerca y arandela.

Una clásica bita de amarre para embarcación menor.

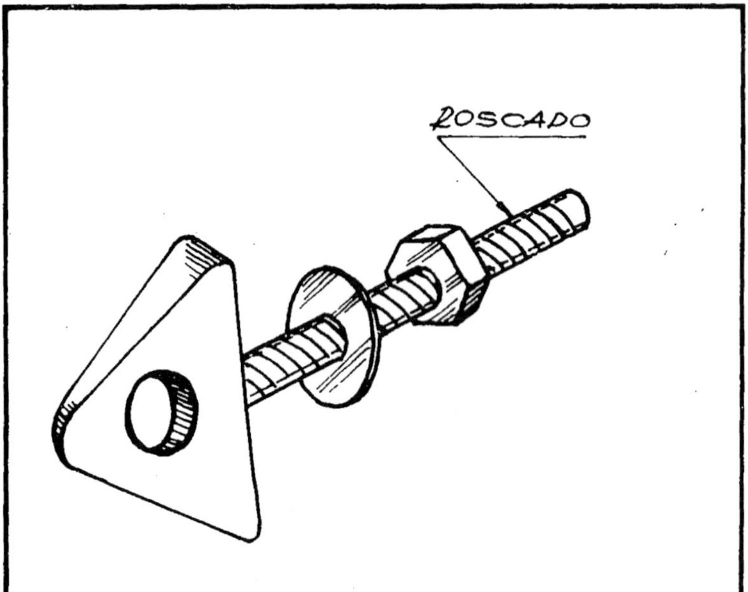

Fig. Nº 134: Cáncamo de remolque común.

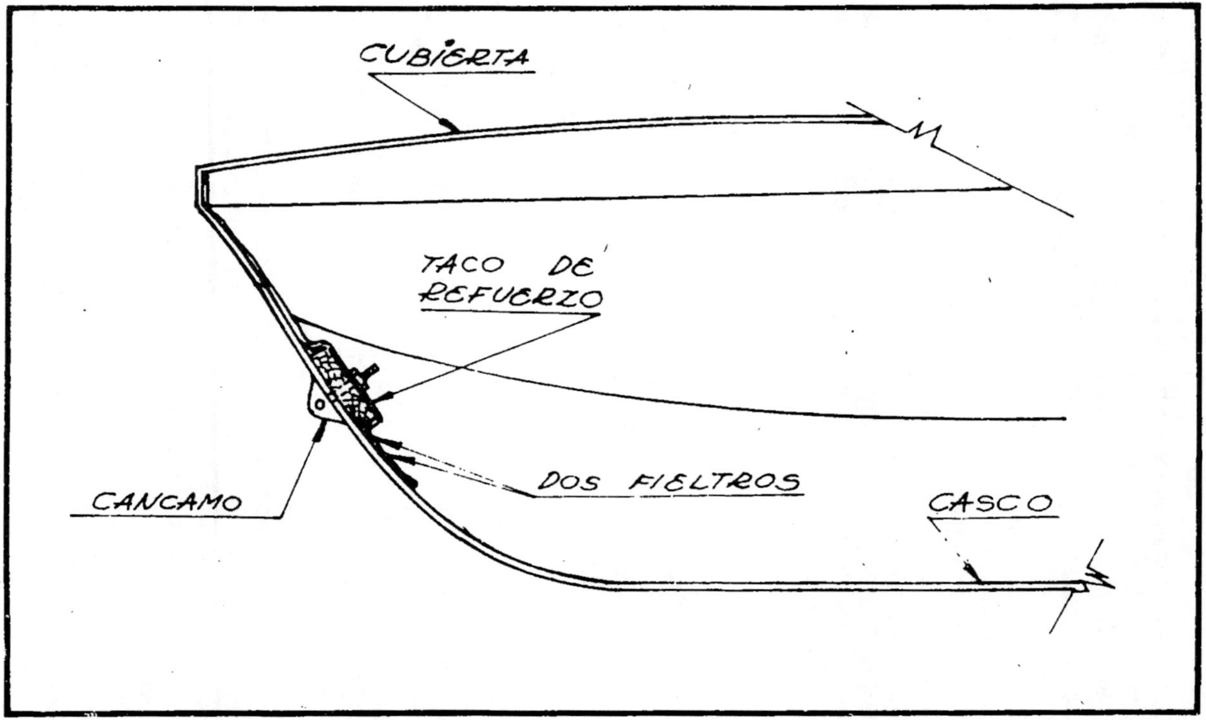

Fig. Nº 135: Ubicación del cáncamo de remolque en el casco.

En las ilustraciones correspondientes a las figuras N° 134 y 135, se muestra respectivamente un tipo común de cáncamo destinado en su función específica, al eventual fondeado, amarrado y remolque de la embarcación, y su forma de fijación usual.

Este herraje, se coloca normalmente en la zona de la roda del casco, a una altura conveniente y en correspondencia con un taco de refuerzo que irá fijado desde el interior del laminado del casco.

El cáncamo en cuestión se fija efectuando primero un orificio pasante de diámetro ligeramente mayor que el perno roscado que posea, calculando que aquél atraviese el taco de refuerzo aproximadamente en su parte media.

Una vez deslizado el vástago roscado del cáncamo a través de este orificio, se fijará definitivamente desde el lado interior del casco, mediante tuerca y contratuerca, apretando firmemente ambas; si se desea para una mayor seguridad, puede remacharse el extremo del vástago que sobresalga de la contratuerca, a los efectos de evitar que eventualmente pueda aflojarse la unión.

CONSTRUCCION DE LOS ASIENTOS:

Ya supuestamente ubicados en su lugar, los distintos herrajes de la embarcación, el trabajo de "montaje" de ésta, puede continuarse planificando la construcción y colocación de los asientos para la comodidad de la tripulación, los que deberán ser incluídos en el interior del casco.

Dentro de este tópico, sin embargo, es posible efectuar algunas consideraciones especiales, si se tiene en cuenta que los asientos en sí, pueden ser susceptibles de variaciones en lo que se refiere tanto a su forma como a su construcción, en la medida en que deberán adecuarse al proyecto que se esté construyendo.

Así por ejemplo, en un tipo de embarcación con detalles de terminación extremadamente esmerados, sea por ejemplo el caso de una lancha de tipo automóvil, convendrá dotar a la misma de algún tipo especial de butacas tapizadas, las que en la mayoría de los casos se

Un bote tipo "pescador" con fondo trimarán. Se destacan los asientos conformados mediante listones de madera.
Foto gentileza Revista CUATTROROUTE MARE.

tornen extensibles, transformándose así, en cómodas reposeras donde eventualmente se pueda descansar o tomar sol.

En un tipo más común de embarcación menor, como puede ser por ejemplo un bote para pesca o paseo impulsado a remos o con motor fuera de borda, los correspondientes asientos podrán materializarse partiendo de simples tablas de madera, preferentemente de cedro o viraró, con sus cantos convenientemente redondeados, o en su defecto, en lugar de utilizar tablas macizas, lograr el ancho requerido con listones angostos, conformando una especie de "enjaretado"; en otros casos, tal pueden ser pequeños chinchorros auxiliares donde no sea posible la inclusión del doblefondo estanco, en razón de aprovechar al máximo el volumen interno del casco, se acostumbra a resolver la construcción y ubicación de los asientos, haciendo que éstos formen una de las caras de un compartimiento estanco que por lo mismo contribuirá a dotar a la embarcación de una adecuada reserva de flotabilidad, caso éste, al que ya se hiciera referencia en el capítulo correspondiente a la construcción del doblefondo del casco.

En ocasiones, es posible observar determinados tipos de botes de fibra de vidrio que poseen sus respectivos asientos de manera que éstos forman una sola pieza con la cubierta correspondiente, en la medida en que se han laminado juntos; dichos asientos, a la vez de permitir su utilización específica, contribuyen a reticular eficientemente la cubierta desde que, como se dijo, forman una sola pieza con esta última.

Como se desprende de lo dicho, los asientos, tanto en lo que se refiere a su forma como a su construcción, pueden ser susceptibles de variaciones lógicas, las cuales no podrían tratarse en forma particular en lo que hace a la parte de la construcción de los mismos en todos los casos, sin embargo, a manera de punto de partida, y considerando un tipo común de embarcación menor que el constructor, carente de la experiencia necesaria para otro proyecto más elaborado, pueda acometer, se tomará como caso típico, el tipo más sencillo de asiento y por otra parte más fácil de construir y ubicar, como es, el conformado por simples tablas de madera.

En las figuras Nº 136 y 137, se muestran respectivamente un pequeño chinchorro auxiliar dotado de simples asientos constituídos por tablas de madera maciza, mientras que la ilustración de la figura

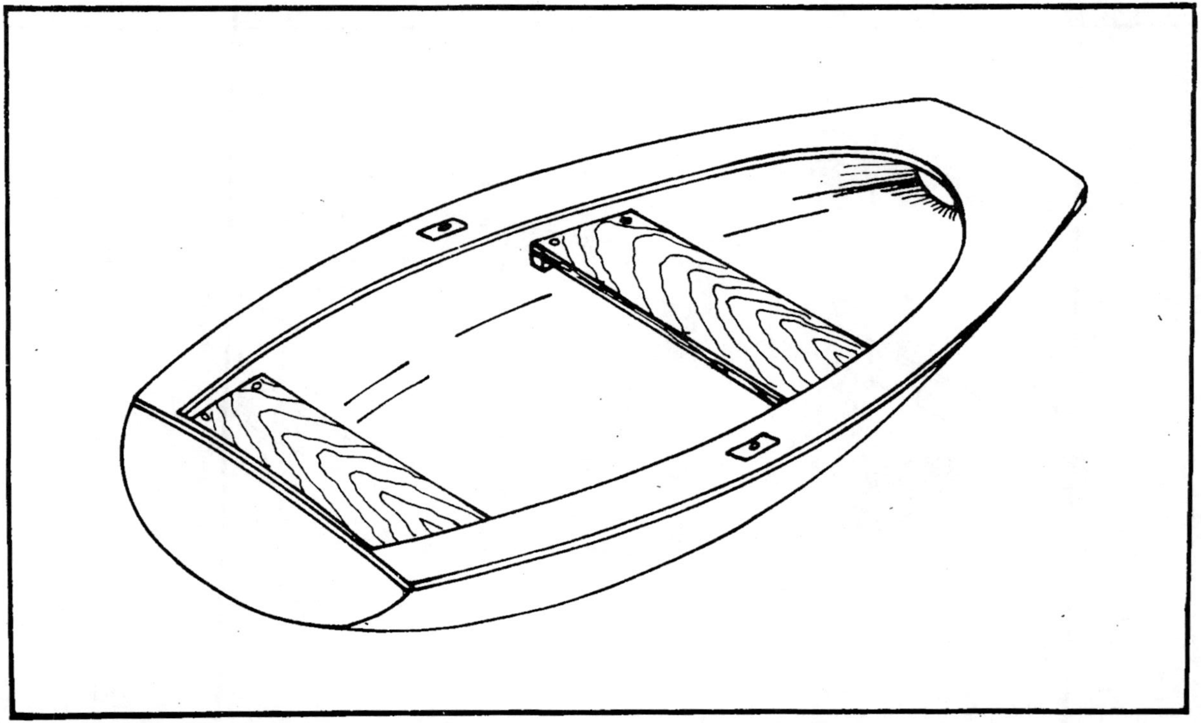

Fig. Nº 136: Típicos asientos de madera en un pequeño chinchorro.

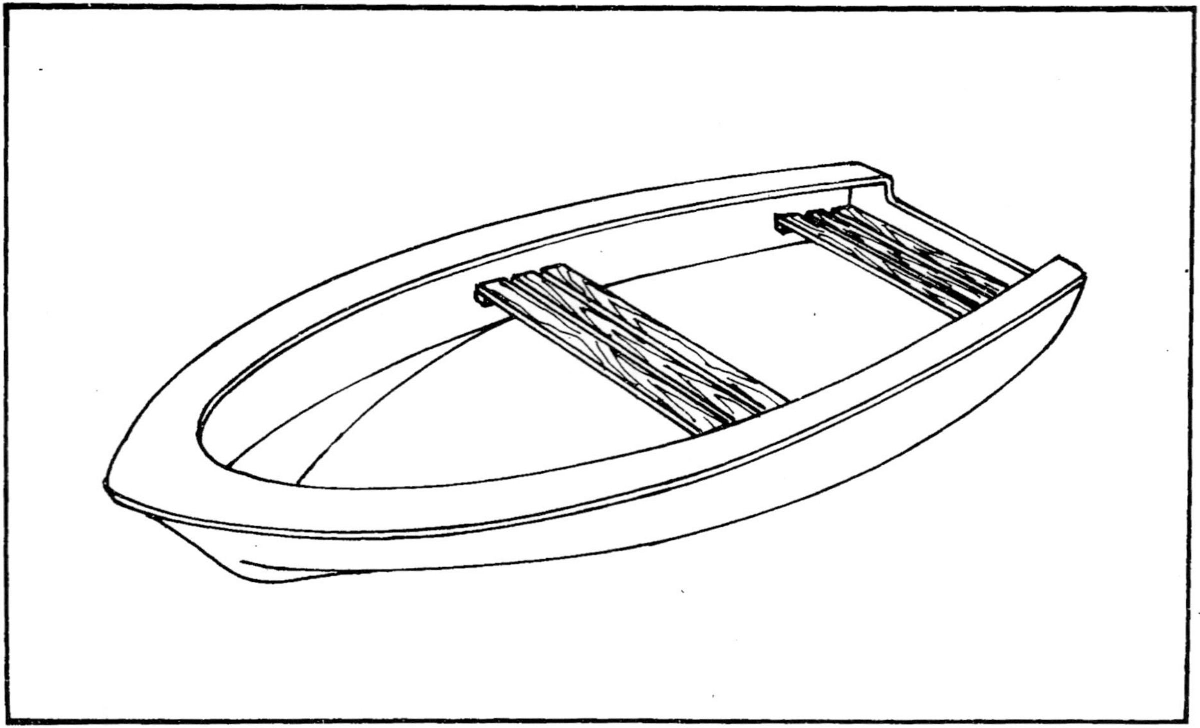

Fig. Nº 137: Asientos de listones ubicados en un pequeño bote tipo "pescador".

N° 137, se refiere a un clásico bote de pesca, cuyos asientos se han conformado con listones de madera, los que vinculados mediante algunos travesaños, forman una especie de "parrilla" del ancho conveniente.

La construcción y posterior fijación de los asientos del primer caso considerado es sencilla, reduciéndose a una simple operación elemental de carpintería; debe sin embargo, recalcarse la necesidad de utilizar en lo posible madera de cedro o viraró preferentemente exenta de nudos y convenientemente estacionada.

Normalmente en embarcaciones como las mencionadas, puede dárseles a los asientos, una sección de alrededor de 250 x 22 mm. aproximadamente, suficiente para absorber la fuerza de flexión originada por el peso del o de los tripulantes sobre los mismos; la longitud de las piezas de madera, deberá tomarse entre ambas bandas del laminado interno del casco, así como también será necesario cortar ambos extremos del asiento en cuestión, con un ángulo determinado que corresponderá en todos los casos, al que forme la curva natural de la planta de la embarcación en esa zona; dicho ángulo, puede ser medido como lo muestra la figura N° 138, con el auxilio de una falsa escuadra, y luego transportarse al material a cortar.

El asiento, aserrado a la medida adecuada, deberá ser redondeado prolijamente en sus cantos, a los efectos de eliminar las aristas vivas que puedan eventualmente lastimar al tripulante, haciendo en sus extremos, de antemano, las perforaciones necesarias para ubicar en las mismas los tornillos o bulones que lo sujetarán definitivamente.

Efectuados estos pasos, deberá lijarse la madera hasta lograr un conveniente pulido pudiéndose, si se desea, proceder a barnizar sus superficies con por lo menos tres manos de algún barniz adecuado para uso náutico, de buena calidad, y ésto antes de proceder a su fijación definitiva que deberá efectuarse una vez perfectamente seco aquél.

En estas condiciones, podrá encararse la fijación de los asientos sobre los tacos de madera que previamente habrán sido fijados en los lugares correspondientes sobre las bandas del casco; tal fijación puede ser efectuada simplemente mediante tornillos de bronce de cabeza fresada o bien bulones pasantes de alrededor de 6 mm. de diámetro.

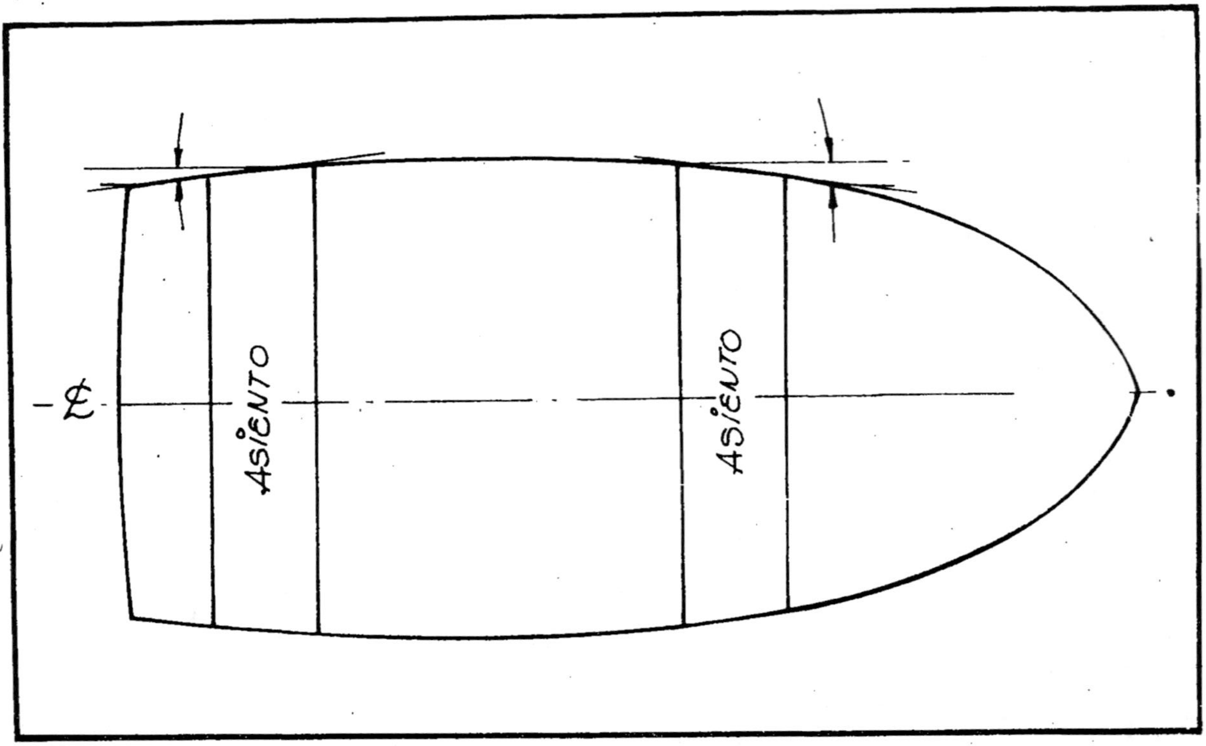

Fig. Nº 138: Cómo se consideran los ángulos para el ajuste de los asientos.

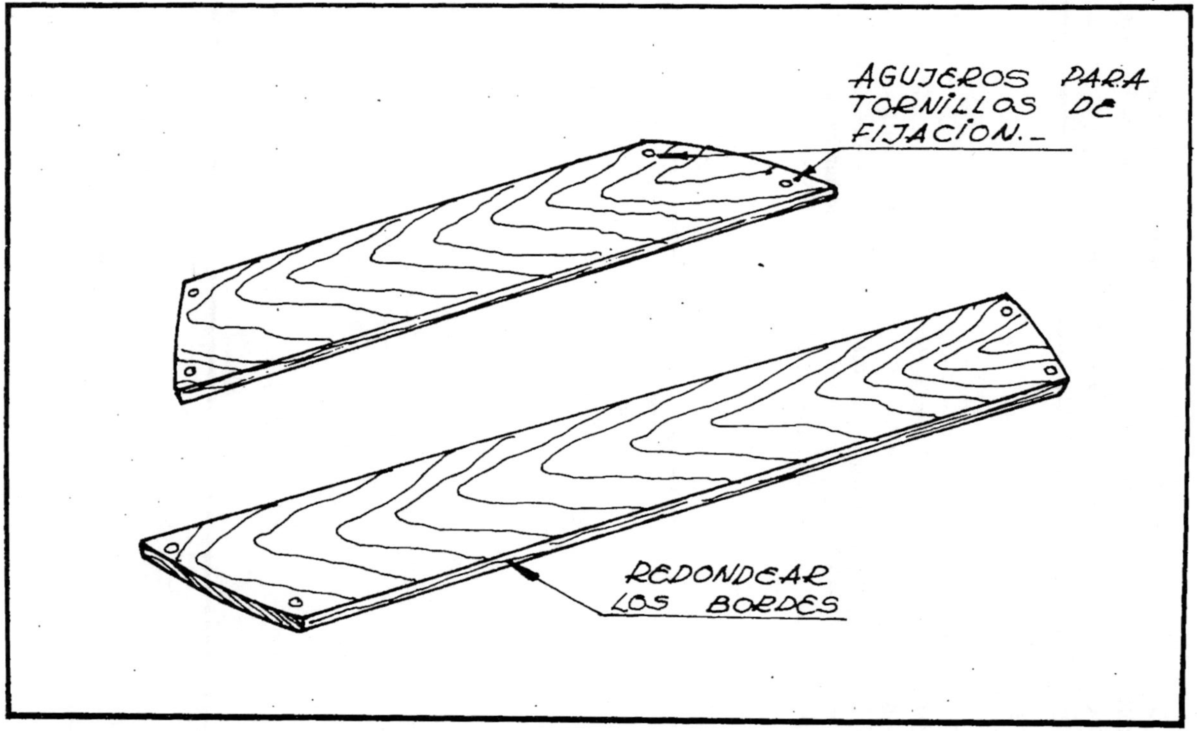

Fig. Nº 139: Los asientos terminados.

Cuídese, al fijar definitivamente los asientos que los mismos queden paralelos entre sí y perfectamente perpendiculares al plano de crujía del casco; este detalle, resaltará a la vista desde el punto de vista estético haciendo suponer un trabajo esmerado.

En la figura Nº 140, se muestra el detalle constructivo de la fijación de uno de los extremos del asiento, sobre el laminado de los costados del casco, mediante un taco de madera sujeto por dos fieltros debidamente impregnados en resina en la forma ya explicada anteriormente; en este caso particular se han considerado como elementos de unión, tornillos para madera de cabeza fresada la cual, a los efectos de una terminación más realzada, se asientan sobre una arandela de las denominadas "cubeta"; sin embargo, la ilustración resultará prácticamente análoga, en el supuesto caso que se haya efectuado la vinculación entre las piezas a unir, mediante bulones pasantes.

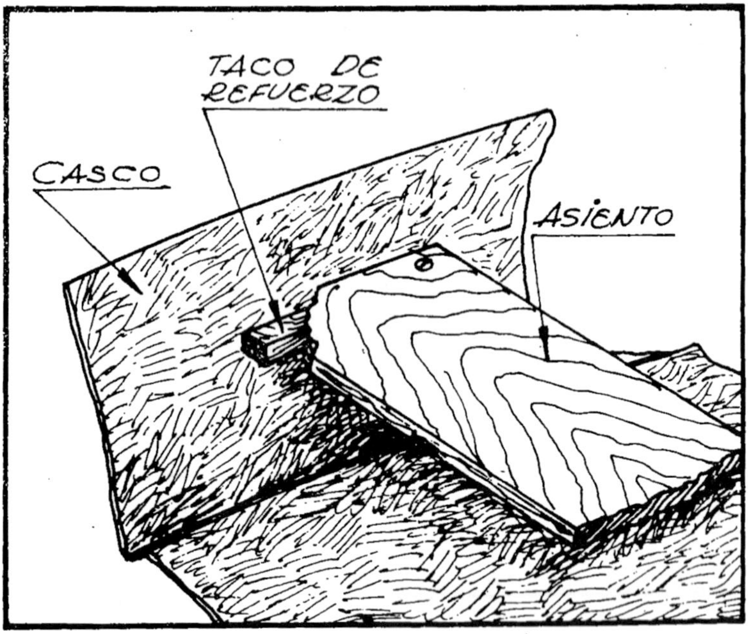

Fig. Nº 140: Detalle que muestra cómo se fija el asiento en el casco.

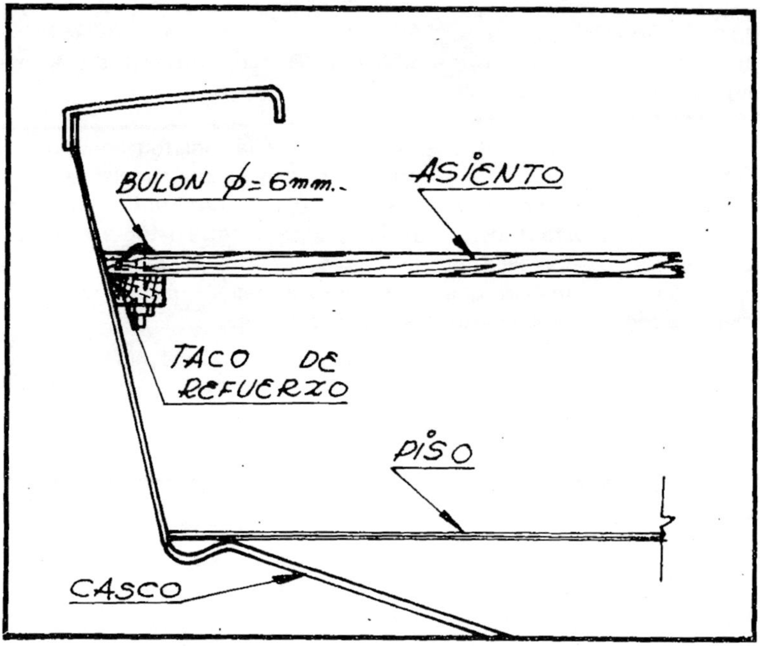

Fig. Nº 141: Corte mostrando cómo se vincula el asiento mediante bulones pasantes.

En la ilustración correspondiente a la figura Nº 141, se puede ver el corte constructivo correspondiente al detalle anterior, esta vez mostrando la unión en cuestión mediante bulones pasantes con tuerca y arandela.

Los asientos conformados mediante listones de madera, tienen también gran aceptación y resultan muy adecuados para incluirlos en embarcaciones menores; si bien su construcción demandará un poco más de tiempo que los macizos, en cambio, es posible lograr una reducción intrínseca de peso, como así también un aspecto final de conjunto muy agradable.

En lo que a la construcción de los mismos se refiere, este tipo de asiento puede conformarse partiendo de listones de cedro de por ejemplo 18 x 50 mm. de sección, a los que previamente se les habrá efectuado el chanfle correspondiente de cada una de sus aristas superiores.

Los listones así preparados y cortados a la longitud aproximada, deberán ser vinculados por su cara inferior, mediante simples tacos de madera colocados en forma transversal, fijando cada unión resultante con un tornillo para madera de bronce, dejando entre listones sucesivos, una separación paralela de la dimensión que el aficionado crea conveniente, de manera que el conjunto armado, quede aproximadamente como el que se muestra en la figura Nº 142.

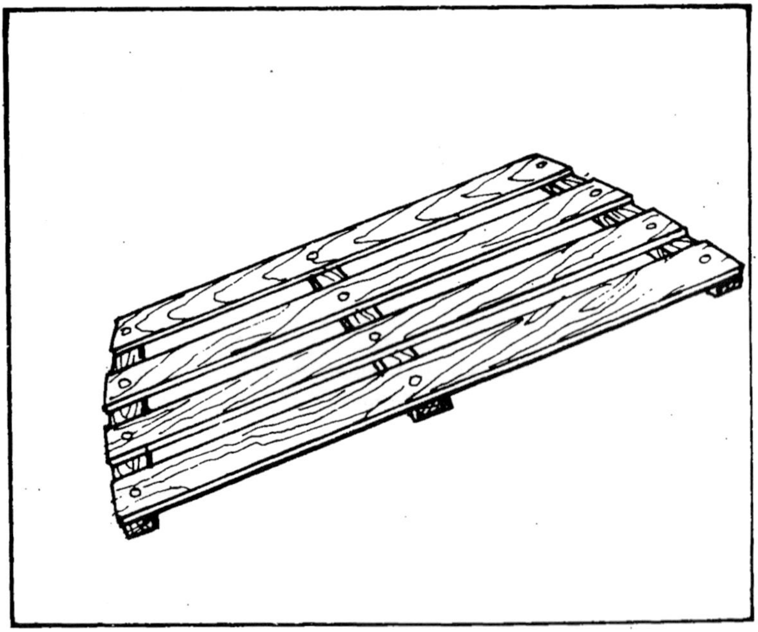

Fig. Nº 142: Un asiento de listones ya armado.

La fijación definitiva de este tipo de asiento, puede ser realizada según los criterios vertidos anteriormente, es decir, ya sea mediante tornillos de bronce para madera, o bulones pasantes; e inclusive y si es que el aficionado lo prefiere, vincularlo a las bandas del casco de manera que mediante algún artificio simple, sea posible tornarlos desmontables.

REJILLAS DE PISO:

En la misma forma a como se explicara en este último párrafo, es posible proceder a la construcción de la o las rejillas de madera que se asentarán directamente sobre el piso propiamente dicho del caso.

Estas rejillas, cuya forma y dimensiones generales, dependerán de las dimensiones de la embarcación, tienen por objeto evitar el que los ocupantes de la misma, pisen directamente sobre la superficie del laminado interno del casco, contribuyendo además a preservar este último de un paulatino desgaste, a ofrecer una adecuada superficie de apoyo, ya sea para remar, o realizar las maniobras inherentes a la navegación.

Dichas rejillas, que pueden tener la forma general de las que a manera de ejemplo se muestran en la figura Nº 143, se conformarán también mediante listones de madera preferentemente de cedro o viraró, unidos entre sí con el auxilio de algunos travesaños ubicados en los extremos y zona central; dado que en general, para facilitar la limpieza del interior del casco, no es recomendable fijarlos definitivamente, se acostumbra a apoyarlos simplemente en el lugar que les corresponda, de manera de poder retirarlos en forma cómoda cuando se haga necesario.

GUANTERAS:

Al hablar de los refuerzos de madera que se debían incluir una vez laminado completamente el casco, se hizo referencia a los laterales de las bandas que eventualmente podrían constituir los respectivos "fondos" de las denominadas guanteras.

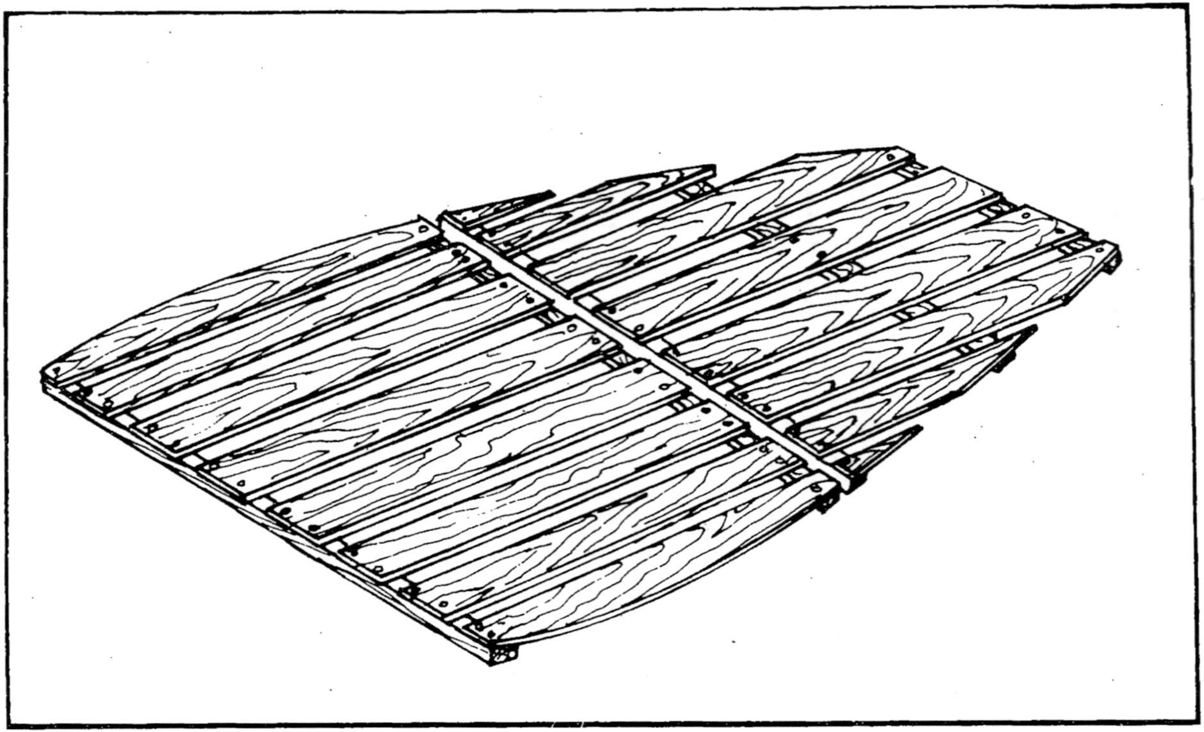

Fig. Nº 143: Un piso de listones de madera conformado en dos secciones.

Si se admite que dichos fondos se encuentren, a esta altura de la construcción, ya definitivamente materializados, podrá encararse la terminación de las guanteras correspondientes, tomando como base la ilustración de la figura N° 144.

En dicha figura, se puede observar que la denominada "guantera", no es más que una simple tabla de madera maciza, o eventualmente un trozo de terciado para uso náutico, atornillada al canto exterior del refuerzo de la banda correspondiente; esta tabla de madera, cuya altura puede ser variable, debe fijarse de manera que quede en escuadra con el

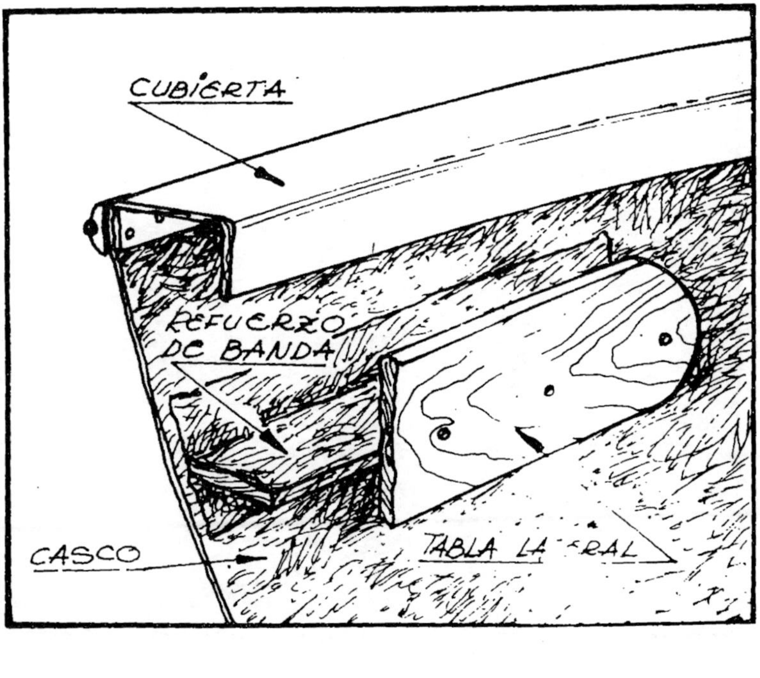

Fig. N° 144: Detalle en perspectiva de una "guantera"

refuerzo lateral de la banda, definiendo así con respecto a éste, un receptáculo adecuado para guardar los remos, el bichero, elementos varios, etc.

La tabla a fijar, debe ser cortada a la medida de antemano, dándole el ancho que se crea conveniente, y la misma longitud que la que posea el refuerzo de madera sobre el que vinculará, o ligeramente mayor; su espesor puede oscilar entre los 10 y los 15 mm. aproximadamente en todos los casos, siendo asimismo necesario, proceder a redondear y lijar prolijamente todas las aristas antes de atornillarla definitivamente en su lugar.

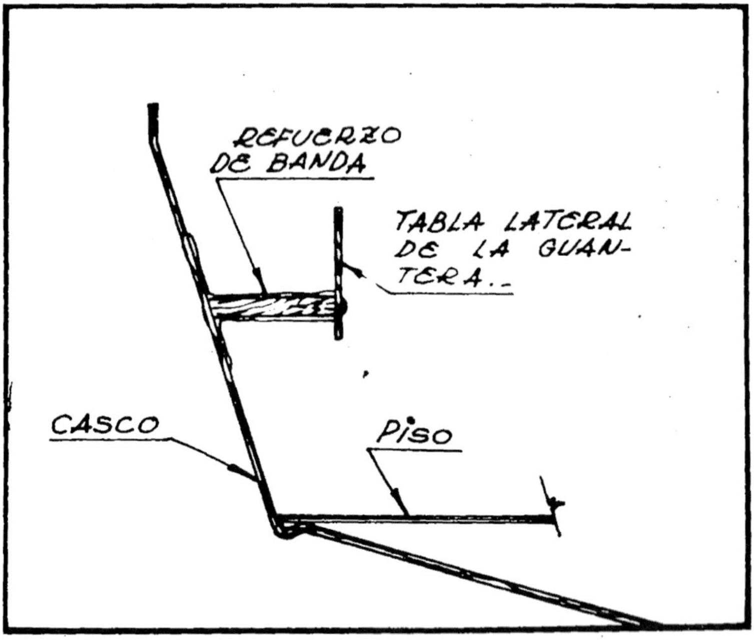

Fig. Nº 145: Vista en corte del detalle de una "guantera" armada ya en el casco.

Una vez vinculadas las partes, la guantera habrá quedado prácticamente terminada, ya que solamente habrá que proceder a barnizar o pintar, según se prefiera, la pieza de madera colocada en último término.

En la figura Nº 145, puede observarse un corte constructivo de una guantera construída según las explicaciones dadas; el corte, incluye como elemento de fijación, un tornillo de cabeza redonda, pero a los fines de un agradable aspecto estético, es posible sustituir éstos, por los comunes de cabeza fresada, ya sea embutiendo las correspondientes cabezas, o en su defecto, intercalando una arandela cromada del tipo "cubeta" en cada uno de ellos.

La fijación definitiva de las partes, conviene efectuarlas mediante tornillos de bronce de cabeza fresada o redonda, haciendo previamente tanto en la tabla de madera a colocar, como en el canto del refuerzo lateral, la perforación necesaria para el correcto alojamiento del tornillo.

REFUERZO PARA EL MONTAJE DEL MOTOR FUERA DE BORDA:

Este refuerzo, que se colocará en el espejo de popa en el lugar correspondiente donde se ubicarán habitualmente las "mordazas" del motor fuera de borda, tiene por objeto, ofrecer un punto de apoyo adecuado y rígido a aquél, a la vez que se podrá evitar de esta manera, dañar el laminado del casco tanto interna como externamente a consecuencia justamente de la necesaria presión con que se deberán ajustar las mencionadas "mordazas" para que el motor quede rígidamente vinculado en su lugar.

Dado que, según las explicaciones dadas en su momento, cuando se hiciera referencia a los refuerzos del casco, se estableció uno de éstos, en la zona interna del espejo de popa, justamente donde se ubicaría el motor; se supone que el laminado del casco por su parte interna cuenta con suficiente resistencia como para absorber todos los esfuerzos que transmita el mismo una vez en marcha, sin embargo, en la misma medida, es conveniente ubicar por el lado externo del espejo de popa, otra pieza de madera o eventualmente metal, de forma de reforzar aún más esta zona.

La construcción de este refuerzo, si es que se emplea la madera, es sencilla, bastando con cortar una pieza aproximadamente rectangular, de las dimensiones requeridas y fijándola luego una vez ya lijada y eventualmente barnizada, del lado exterior del laminado del casco, sujetándola definitivamente en esa posición mediante tornillos de madera, los cuales, atravesando el laminado del casco, rosquen en la madera del refuerzo interior de éste.

El refuerzo en sí, una vez fijado puede ser semejante al que, a manera de ejemplo, se muestra en la figura Nº 146, siendo necesario recomendar la importancia de que el mismo posea un espesor adecuado de manera que la suma de los espesores parciales de las piezas que en esa zona, constituyen el espejo, no superen a las dimensiones establecidas en la tabla incluída en el capítulo correspondiente a los refuerzos del casco donde se fijaba dicho espesor máximo, en función de la potencia aproximada del motor.

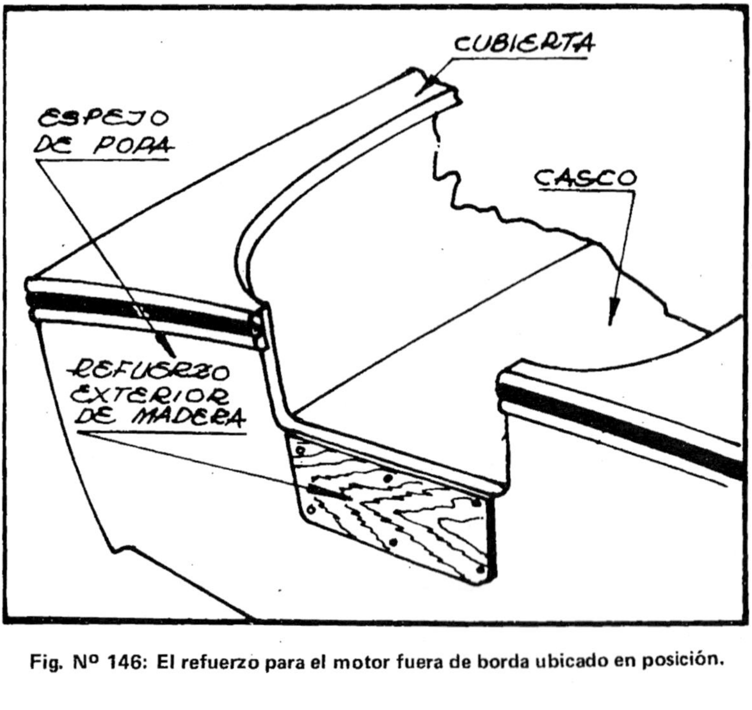

Fig. Nº 146: El refuerzo para el motor fuera de borda ubicado en posición.

En la figura N° 147, se muestra el corte correspondiente en la zona del espejo considerada; en dicha figura, el refuerzo exterior para el motor, se admite construído en madera terciada para uso náutico, la que en este caso específico supera a la madera maciza, en razón de que prácticamente no se observarán deformaciones y/o reviraduras, que podrían originarse de conformarse el refuerzo en cuestión, mediante madera maciza, más aún teniendo en cuenta que la misma estaría sometida a una inmersión prácticamente constante, sobretodo durante el avance de la embarcación sobre el agua cuando navega impulsada por el motor.

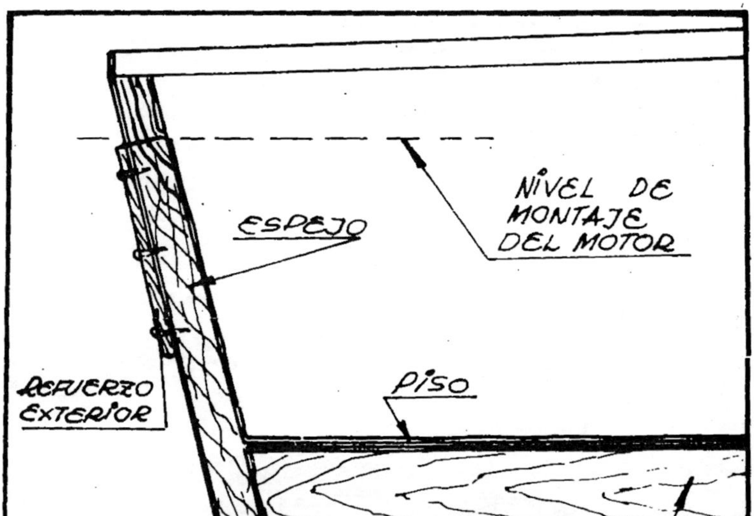

Fig. N° 147: Corte constructivo de la zona del espejo de popa en que se montará el motor.

Si se desea lograr una terminación aún más esmerada, es posible cubrir la zona en que se afianzará el motor, con un trozo de chapa de aluminio convenientemente doblada y cortada a las dimensiones necesarias, la que se atornillará a la madera de los refuerzos con simples tornillos de cabeza redonda; esta chapa, puede eventualmente cambiarse cuando, por el continuo uso, se encuentre muy deteriorada.

La figura Nº 148, muestra en detalle la zona de montaje del motor, con la chapa ubicada en su posición.

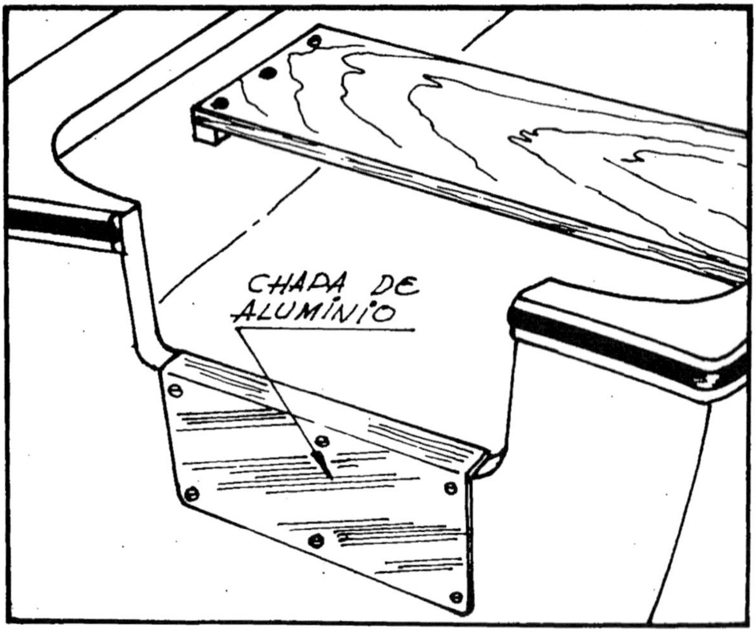

Fig. Nº 148: El refuerzo metálico del espejo en la zona de montaje del motor.

Vista de popa de una lancha para motor fuera de borda, dotada de una semi-cabina. Obsérvese en el espejo de popa, el refuerzo metálico para soportar la unidad motriz.

Foto gentileza de Astillero Juanjo S. A.

Habiendo llegado a esta altura de las explicaciones, puede admitirse que la embarcación se encuentra ya completamente terminada en su faz constructiva, sin embargo, será conveniente efectuar un pequeño "repaso" de toda la superficie que constituye su casco y su cubierta, a los efectos de realzar el brillo de los laminados correspondientes que pudo haberse disminuído, en alguna medida, a consecuencia del lógico manipuleo de las partes, sobre todo durante el proceso de montaje final del proyecto.

Por otra parte, no debe olvidarse que aunque la embarcación se encuentre completamente terminada, tanto la cubierta como el casco que la componen, no han sido objeto de ningún tratamiento posterior en sus superficies, desde que fueran desmoldadas; por lo que será lógico suponer que aún poseerán en sus superficies exteriores, restos de cera y agente de despegue, etc.

En consecuencia para iniciar este paso final, lávese en primer lugar toda la superficie externa tanto del casco como de la cubierta, con agua tibia y jabón común o detergente en polvo.

Este lavado que puede ser efectuado con el auxilio de una esponja común, tiene por objeto, quitar los restos de agente de despegue y/o cera que aún pudieran permanecer adheridos sobre el laminado.

Si luego de este lavado, se visualizara alguna pequeña rayadura en la capa de gel - coat, la misma podrá ser eliminada efectuando en la zona afectada, un lijado suave con lija de agua muy fina, en un grosor aproximado que corresponda al número 400 ó 600.

En estas condiciones, y una vez perfectamente seca la superficie externa de las piezas que conforman la embarcación, es conveniente proceder a efectuar un pulido final de las mismas a los fines de lograr un brillo adecuado.

Este pulido final, puede lograrse correctamente empleando pasta de pulir de grano fino, "trabajada" con el correspondiente disco asentado en la pulidora eléctrica; durante el movimiento que se le imprima a la máquina, téngase cuidado de en lo posible no tocar con el disco los herrajes de cubierta, pues a consecuencia del cromado de los mismos, el disco de la pulidora se ensuciará rápidamente, transmitiendo a su vez dicha suciedad, a la superficie que se esté lustrando.

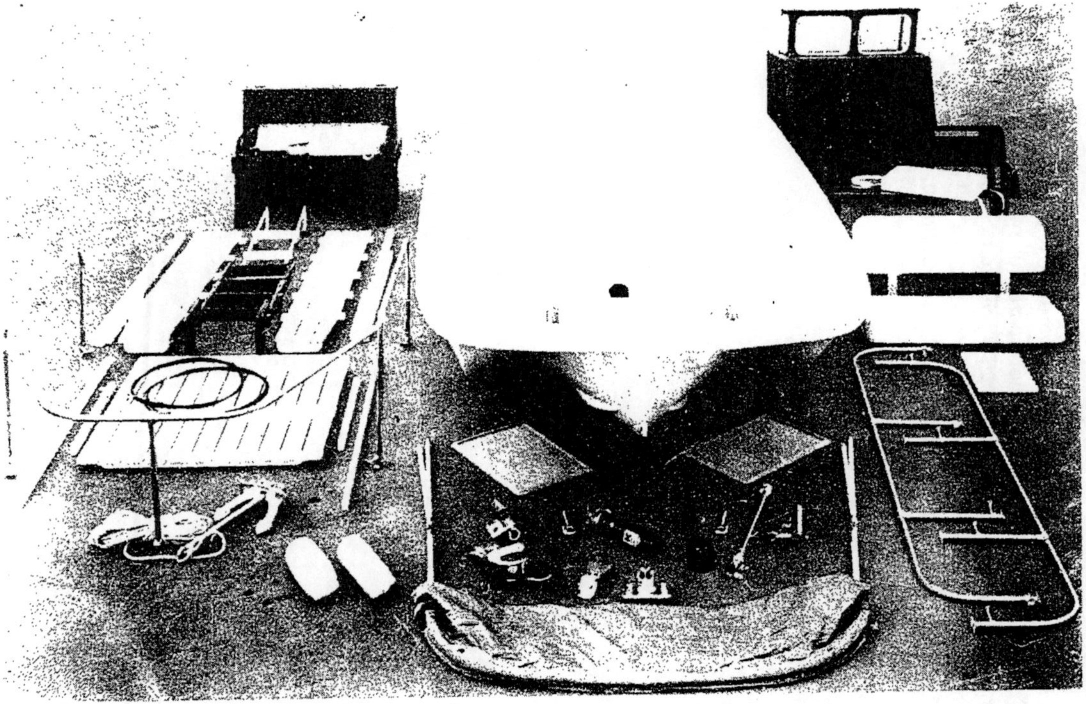

Esta interesante fotografía muestra el "despiece" completo de una embarcación deportiva con fondo tipo trimarán. Obsérvese el interesante diseño de la cubierta que forma una sola pieza con el piso del casco.

El brillo definitivo del conjunto, podrá ser logrado utilizando la ya anteriormente mencionada emulsión para lustrar pinturas al duco, volcando ésta, en pequeñas porciones en diferentes zonas de la cubierta y casco y extendiéndola luego con una franela bien limpia, la que además se utilizará para obtener el lustre final buscado.

☆ ☆ ☆

CAPITULO DECIMO SEGUNDO

REPARACION DE EMBARCACIONES EN FIBRA DE VIDRIO

La inclusión de un capítulo referido específicamente a la reparación de embarcaciones construídas en plástico reforzado con fibras de vidrio, en la presente obra, se ha planificado teniendo en cuenta que el aficionado constructor posea en alguna medida los conocimientos necesarios en este tópico y, consecuentemente los emplee cuando eventualmente deba abocarse a la tarea de efectuar una reparación en la embarcación por él construída.

Desde luego, dado el gran alcance que pudiera tener este tema, en las explicaciones posteriores se tratará el mismo en forma somera, generalizando el proceso de la reparación en sí, de acuerdo a las probables fallas o roturas que eventualmente puedan producirse en el laminado que comprende el casco y la cubierta.

Por lo mismo, no correspondería tratar el desarrollo teórico-práctico de aquellas reparaciones más importantes, donde, para llevar a cabo una eficiente tarea, haría falta no sólo una experiencia suficiente acumulada a través de cierto tiempo de desempeño en estas tareas específicas, sino también contar con elementos adecuados, todo lo cual hace que en estos casos, prime el admitir la existencia de tantos talleres establecidos especialmente para efectuar tales reparaciones.

En consecuencia, débese por todo lo dicho, admitir tres fallas que en su generalización más directa serían las siguientes:

Rajaduras del gel - coat
Saltaduras del gel - coat
Rumbos en el laminado

RAJADURAS DEL LAMINADO:

Pueden producirse a consecuencia de un fuerte impacto, ya sea durante la navegación, con un objeto flotante o sumergido; por un choque imprevisible; o estando amarrada la embarcación, por un golpe local de cierta intensidad contra el muelle, etc.

Al referirse a una rotura de esta naturaleza, debe suponerse que la misma interesa al laminado en todo su espesor, es decir que no es superficial.

En este caso, debe sacarse la embarcación a tierra, haciendo que se establezca un perfecto secado del material, en especial en la zona afectada; esta eliminación de humedad, necesaria a los efectos de que el laminado y el material para repararlo se adhieran en forma eficiente, se deberá verificar no solamente en las caras internas y externa del estratificado de fibra de vidrio, sino también en el seno de su espesor.

Esta consideración tiene especial importancia si se tiene en cuenta la probable absorción de agua a manifestarse en la porosidad natural del estratificado de vidrio-resina que aunque de todas maneras, obtenga valores ínfimos, de alrededor del 0,7 %, puede, en ocasiones, dificultar como se dijera la adecuada adherencia entre las superficies a unir; efecto éste que se manifiesta con más elocuencia en el laminado que comprende la carena u obra viva del casco, la cual, por sí misma, se encuentra en una inmersión prácticamente constante.

Comprobado el perfecto secado de la zona a reparar, deberá efectuarse por la cara interna correspondiente, un correcto lijado a los efectos de eliminar los agentes orgánicos que pudieran haberse establecido sobre el mismo; grasa, suciedad, etc., así como también lograr que la superficie a tratar, se presente al tacto lo más áspera posible, lo que facilitará posteriormente la correcta adhesión del material con que se reparará la falla; esta recomendación, implica la mayoría de las veces, efectuar un profuso lijado, empleando lija para madera de grano grueso, y operando de manera que el poder abrasivo de ésta, elimine la capa interior de resina pigmentada y eventualmente el salpicado correspondiente llegando, en consecuencia a por lo menos el primer fieltro que constituye el laminado.

En estas condiciones, habrá que juntar lo más posible, ambos "labios" de la rajadura a reparar, manteniéndolos así por el lado exterior, con algún elemento provisorio como puede ser por ejemplo, una adecuada combinación de prensas y tacos de madera; consecuentemente con ello, por el lado interno deberá ahora fijarse un trozo de fieltro debidamente impregnado en resina, de dimensión tal que supere unos centímetros a todo el perímetro de la rajadura a reparar.

Este trozo de fieltro se colocará en la forma ya acostumbrada, es decir asentándolo sobre una capa de resina que previamente se habrá extendido sobre la superficie a cubrir; su contacto definitivo contra la cara interior del laminado, podrá ser efectuado ya sea utilizando un pincel de impregnar, o, si se tratara de una zona aproximadamente plana, con el rodillo de hierro descripto en un capítulo anterior.

Este trozo de fieltro así colocado, deberá dejarse fraguar el tiempo necesario verificando, luego de producido este fraguado, que el mismo se encuentre íntimamente adherido al laminado que circunda a la rajadura.

Habiéndose obtenido tal fraguado del material, podrán quitarse de su lugar, los elementos accesorios (tacos de madera, prensas, etc.) que fueran colocados en su momento por la cara exterior del laminado, de manera que la falla a reparar se presente completamente libre en toda su extensión, luego de lo cual, y utilizando un disco abrasivo colocado en la pulidora eléctrica, deberá trabajarse aquélla, de manera de formar una cavidad con una configuración aproximadamente cónica, cuya inclinación dependerá del espesor del laminado en esa zona y de la amplitud que se desee dar a la misma; de todas maneras no conviene excederse mucho en este "perfilado" a los efectos de evitar que la falla en sí, lejos de ser disimulada se vea acrecentada en sus dimensiones, aún después de que haya sido reparada totalmente.

En la figura Nº 149, se muestra, en una vista en corte de la zona afectada, la conicidad aludida, la que en este caso particular se ilustra sin tener en cuenta una escala precisa; en la misma figura, puede observarse también la posición del fieltro interior de refuerzo que se colocara en primer término.

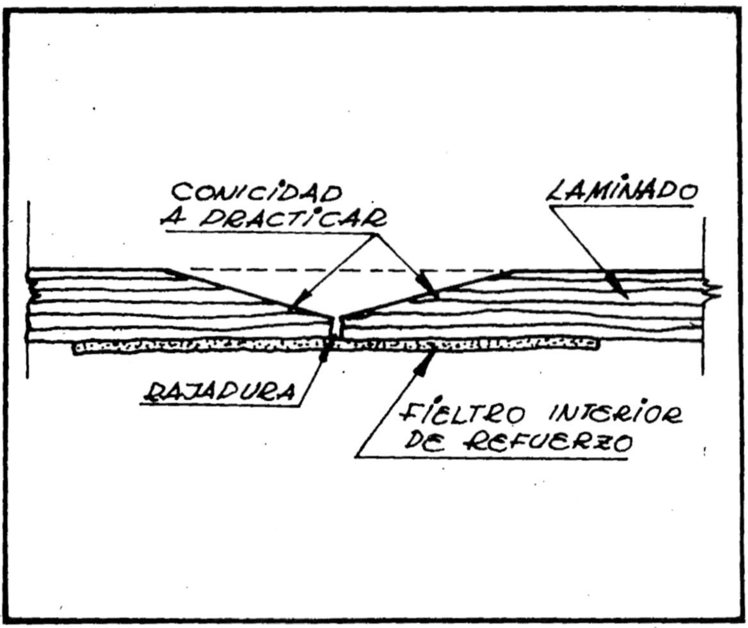

Fig. Nº 149: Corte esquemático mostrando cómo se prepara la zona correspondiente a una rajadura del laminado, para efectuar su reparación.

A continuación, y luego de haber eliminado perfectamente el polvo resultante de la operación anterior, deberá colocarse en la zona más baja de la cavidad formada, una tira de fieltro más bien angosta, pero que no obstante cubra el ancho efectivo de la falla, tal como lo muestra el detalle de la figura Nº 150 (A).

Sin necesidad de que fragüe la resina que se emplee para asentar dicho trozo de fieltro, colóquese otro sobre éste, teniendo la precaución de que su ancho sea algo mayor, detalle que se muestra en la figura 150 (B), luego de lo cual, y sucesivamente siguiendo este mismo criterio, deberán colocarse alternativamente otros tantos fieltros cada vez más anchos, hasta completar todo el espesor de la cavidad y consecuentemente su ancho; figura Nº 150 (C).

En esta forma, y sin darle importancia por el momento al aspecto exterior del material adicionado, debe dejarse fraguar perfectamente el conjunto de fieltros colocados, a los efectos de poder continuar con los pasos que insuma la reparación.

Logrado el fraguado del conjunto, con el auxilio de la pulidora y un disco abrasivo de grano mediano, deberá emparejarse el sobrante de fieltros de manera de lograr una superficie, aunque burda por el momento, lo más plana posible siguiendo una continuidad lógica con la que posea la zona adyacente del laminado.

Al efectuar este emparejado de la superficie, debe cuidarse de que el disco de la pulidora, no afecte con su poder abrasivo, la zona circundante a la reparación o por lo menos, de ser así, tener la precaución de que este excedente sea mínimo.

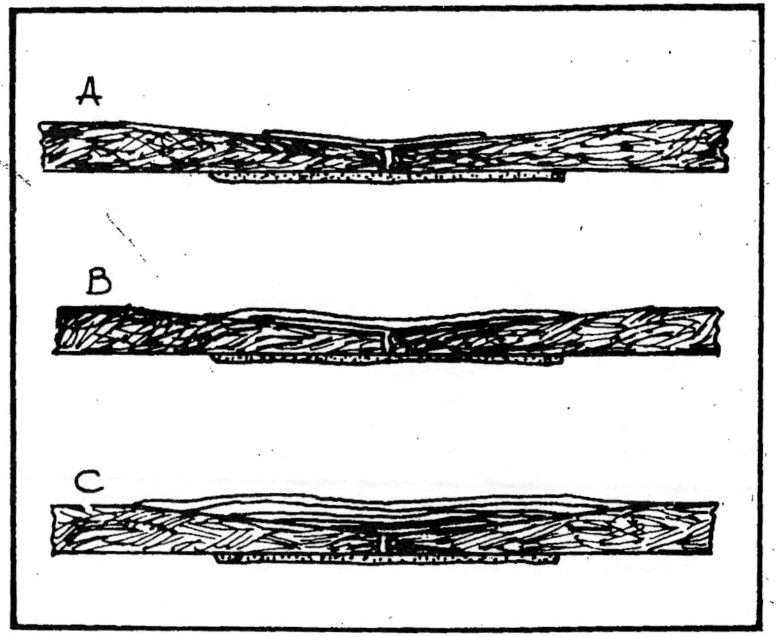

Fig. Nº 150: Secuencia gráfica que muestra la ubicación de los distintos trozos de fieltro a colocarse en la cavidad de la rajadura.

Una vez obtenida esta superficie, que como lógica consecuencia del tratamiento previsto, presentará algunas irregularidades muy evidentes, deberá efectuarse un masillado tendiente a lograr una continuidad aceptable; la masilla que se utilizará para este fin, puede ser preparada con una determinada cantidad de resina pura a la que se adicionará talco del tipo industrial en una proporción tal, de manera de obtener la consistencia de una crema espesa, apta para ser extendida a espátula.

Debe homogeneizarse muy bien la mezcla, a los efectos de lograr una uniformidad de densidad, lo que se recomienda especialmente luego que se le agregue la proporción de acelerador y catalizador estimada.

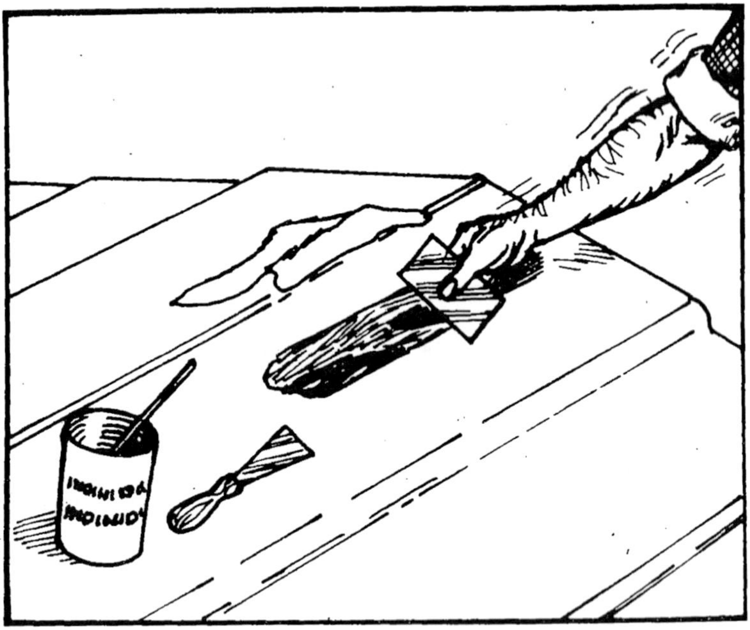

Fig. Nº 151: Masillando la zona previamente emparejada con la pulidora.

La masilla así obtenida, deberá extenderse en toda la zona en cuestión de preferencia con un trozo de chapa de acero flexible, usada a manera de espátula, y cuidando que no queden marcas o excedentes de material muy evidentes, los que luego dada la dureza del compuesto, una vez fraguado, resultarán bastante difíciles de ser eliminadas; en la figura Nº 151, se ilustra este proceso de masillado.

Cuando se estime que la cantidad de masilla adicionada, sea la correcta y consecuentemente cuando se observe una superficie más o menos pareja, déjese fraguar aquélla, luego de lo cual podrá ser emparejada en forma efectiva, utilizando lija al agua en el grosor correspondiente al número 280, y respaldando la hoja de papel de lija, tal como lo muestra la figura Nº 152, con un taco de madera o corcho bien plano, de manera de lograr una superficie lo más uniforme posible.

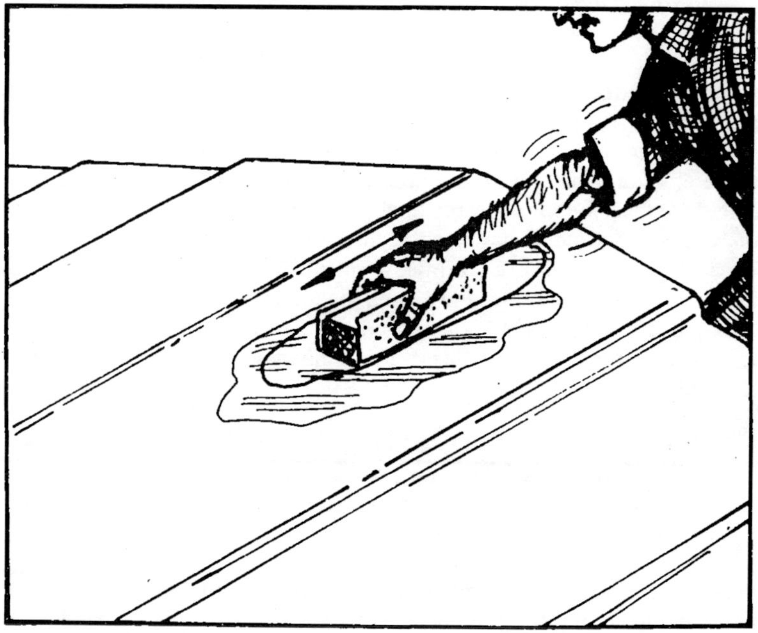

Fig. Nº 152: Al lijar con lija al agua, utilícese un taco plano para lograr una superficie correcta.

Si una vez finalizado este lijado, se observaran todavía algunas irregularidades en el área tratada, enjuáguese bien ésta, y luego de perfectamente seca la humedad resultante, colóquese masilla en los lugares donde se haga necesario, esperando que se produzca su fraguado, y luego repitiendo el proceso de lijado descripto.

La superficie tratada, en todos los casos deberá presentarse a la vista y al "tacto", es decir pasando suavemente la palma de la mano sobre ella, sin desniveles notables, de forma que se defina una absoluta continuidad con el área circundante; debe tenerse presente que las fallas que se vislumbren en este momento, se tornarán más evidentes al aplicar la última capa de color al área reparada, la que por lo mismo, deberá contar con un adecuado brillo.

A continuación, y a unos 5 mm. más o menos de donde llegara la acción de la lija hacia el exterior, deberá adherirse sobre la capa exterior del gel - coat original de la pieza, una cinta de papel engomada de las comúnmente utilizadas por los pintores para la separación de colores.

Esta cinta, tiene por el momento, la función de limitar la zona en la que se efectuará la culminación práctica del proceso de la reparación, es decir, la aplicación de la capa final de resina pigmentada o gel - coat; por lo que en primer lugar, y como lo muestra en una vista en corte la figura N° 153, habrá que formar, tomando como límite el contorno interno de la mencionda cinta, una pequeña "canaleta" con forma aproximadamente triangular, y de las dimensiones especificadas en la mencionada figura, las cuales, sin embargo, admiten una cierta tolerancia.

Esta cavidad debe efectuarse en la cara superior del laminado, utilizando un pequeño trozo de lija para madera sostenida entre los dedos convenientemente, y cuidando de no exceder el límite impuesto por la cinta de papel.

Una vez realizada la pequeña cavidad prevista en todo el contorno que indique la cinta engomada, retírese esta última y vuelva a adherírsela a unos 5 mm. más hacia afuera, paralelamente a la posición anterior, tal como lo muestra la ilustración de la figura N° 154.

En estas condiciones, pueden comenzarse las tareas relativas a la aplicación del gel - coat final quitando en primer lugar y con un cepillo de cerda suave o un pincel, las partículas de polvo que pudieran haber quedado depositadas en el seno de la cavidad formada; asimismo deberá cerciorarse de que en el plano de laminado encerrado por la cinta de papel, no se verifique suciedad o grasitud, que evitaría la correcta adherencia del gel - coat a aplicar.

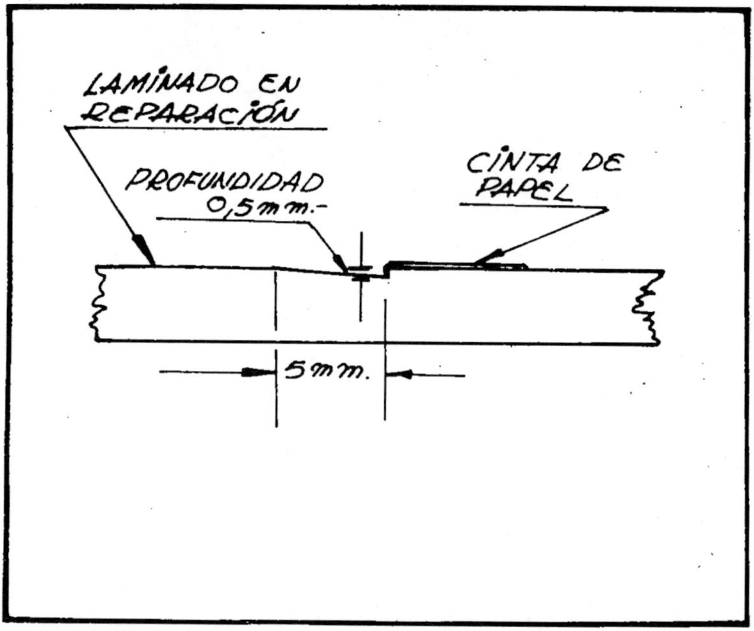

Fig. Nº 153: Corte esquemático mostrando las dimensiones de la pequeña cavidad que deberá efectuarse en el perímetro del rumbo a reparar, previo a la aplicación del gel - coat final.

En todo caso si se quiere, es posible realizar una limpieza rápida de la zona a cubrir, mediante el empleo de un trapo humedecido ligeramente en acetona o monómero de estireno.

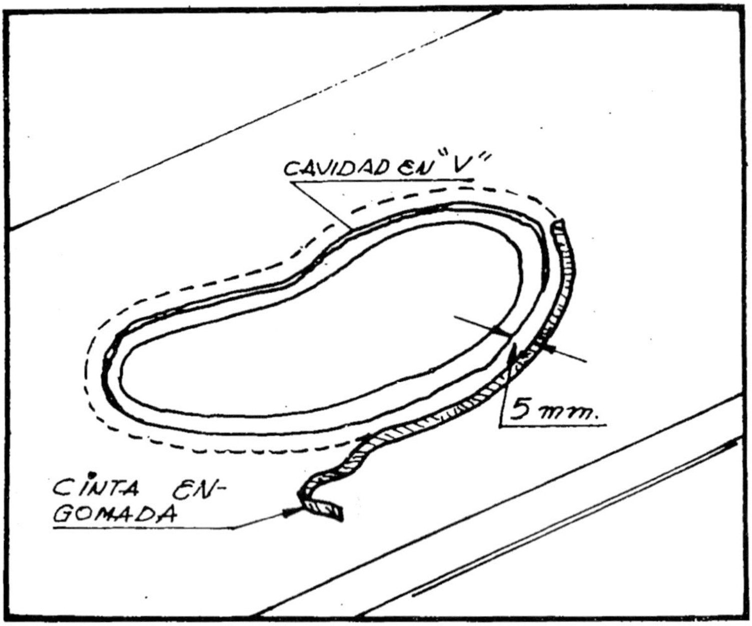

Fig. Nº 154: El rumbo ya preparado para efectuar la aplicación del gel - coat.

Antes de proceder con la aplicación del gel - coat en sí, es conveniente empapelar todo el resto de la embarcación a los efectos de que las partículas del mismo, volatilizadas a causa del sopleteado, no ensucien el laminado original, este empapelado puede ser realizado eficientemente con hojas de papel de diario común unidas y mantenidas en posición, mediante algunos trozos de cinta engomada ubicada en lugares estratégicos.

El gel - coat a aplicar, desde luego, deberá tener el mismo color que el de la zona a reparar si la embarcación es de construcción reciente; si la misma tuviese un determinado período de uso, es posible que su color original haya sufrido las alteraciones lógicas de pigmentación debidas a la continua exposición a los rayos solares y a la intemperie, efecto éste que se suele verificar con más nitidez en determinados colores, por ejemplo el turquesa.

De todas maneras, lo importante es que el gel - coat a sopletear sobre la reparación contemple este efecto, y en consecuencia posea la misma tonalidad del original de la zona de la embarcación a reparar.

El gel - coat en cuestión, deberá ser rebajado ya sea con monómero de estireno o alcohol metílico, según lo recomiende su fabricante, adicionando cualquiera de estos elementos en la máxima proporción admisible, la que en general se encuentra en alrededor del 18 % en peso, vale decir por ejemplo, que en 1 kilogramo de gel - coat, o lo que es lo mismo 1.000 gramos, deberán adicionarse 180 gramos, o centímetros cúbicos de alcohol metílico o monómero (admitiendo en estos casos un peso específico de 1 para ambos líquidos).

El gel - coat así diluído se sopleteará sobre la zona de la reparación graduando el regulador de presión del compresor, de manera que éste no indique un valor mayor de 35 ó 40 libras/pulg.^{2}.

Al aplicar el gel - coat, debe cuidarse de obtener una capa uniforme pero no excesivamente cargada, luego de lo cual habrá que esperar el tiempo necesario para que se establezca el completo fraguado del material.

En estas condiciones se retira la cinta engomada totalmente, y se lija la superficie tratada, primero con lija al agua correspondiente al número 400, para desbastar, y terminando luego con una lijada posterior utilizando el número 600.

El brillo definitivo, y consecuentemente el pulido final, se logra en la forma ya explicada anteriormente en otras oportunidades similares, es decir, efectuando de preferencia con un disco de paño insertado en la pulidora, y dando por último, una lustrada final utilizando emulsión para pinturas al duco.

En estas condiciones la reparación habrá quedado concluída, y si todo el proceso de la operación ha sido realizado en forma correcta, el resultado obtenido podrá ser admitido como satisfactorio, ya sea desde el punto de vista estético como desde el de la resistencia estructural en esa zona.

SALTADURAS DE GEL – COAT:

Estas pequeñas saltaduras o desprendimientos de áreas reducidas de la capa de gel - coat del laminado, pueden producirse como consecuencia de un golpe local con un objeto punzante, o inclusive cuando encontradnose en correspondencia con alguna burbuja de aire, que por lo mismo, será una cavidad hueca, soporte un impacto local en ese punto.

Normalmente la reparación en estos casos, es sencilla; dado que, en general, la falla resultante no poseerá dimensiones importantes, bastando en consecuencia con preparar una pequeña cantidad de gel - coat debidamente acelerado y catalizado y en estado puro, es decir, sin diluir.

Debe comprobarse que en el seno de la cavidad no se verifique humedad alguna, en cuyo caso, es preferible esperar a que ésta desaparezca en forma natural antes de comenzar el proceso de la reparación en sí.

Cuando el interior de la cavidad se encuentre en estas condiciones, ubíquese la embarcación de manera que aquélla quede hacia arriba lo que permitirá trabajar en forma más cómoda, y en esta posición, llénese el espacio resultante con el gel - coat preparado anteriormente.

Es preferible que el gel - coat rebase ligeramente el nivel de la superficie exterior del laminado a reparar, a los efectos de contar con material suficiente como para poder realizar el lijado y pulido final en forma correcta; de todas maneras, y a los efectos de evitar el eventual "chorreado" de aquél, deberá colocarse sobre la cavidad en cuestión, y de manera que abarque con holgura la misma, un trozo de papel celofán convenientemente estirado y sujeto provisionalmente con algunos trozos de cinta engomada, pasos éstos, esquematizados en la figura Nº 155.

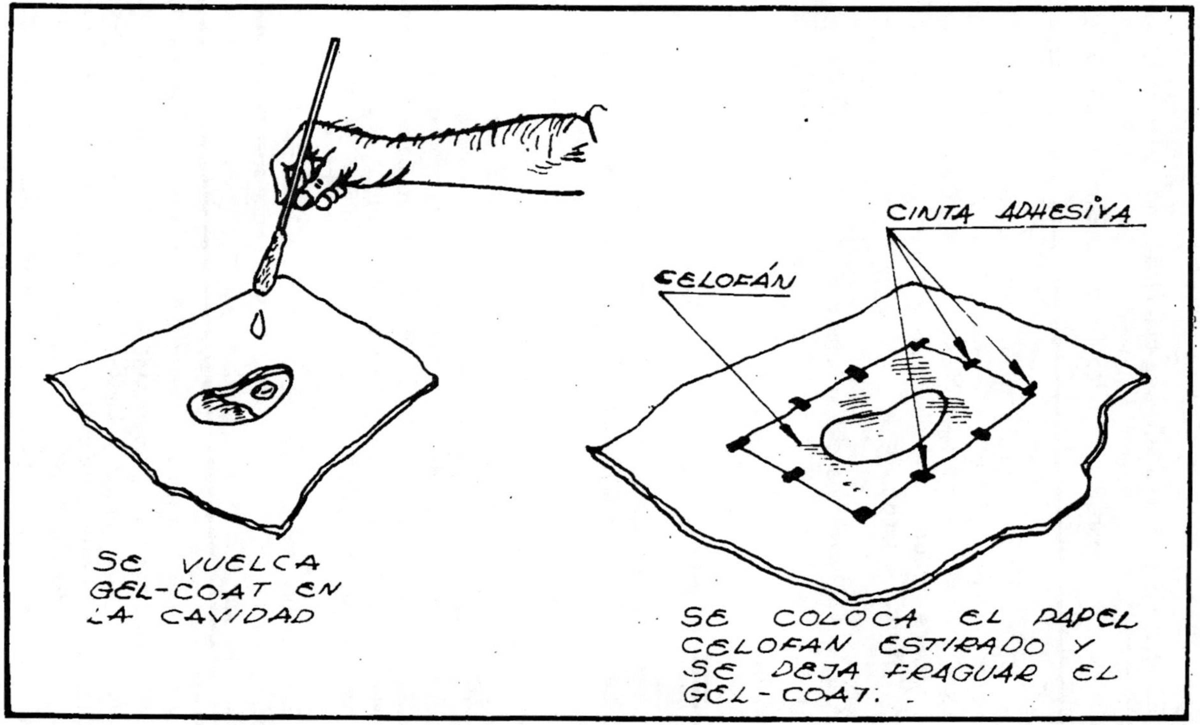

Fig. Nº 155: Primeros pasos en la reparación de una falla de la capa exterior del gel - coat.

En esta forma, deberá esperarse que el gel - coat adicionado en la cavidad, fragüe correctamente, acontecido lo cual, puede ser retirado el papel celofán juntamente con los trozos de cinta adhesiva que lo sujetaban al laminado.

La terminación final del proceso, presenta iguales características que en el caso anterior, vale decir, que la superficie reparada, deberá lijarse primero utilizando lija al agua Nº 400, y luego 600, y por último, proceder a su pulido final mediante pasta de grano fino y emulsión para lustrar pinturas al duco.

Estas dos últimas secuencias de la reparación se muestran en la figura Nº 156.

RUMBOS EN EL LAMINADO:

La operación de reparar un rumbo que se verifique en el laminado de la cubierta o del casco, aunque la mayoría de las veces se manifiesta más comúnmente en este último, supone uno de los procesos si se quiere más delicados en lo que a la reparación en todos los aspectos enunciados se refiere, desde que hay que tener en cuenta que el admitir un rumbo en el casco, supone que en el lugar donde el mismo se ha producido, se habrá producido también un orificio cuya dimensión dependerá de varios factores; pero en todos los casos habrá que tener en cuenta un faltante de material en la zona en cuestión que tendrá que ser convenientemente repuesto, a los efectos de mantener la continuidad estética y estructural, primitiva del área correspondiente.

Si el rumbo estuviere ubicado por sobre la línea de flotación, la reparación no ofrecerá mayores dificultades, las que sí se pondrían de manifiesto en el caso de que el mismo se hubiera producido en correspondencia con el fondo del casco donde en este caso particular, y muy común por otra parte, habría que proceder al desarme total del doblefondo correspondiente, o eventualmente algún compartimento estanco que se encontrara ubicado sobre el rumbo a reparar; esta aclaración, debe entenderse como referida a una operación de desarme que en los casos citados habrá que llevar a cabo, si se tiene en cuenta que fundamentalmente para efectuar la correcta reparación del rumbo establecido, habrá que operar de manera de tener acceso a ambas caras

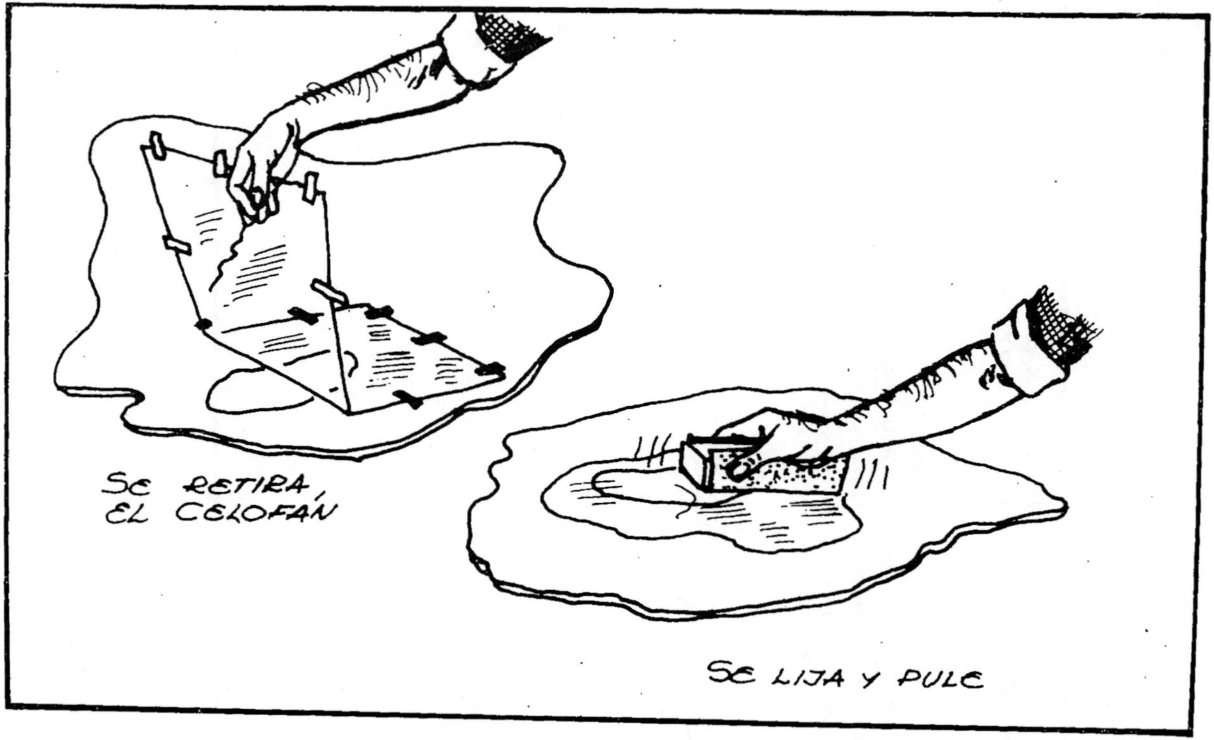

Fig. Nº 156: Pasos finales de la reparación de la falla de la capa de gel - coat.

del mismo, es decir la exterior y la interior del laminado que se encuentre en su correspondencia.

Si se produjera la circunstancia prevista en última instancia, habrá que considerar y consecuentemente planificar, la tarea del desarme parcial teniendo en cuenta que éste habrá de ser efectuado bajo algunas condiciones especiales.

En primer lugar debe entenderse que dicho desarme o "desmonte" provisional habrá que encararlo de manera que la pieza (si se trata de algún compartimento estanco por ejemplo), o el conjunto del piso del doblefondo, deberá de ser ubicada nuevamente en su lugar primitivo una vez finalizada la reparación prevista, por lo cual el elemento a retirar, deberá ser quitado del lugar que ocupe dentro del casco con el máximo de cuidado, a fin de no deteriorarlo en forma exagerada lo que luego, tornaría prácticamente imposible su re-instalación y fijación en su lugar primitivo.

Ya se trate de todo el piso de la embarcación, o eventualmente de una sección de éste o de algún compartimento estanco, como puede ser un asiento moldeado de un pequeño chinchorro, etc., habrá que operar con el disco abrasivo de la pulidora de manera de eliminar en forma natural el material de unión existente entre la zona a desmontar y el laminado propio del casco, el cual en general está formado por tiras de fieltro que materializando un solapado, vinculan a ambas partes.

Lo ideal, se repite, es debilitar con la pulidora esa zona de unión, hasta que el elemento en cuestión, pueda ser retirado sin mayores esfuerzos; no obstante esta recomendación, en ocasiones habrá que efectuar algunos esfuerzos tendientes a reparar las superficies en contacto, especialmente en el solapado de unión correspondiente; este efecto se logra utilizando en forma conveniente una espátula o eventualmente algunas cuñas de madera, haciendo palanca con ellas.

De todas maneras, debe emplearse el criterio de proceder al desarme nombrado operando sin apresuramientos, y haciendo que tanto la pieza a retirar como la parte del laminado interno del casco donde ésta haya estado vinculada, sufran lo menos posible las consecuencias del proceso

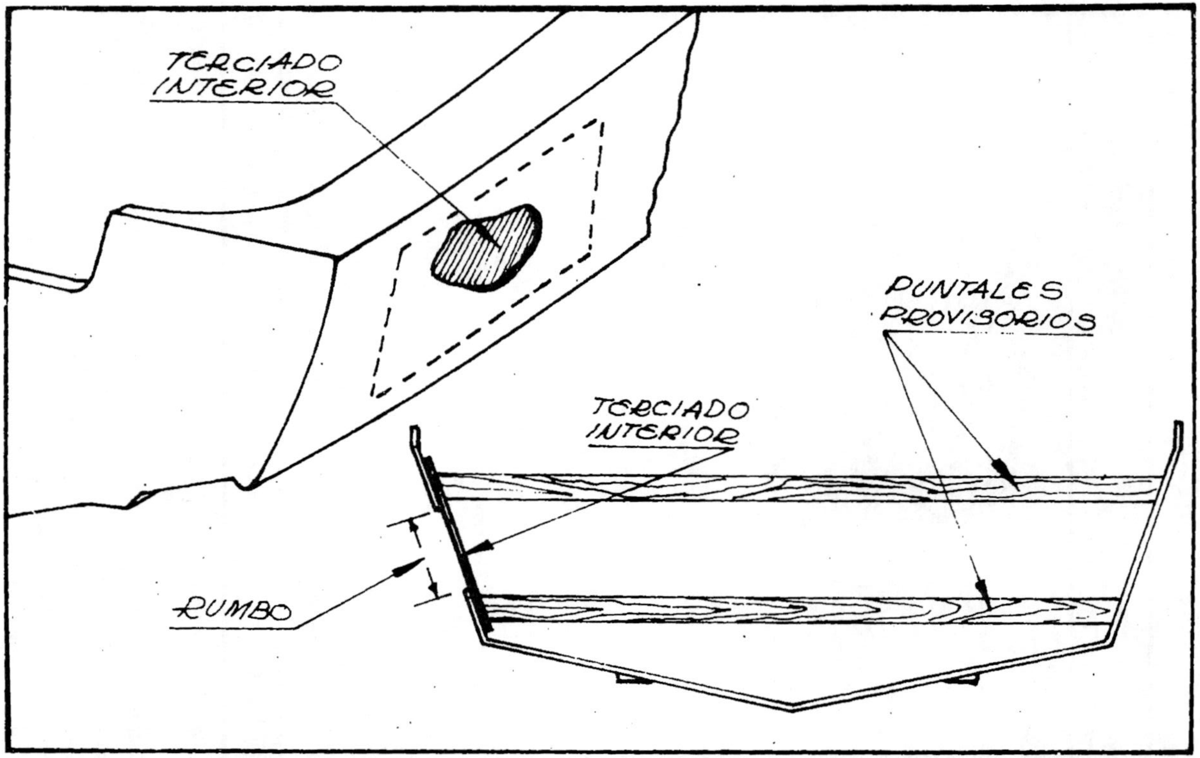

Fig. Nº 157: Ubicación del trozo provisional de terciado por la cara interna del rumbo a reparar.

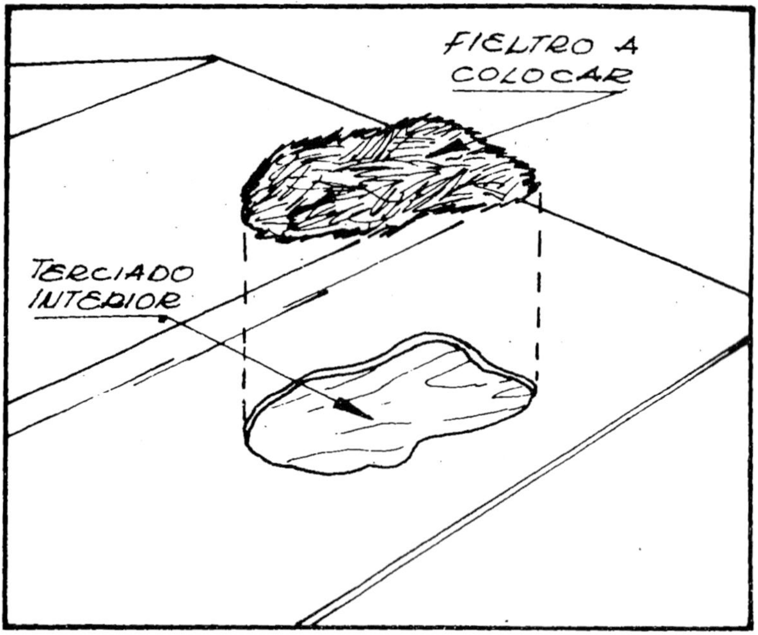

Fig. Nº 158: El trozo de fieltro cortado a la forma exacta del rumbo.

previsto; entendiéndose esto, lo importante es establecer que la zona a reparar se encuentre completamente libre de obstáculos y/o piezas que ocupen su área, tanto sea desde el lado interno como desde el externo.

En estas condiciones, debe en principio retirarse completamente de su lugar, los trozos de material que a consecuencia del impacto que originara el rumbo, pudieran aún todavía permanecer adheridos parcialmente al laminado del casco; lo que equivale a decir que habrá que "limpiar" la zona del impacto de manera de que virtualmente se verifique sólo el orificio resultante que por lo tanto ocupará en todo su perímetro, la parte "sana" de aquél

Desde la cara interior del laminado deberá ser colocado en estos momentos, un trozo de madera terciada común, una de cuyas caras (la que se encontrará contra el laminado), habrá sido previamente encerada en la forma ya acostumbrada, o si se prefiere, tratada con una o dos manos de agente de despegue extendido mediante una esponja común.

Dicho trozo de terciado, cuyas dimensiones generales deberán superar a las que posea el orificio a reparar, habrá de ser ubicado en forma provisional pero no por ello con menos rigidez, por el lado interno del laminado del casco, manteniéndolo en esta posición, con algunos puntales de madera, los que se ubicarán convenientemente calzándolos ya sea sobre algún lugar del casco que sirva de apoyo, o eventualmente contra el piso del local de trabajo; detalle éste, que a los efectos de un ejemplo gráfico, se muestra en la figura Nº 157.

A continuación debe cortarse un trozo de fieltro del utilizado durante la construcción de la embarcación, es decir del llamado "450", con la forma exacta que posea el orificio a reparar, lo que puede lograrse fácilmente efectuando de antemano una plantilla de papel la que una vez recortada y presentada contra el orificio en cuestión, podrá servir de guía para el seccionado del trozo de fieltro a utilizar.

Este trozo de fieltro resultante deberá calzar en forma ajustada en el orificio demarcado sin que por lo tanto, se verifiquen excedentes o faltantes en correspondencia con el perímetro de ambos, detalle que en forma esquemática ilustra la figura Nº 158.

A continuación extiéndase una capa de resina previamente acelerada y catalizada sobre la superficie de la terciada encerada que se colocara anteriormente, y asiéntese sobre éste el trozo de fieltro el que, antes de ello, se habrá impregnado convenientemente con la misma resina.

Utilizando un pincel en la forma acostumbrada, lamínese el trozo de fieltro contra la superficie del terciado y contra los bordes, de manera que se establezca una correcta adherencia entre las partes, luego de lo cual, deberá dejarse fraguar el material al tiempo suficiente hasta que se lo observe completamente rígido.

Bajo estas condiciones, puede ser retirado el trozo de terciado desde el interior del laminado y consecuentemente los puntales que lo sostenían; procediendo luego a efectuar un conveniente lijado de la superficie interior del fieltro colocado y sus zonas adyacentes con el objeto de eliminar completamente los restos de cera que eventualmente pudieran haber quedado adheridos como consecuencia de las operaciones anteriores.

Este lijado, debe ser realizado utilizando lija de madera de grano grueso de manera de obtener como consecuencia del mismo, una superficie lo suficientemente áspera que en cierta forma contribuirá a permitir la mejor adherencia del material que deberá colocarse inmediatamente.

A continuación, habrá de ser cortado otro nuevo trozo de fieltro con la forma aproximada del anterior, pero ligeramente más grande que

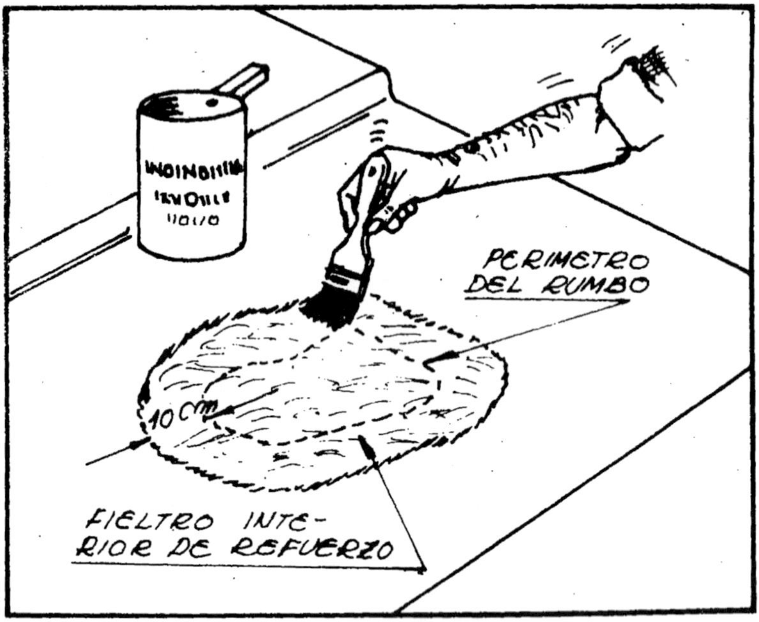

Fig. Nº 159: Colocando el fieltro de refuerzo por la cara interna del rumbo.

aquél, en la medida en que exceda en alrededor de 10 cm. todo el contorno del rumbo a reparar; este excedente tiene por objeto permitir que el fieltro mencionado en último término, pueda ser laminado en forma conveniente cubriendo virtualmente el orificio del rumbo y de manera que su excedente, a la manera de un "solapado", pueda adherirse contra el laminado que lo circunda, estableciéndose en consecuencia, una adecuada vinculación entre las partes; este detalle puede observarse en la figura Nº 159, donde en especial se muestra el fieltro de refuerzo interior, ya colocado en posición.

Habiendo llegado a esta altura del proceso, y luego de que se establezca el correcto fraguado del fieltro colocado en último término, deberá continuarse el trabajo efectuando las restantes operaciones, pero ahora operando desde el lado exterior del laminado comprendido.

Es evidente que visto desde esta cara exterior, el rumbo ya semireparado, presentará una cavidad con respecto a la superficie que lo circunda.

En consecuencia habrá que operar en forma semejante a como se hiciera durante la reparación de las rajaduras del laminado, es decir, perfilar convenientemente con el disco de abrasivo de la pulidora, la zona adyacente al perímetro del rumbo en reparación, zona ésta, que se indica como rayada en la figura Nº 160.

Lo esencial es que toda el área comprendida en por lo menos unos 5 cm. alrededor del rumbo (es decir, la zona rayada nombrada), quede con una ligera conicidad hacia el interior, tal como en forma exagerada a los efectos del ejemplo, lo muestra el corte correspondiente de la figura Nº 160.

La cavidad así obtenida, servirá de base para alojar en su seno, el resto de los fieltros que deberán ser colocados en última instancia, de manera de completar el nivel que será la continuación de la superficie exterior de la zona reparada.

Estos fieltros, se cortarán con la forma de la cavidad del rumbo, pero a los efectos de una más efectiva adherencia entre los mismos, es conveniente no fraccionarlos todos en una misma dimensión, sino por el contrario resulta más efectivo que se manifieste una ligera diferencia

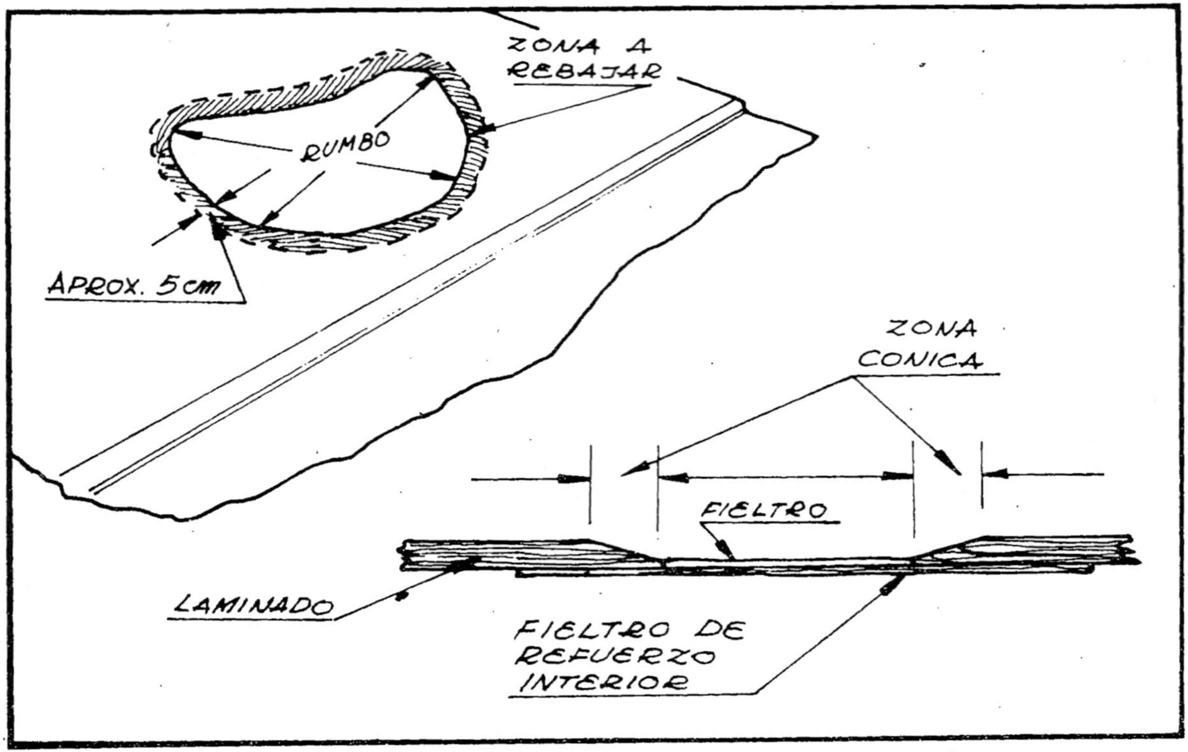

Fig. Nº 160: Cómo se perfila el perímetro del rumbo por su cara exterior.

entre todos ellos a los efectos de que se establezca un solapado natural a medida que se vayan impregnando alternativamente; este detalle se comprenderá aún más si se tiene en cuenta la ilustración de la figura Nº 161, donde se muestra en una vista en corte la zona en cuestión.

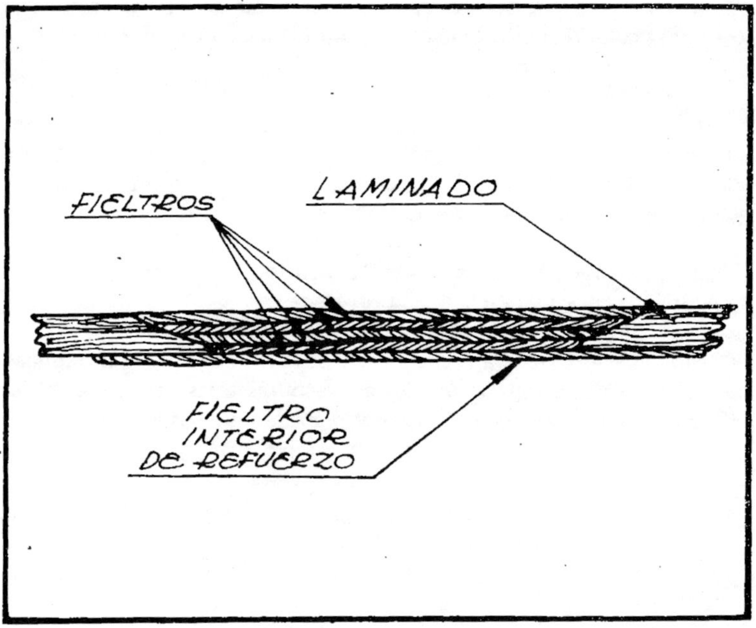

Fig. Nº 161: Corte esquemático mostrando la disposición de los fieltros ubicados ya en la cavidad resultante del rumbo.

Como se ve en dicha figura, los distintos fieltros colocados en la cavidad, se encuentran en forma "escalonada" aumentando sus dimensiones generales a medida que se acercan a la superficie exterior del laminado del casco; asimismo el número de ellos es imposible precisarlo ya que dependerá directamente del espesor que posea este último.

Una vez que se haya colocado en la forma mencionada, el número necesario de fieltros, deberá dejarse fraguar el material hasta que se establezca la completa rigidez del conjunto.

En estas condiciones, puede continuarse el trabajo según el mismo criterio establecido al hacerse referencia a la reparación de rajaduras en el casco, es decir que primero se efectuará un masillado burdo de la superficie reparada, utilizando la masilla formada por resina y talco, la que una vez fraguada deberá lijarse convenientemente a los efectos de ir logrando paulatinamente la necesaria uniformidad de superficie.

Si se hiciera necesario, resultará conveniente realizar un posterior re-masillado a los efectos de llevar a nivel correcto, las irregularidades que aún se manifiesten; de todas maneras lo importante es lograr una adecuada continuidad con la superficie adyacente al rumbo, de manera que a simple vista, no se noten desniveles importantes.

La reparación del rumbo habrá concluído con la aplicación de la capa final de gel - coat en la zona procesada.

Tal aplicación, deberá ser realizada de idéntica forma a la explicada para el caso de la reparación de las rajaduras a las que ya se hiciera referencia, por lo cual no será necesario entrar en repeticiones.

☆ ☆ ☆

CAPITULO DECIMO TERCERO

EL PLASTIFICADO DE CASCOS DE MADERA

Es probable que quizá, el punto más vulnerable de las embarcaciones construídas íntegramente de madera, está substancialmente referido a la resistencia natural que ésta posea en contacto con los agentes exteriores.

Este concepto, que cobra especial significativo en la envoltura exterior del casco o forro, y más precisamente el que corresponde a la obra viva o carena del casco, es decir la parte sumergida de éste, tiene en cierta manera una raíz lógica e innegable a pesar de suponer que en el casco previsto se utilice una madera con condiciones especiales que supongan una gran resistencia a la continua inmersión ya sea en agua dulce o salada, la cual en todos los casos se ve acrecentada debido al tratamiento de "terminado" que se verifica sobre la madera natural, empleando pinturas o compuestos especialmente elaborados para uso náutico, a base de caucho, etc.

De todas maneras, se comprueba en la práctica, que aunque se tengan en cuenta estos conceptos, y consecuentemente mediante los mencionados compuestos y pinturas, traten de reducirse al mínimo los efectos, éstos se manifiestan, lo que trae aparejado que se haga inevitable una periódica revisión del forro del casco en tierra; y en casi todos los casos, consecuentemente con esto, una nueva operación de pintado de su superficie externa.

En este campo específico, los plásticos reforzados con fibras de vidrio. han sido acogidos con verdadero beneplácito en la medida en que por sus cualidades intrínsecas, se prestan admirablemente para servir de recubrimiento no solamente a embarcaciones de madera nuevas o de reciente construcción, sino también a aquellas que luego de largos años de utilización, cobran, mediante el procedimiento de la "plastificación" de su casco, una vida útil prácticamente ilimitada.

Este último criterio, aplicable perfectamente a todos los casos, es real si se piensa que con el tratamiento citado, la madera que constituye el forro de la embarcación queda completamente aislada del agua y los agentes exteriores una vez que ésta se encuentre a flote; por otra parte, el aparente poco espesor del recubrimiento de fibra de vidrio sobre la madera del forro, le comunica a éste no obstante, una gran resistencia estructural lo que hace lógicamente, que el conjunto pueda absorber cómodamente esfuerzos mayores.

En el presente capítulo se tratará como resultado y aplicación práctica de lo enunciado, todo lo referente a la posibilidad de que el aficionado pueda llevar a cabo una tarea de esta índole, bajo dos condiciones que son únicamente posibles, es decir, el caso de una embarcación de madera nueva o aquel que suponga "plastificar" un casco que ya tenga un cierto tiempo de construído.

La operación, en ambos casos, difiere solamente en que mientras en el primero es posible comenzar el verdadero proceso en forma inmediata, en el segundo en cambio habrá que preparar la superficie de la madera de forma de lograr que aparezca libre por completo de restos de pintura, grasa, manchas de combustibles, eventuales incrustaciones, etc.

Si se tratara de un casco ya usado, y siempre que sus dimensiones lo permitan, deberá colocarse en posición invertida sobre algunos soportes especiales, de manera de tener cómodo acceso a toda su superficie.

En esta posición, deberán quitarse aquellos elementos que se encuentren interrumpiendo la continuidad de las líneas del casco, como pueden ser por ejemplo, los botazos, molduras laterales de las bandas, pie de gallo, etc.

A continuación habrá que proceder a quitar completamente la capa de pintura que recubre el casco, operación que es preferible de efectuar empleando una pulidora o lijadora eléctrica manual, en la que puedan insertarse discos abrasivos de grano más bien grueso.

Aunque es factible en estos casos retirar la capa de pintura vieja, mediante el uso de solventes especiales, removedor o eventualmente el

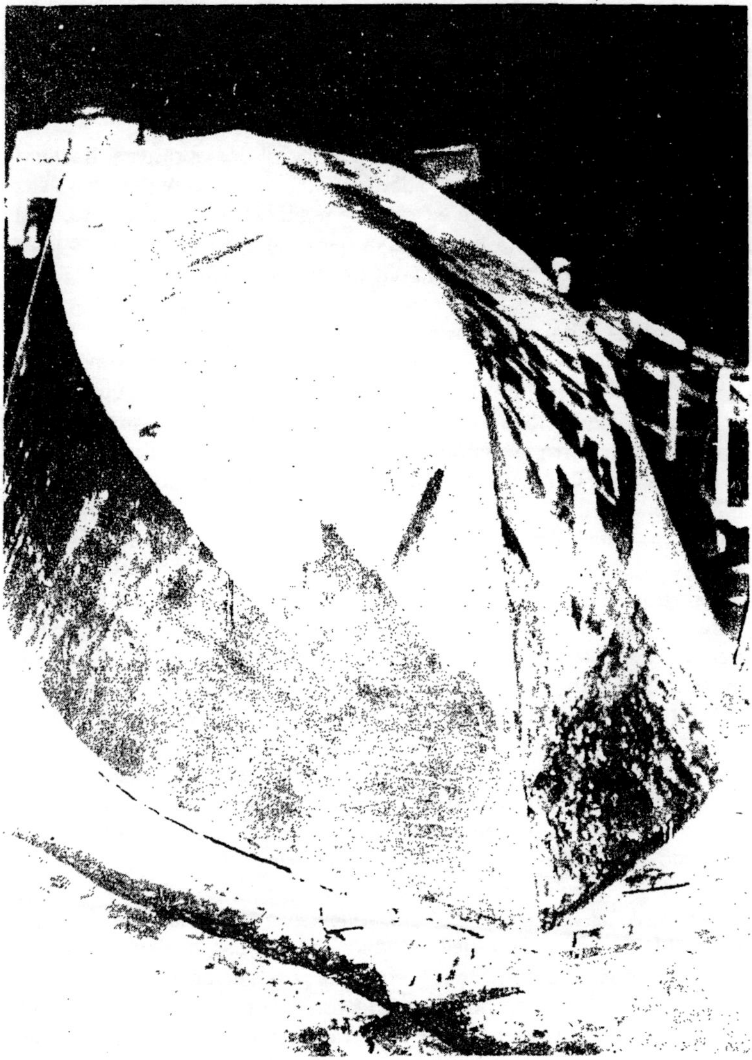

Un casco de madera correspondiente a un crucero de 7,80 m. de eslora, en el proceso de "plastificado".

calor suministrado por una lámpara de soldar, no es conveniente encarar este proceso bajo estas condiciones, ya que la pintura "ablandada" a consecuencia de cualquiera de los tratamientos citados, penetraría aún más en los poros naturales de la madera, lo que luego dificultaría la correcta adherencia de los materiales de vidrio a colocar.

En consecuencia es preferible utilizar los discos abrasivos, haciendo que la capa de pintura sea desprendida por el poder de éstos, efectuando además un lijado extra en la madera ya al descubierto, hasta que se observe que se ha llegado a la parte en que ésta no se encuentre afectada por las substancias de la pintura desprendida.

Es de hacer notar asimismo, que dicho proceso deberá de ser llevado a cabo cuando el forro del casco haya perdido por completo la humedad absorbida durante su estadía a flote, lo que equivale a decir que se hace necesario mantener en seco la embarcación, luego de que fuera sacada la tierra, el tiempo suficiente hasta que en forma natural se produzca el secado previsto; por otra parte, los restos de humedad impedirían la unión entre la madera y la fibra de vidrio lo que nuevamente induce a observar un estricto control de esta eventualidad.

Si se tratara de una embarcación recién construída, estos criterios no tendrán razón de ser observados, pero sí es conveniente lijar toda la superficie del casco a recubrir con fibra de vidrio, de manera de obtener una superficie pareja, a la vez que algo áspera lo que favorecerá en gran parte la íntima adherencia de la madera y el revestimiento a colocar.

En estas condiciones, debe prepararse una determinada cantidad de resina la que será diluída con monómero de estireno en una proporción de alrededor del 5 % en peso, acelerándola y catalizándola luego, en la forma acostumbrada.

La resina así obtenida deberá aplicarse a la manera de un barniz común sobre la superficie de la madera a plastificar, haciendo que en lo posible penetre bien en los eventuales intersticios o juntas que se verifiquen; tal aplicación podrá ser efectuada con el auxilio de un pincel común, o si la continuidad de la superficie así lo admite, con un rodillo de los utilizados para pintar paredes.

La capa de resina así depositada sobre la madera, deberá dejarse fraguar completamente lo que en general debido al reducido espesor que la integra, demorará un tiempo ligeramente mayor que el acostumbrado; de todas maneras será fácil observar cuándo el fraguado se ha verificado plenamente; además es posible que la superficie de esta capa de resina aplicada, permanezca aún después del fraguado mencionado con una cierta pegajosidad característica, lo que en parte favorecerá, a posteriori, la colocación del material de vidrio a utilizar como primera etapa del plastificado.

En estas condiciones, se debe preparar una determinada cantidad de masilla de talco del tipo industrial, ya mencionado varias veces en otros capítulos, mezclando muy bien estos componentes hasta obtener una perfecta homogeneización de la masa resultante, la que deberá tener la consistencia de una masilla más bien consistente, y con el compuesto obtenido, el que como es lógico suponer, deberá ser acelerado y catalizado convenientemente, se rellenarán todos aquellos desniveles que se consideren importantes, eventuales rajaduras de tracas si es que se observan, fresaduras de cabezas de tornillos, etc.

Cuando se observe que la masilla aplicada ha fraguado, es conveniente repasar la zona en que ésta fuera depositada con un lijado general, de manera de obtener una adecuada continuidad de superficie.

El casco, a esta altura del proceso, se encuentra ya en condiciones de recibir el recubrimiento de fibra de vidrio propiamente dicho, el cual, en lo que respecta a la cantidad y tipo de fieltros de vidrio a utilizar, está relacionado estrechamente a las dimensiones generales que posea la embarcación.

Para el caso de una embarcación pequeña tipo, con una eslora de hasta unos 4,50 metros, puede tomarse como base, el emplear un fieltro de 450 gramos por metro cuadrado directamente sobre la capa de resina aplicada sobre la madera del casco, y sobre ésta, una capa final de tela de roving fina, por ejemplo de un peso de 130 gramos por metro cuadrado.

El material de fibra de vidrio a utilizar, deberá ser cortado previamente a la forma y dimensiones que correspondan al casco a cubrir, pero debe tenerse en cuenta que es conveniente que se verifique la menor cantidad posible de uniones las cuales, a consecuencia del solapado resultante, formarán en esa zona una discontinuidad de superficie; en todo caso es preferible que aquellas uniones que no

Fig. Nº 162: En un casco usado, la pintura debe ser quitada con el empleo de discos abrasivos.

Fig. Nº 163: El casco a "plastificar", en el proceso de masillado.

puedan ser evitadas de ningún modo, se establezcan en correspondencia con ángulos del casco, cantoneras, relieves o dientes del fondo, línea central de la quilla, etc., a los efectos de que pasen en la forma más desapercibida posible.

Una vez que se tenga cortada la cantidad de fieltros a utilizar, deberá prepararse la resina necesaria para que los mismos sean impregnados convenientemente.

En lo que respecta al criterio a seguir para definir la cantidad y la forma de-preparación de la mencionada resina, pueden seguirse las indicaciones dadas en el capítulo quinto, al hacerse referencia al laminado del casco, donde se establecía como criterio primordial, y a los efectos de un cálculo aproximado, que la cantidad de resina necesaria en peso estaba en relación al doble del peso de los materiales de vidrio a laminar; en el mencionado capítulo, también se establecían las proporciones más adecuadas de monómero de estireno y acelerador y catalizador a adicionar, las que pueden ser tomadas también como valores correctos.

La resina ya preparada deberá extenderse en una capa más bien espesa pero uniforme, ya sea utilizando un pincel o un rodillo de pintor, en toda la superficie a cubrir por el momento; luego de lo cual y en forma inmediata, deberá extenderse sobre ésta el material de vidrio el cual, utilizando nuevamente nuevamente el pincel o el rodillo empapados en resina, deberá ser obligado a amoldarse a las formas del casco.

Debe tenerse presente que al unir dos o más secciones de fieltros, deberá definirse un solapado de alrededor de 10 cm., el que como se dijera, será conveniente que se establezca en aquellas zonas del casco donde aparentemente pueda pasar más desapercibido.

Esta forma de operar, que muestra esquemáticamente la figura Nº 164, deberá repetirse a través de toda la superficie del casco a cubrir, esperando posteriormente que se produzca el fraguado del material.

A continuación y luego de efectuar un lijado general de toda la superficie del fieltro, a los efectos de eliminar las fibras endurecidas que

Fig. Nº 164: Cómo se colocan las secciones de fieltros del recubrimiento.

En la fotografía se está emparejando mediante un disco abrasivo, la superficie de un casco de madera que ya ha sido endulído, a los efectos de su plastificación.

Fig. Nº 165: Lijando el material del recubrimiento para eliminar las fibras fraguadas.

sobresalgan excesivamente de la superficie, podrá laminarse de idéntica forma la tela de roving, cuidando en este caso, que las uniones correspondientes entre secciones de superficie, se alternen en la medida de lo posible con las del fieltro; este detalle contribuirá a que se obtenga una mayor rigidez del conjunto.

La tela de roving, una vez completamente colocada en toda la extensión a cubrir, se dejará fraguar el tiempo requerido siendo conveniente proceder a una revisión general de manera de asegurarse que no se encuentren zonas del casco sin cubrir o que no presenten, aún así, una adherencia efectiva con éste.

A continuación utilizando lija de madera de grano grueso, deberá lijarse completamente toda la superficie cubierta con fibra de vidrio, pero operando de manera de no llegar a la superficie de la tela de roving en sí, sino haciendo que el poder abrasivo de la lija elimine solamente como en el caso anterior, las fibras endurecidas o fraguadas que presenten un desnivel de superficie.

Efectuado el lijado previsto, deberá eliminarse el polvo resultante procediendo a continuación a preparar una cierta cantidad de resina de manera que alcance como para cubrir a manera de pintura toda la superficie tratada.

Esta resina, se acelerará y catalizará en las proporciones mínimas aconsejadas a fin de contar con tiempo suficiente para extenderla sin que se produzca su fraguado prematuro, incorporándole de antemano una determinada cantidad de talco industrial, mezclando continuamente hasta que la masa resultante obtenga la consistencia de una pintura bien espesa, pero susceptible de ser extendida a pincel, formando una capa más bien gruesa.

El objeto de aplicar esta mezcla de resina y talco, es formar en toda la superficie del casco una capa con suficiente espesor como para que sea posible efectuar un conveniente lijado tendiente a lograr un efectivo emparejamiento de la superficie tratada.

Una vez que la capa aplicada según las últimas indicaciones, se encuentre completamente endurecida a consecuencia de que se haya

Aplicando la capa final de gel - coat a un casco de madera que ha sido "plastificado"; último paso del proceso.

verificado el correspondiente fraguado, mediante lija de madera en un grosor correspondiente al número 2, deberá lijarse nuevamente todo el casco, hasta completar una superficie pareja y lisa.

El lijado, será conveniente efectuarlo respaldando a la hoja de papel de lija, con un taco bien plano de madera o mejor aún, corcho, imprimiendo al movimiento del taco, una dirección longitudinal, es decir, paralela a la dirección proa-popa de la embarcación; esta recomendación se debe tener en cuenta, ya que en esta forma podrá evitarse la aparición de rayaduras o surcos que probablemente se verificarían en el caso de realizar el lijado también en sentido transversal.

Una vez eliminado mediante un cepillo de cerdas largas y suaves el polvo resultante, habrá que practicar una revisión general de toda la superficie a los efectos de comprobar la ausencia de fallas y/o desniveles importantes; si éstos se verificaran, podrán ser convenientemente disimulados con el empleo de una determinada cantidad de masilla a base de resina y talco, repitiendo a continuación, y en la zona afectada, el lijado explicado.

Lo esencial en este paso del proceso, que significará obtener una base adecuada para la aplicación de la capa final de resina pigmentada o gel - coat, es obtener una superficie lo más uniforme posible, de manera que la apariencia del casco una vez terminada la operación del pulido final, se presente a la vista en la forma más exacta posible en lo que a la uniformidad de líneas y superficies se refiere.

Es por ello que es preferible dedicar todo el tiempo necesario a este paso explicado el cual, redundará en un beneficio positivo como es la apariencia estética de la embarcación.

La aplicación final del gel - coat de terminación, no difiere mayormente a la ya considerada en un capítulo anterior.

El mismo, en el color deseado, deberá ser diluído en una proporción de alrededor del 18 % en peso ya sea con monómero de estireno, o alcohol metílico, según lo aconseje su fabricante.

Luego de acelerado y catalizado en las proporciones indicadas como más convenientes, de acuerdo a la temperatura ambiente del local en

Fig. Nº 166: Aplicando la resina mezclada con talco en una capa espesa.

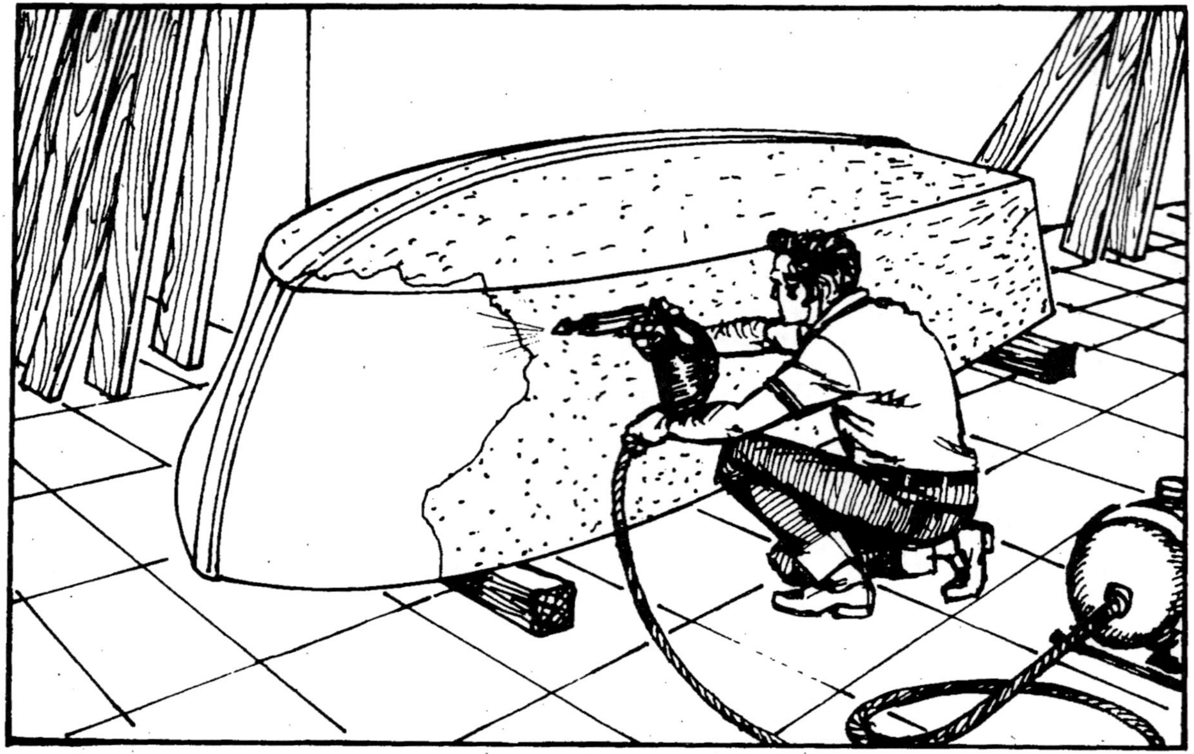

Fig. Nº 167: Aplicando la capa final de gel - coat.

Fig. Nº 168: El pulido de la capa final de gel - coat.

Fig. Nº 169: Colocando los botazos, defensas, herrajes, etc.

Fig. Nº 170: La embarcación "plastificada", ya terminada.

que se trabaje, se aplicará utilizando el soplete y de forma que el compresor envíe un flujo de aire continuo con una presión que oscile entre las 35 y las 45 libras por pulgada cuadrada.

En esta aplicación del gel - coat, deberán extremarse las precauciones en la medida de evitar las probables fallas a presentarse que ya fueran mencionadas en su momento, así como también en lo que se refiere a las condiciones del local en que se esté efectuando dicha aplicación, principalmente en lo que respecta a una temperatura ambiente adecuada, ausencia de polvo en suspensión, etc.

El brillo final de esta capa de gel - coat de terminación está referido a una operación ya considerada anteriormente y que por lo mismo se repetirá en forma somera.

Una vez producido el completo fraguado del gel - coat, deberá lijarse su superficie exterior utilizando lija del tipo al agua, sucesivamente en los números 320, 400 y finalmente 600, este último para que sea posible eliminar la textura natural del gel - coat o también llamada "cáscara de naranja".

El lustre definitivo se logra con el auxilio de pasta de pulir de grano fino, la que se extenderá con el disco de piel de la pulidora y finalmente, con emulsión para lustrado de pinturas al duco, la que podrá trabajarse en forma manual con una franela o paño suave.

☆ ☆ ☆

APENDICE

COMPLEMENTOS DE PRIMEROS AUXILIOS Y PREVENCION DE ACCIDENTES EN EL USO DE RESINAS POLIESTER Y SUS AUXILIARES

Se reproduce por una gentileza de la firma Poliperl S.A.I.C.

INTRODUCCION
PRECAUCIONES MAS GENERALES
ACCIDENTES EN LA PIEL
ACCIDENTES EN LOS OJOS
ACCIDENTES CON LOS VAPORES DE DILUYENTE
ACCIDENTES POR INGESTION
INCENDIOS
PRIMEROS AUXILIOS
COMPLEMENTO DEL BOTIQUIN
PARA EL MEDICO

☆ ☆ ☆

INTRODUCCION:

Los materiales que se utilizan en la elaboración de objetos de plástico reforzado (gel - coat, resina poliéster, diluyente, acelerante, etc.) son por lo general poco conocidos por los encargados de suministrar los primeros auxilios.

La intención de este pequeño manual es, entonces, complementar sus conocimientos para que sepan cómo actuar eficazmente también en caso de accidentes con los productos nombrados.

En las primeras páginas, el aficionado podrá encontrar, además, algunas de las precauciones más generales que conviene (según indica la experiencia), tener en cuenta.

PRECAUCIONES MAS GENERALES:

Estos materiales, como es sabido, son inflamables e irritantes, y como tales deben ser manipulados con ciertas precauciones, que no son muy complicadas pero sí muy importantes.

Es importante también, que cada parte del proceso sea efectuada por quien sepa hacerlo, desalentando a quienes no lo hayan aprendido sistemáticamente.

Si no puede hacer conocer estas normas de seguridad a todo el persona, guarde por lo menos el acelerante y el catalizador en lugares separados bajo llave; es posible que alguna persona no familiarizada con estos materiales provoque un accidente.

No tenga en el lugar de trabajo más materiales que los que esté por usar; éstos estorban el trabajo y hacen más probables las distracciones.

Esta precaución es particularmente importante en el caso de los solventes, acelerantes y catalizadores.

Recuerde y haga recordar que el catalizador es un líquido peligroso, y que en todas las operaciones debe tratarse con singular cuidado.

Insista sobre la peligrosidad de las bromas con los materiales que se usan en el trabajo, puede resultar intoxicado algún operario, o bien accidentarse por tratar de evitarla.

Mantenga su reserva de materiales combustibles en lugares bien aireados y de fácil acceso, lejos de máquinas u otros depósitos que puedan tomar fuego espontáneamente.

No pese ni fraccione catalizador ni materiales inflamables en el depósito.

Es conveniente tener la precaución de no fumar tanto en el depósito como en los lugares de aplicación donde la ventilación pueda no ser efectiva; recuerde además que en la práctica resulta más ventajoso insistir sobre la disciplina de fumar (cuidado al encender el cigarrillo, apagar totalmente los fósforos y colillas antes de tirarlos, no dejar cigarrillos encendidos sobre bordes de mesas o estantes ni así sea por "un minuto") que prohibir fumar en toda la fábrica.

Mantenga el depósito y el lugar de trabajo lo más limpio posible, de esta manera podrá darse cuenta más rápidamente si ocurre algo fuera de lo normal.

Si lava recipientes o parte del piso con solventes, cuide de abrir bien todas las ventanas y de no fumar ni poner en funcionamiento máquinas que puedan producir chispas, durante el tiempo que crea prudente.

Si se derrama catalizador, acerque un matafuegos y vuelque sobre el piso talco o tierra filtrante hasta secarlo, y llévelo a quemar (¡con cuidado!) lejos de allí.

Enjuague el piso con soda cáustica al 20 % y luego con agua y jabón.

Ponga particular atención en los transvases, la mayor parte de los accidentes ocurren durante estas operaciones.

Tenga siempre despejada la pileta del taller, de forma de poder lavarse rápidamente en caso de salpicaduras, quemaduras, etc.

No deje gelificar restos de gegel - coat o resina en recipientes donde puedan producirse humos por elevación de temperatura; si no puede lavarlos en el momento, cúbralos con agua.

Recuerde que nunca deben ponerse en contacto (puros) el acelerador y el catalizador, ni almacenarse a más de 30º C.

Evite en lo posible que "vuele" polvillo de plástico reforzado (de sierras, pulidoras, etc.) pues el inhalarlo produce trastornos, no sólo por el polvo de vidrio, sino también por el de poliester.

ACCIDENTES EN LA PIEL:

En los talleres en los que se elaboran objetos de plástico reforzado suelen aparecer casos de dermitis, pero en rigor, éstos carecen de importancia en prácticamente todos los casos.

Los gel - coats y la resina de poliester contienen, por su composición, pequeñas cantidades de substancias que se comportan como irritantes primarios y sensibilizantes, por ello debe cuidarse la higiene personal, evitando sobre todo, prolongar el contacto de éstos con la piel; y esto incluye no sólo los frecuentes lavados, sino también la conservación de todo el equipo, y en particular el calzado.

Recordemos aquí que los guantes de goma, puestos cuando las mahos están sucias se vuelven perjudiciales al aumentar la temperatura, humedad y roce del irritante sobre la piel.

Aún mayor cuidado debe tenerse en lo que respecta al contacto del catalizador con la piel, pues además de dañarla, penetra a través de ella pudiendo llegar a producir anemia hemolítica cuando se afectan áreas extensas del cuerpo, o bien este contacto se repite a menudo, y las salpicaduras no se lavan con rapidez.

Es conveniente lavarse las manos, especialmente debajo de las uñas, después de haber trabajado con el catalizador, aún cuando no crea haberse ensuciado.

Podemos agregar en este lugar, que la costumbre de algunos operarios de lavarse las salpicaduras de gel - coat o resina con solventes resulta perjudicial, porque al desgrasar la piel se favorece la aparición de dermitis.

Las salpicaduras de gel - coat, resina, acelerador y diluyente, deben ser lavadas con agua fresca y jabón, y rápidamente si interesan alguna parte de la piel que esté lastimada.

En caso de salpicaduras de catalizador, es conveniente lavar primero con bastante alcohol.

No se lave con agua caliente.

Las fibras de vidrio no son demasiado perjudiciales, carecen de la toxicidad de la lana de vidrio, pero suelen producir picor y hasta panadizos si no se toman precauciones (uso de guantes, ropa holgada, frecuentes lavados, etc.).

Digamos finalmente que existen personas particularmente sensibles a las fibras de vidrio, o a los vapores de diluyente, o a las salpicaduras de gel - coat, y que por lo tanto deben evitar todo contacto con estos materiales.

ACCIDENTES EN LOS OJOS:

Es imprescindible el uso de anteojos de seguridad siempre que se vaya a trabajar con líquidos o sólidos que puedan salpicar o astillarse respectivamente.

No tiene ningún sentido hablar de "mala suerte" si se estaba trabajando sin anteojos.

En caso de salpicaduras de catalizador en los ojos, lávese rápidamente con un chorro de solución de bicarbonato de sodio al 2 %, y enseguida rompa dos o más ampollas de vitamina C inyectable (tipo Redoxon de 1000 mg) volcando el contenido sobre los ojos del accidentado.

Trate de que éste parpadee lo menos posible para evitar lesiones, y al lavar sepárele ligeramente los párpados para asegurar una higiene bien completa de la zona afectada.

Después de esto, lleve rápidamente al accidentado al oculista.

Si la salpicadura es de resina, gel - coat, diluyente o acelerante, lave el ojo afectado con abundante agua, separando ligeramente los párpados del globo ocular para que ésta llegue a limpiar todo el ojo.

Mantenga así al accidentado con el ojo bajo una suave corriente de agua durante unos quince minutos, y aplíquele un colirio.

El oculista le dará el tratamiento adecuado para después.

ACCIDENTES CON LOS VAPORES DE DILUYENTE:

Debe cuidarse la ventilación del taller de manera de evitar la concentración de vapores de diluyente.

El monómero de estireno actúa sobre el sistema nervioso central, pudiendo llevar a la pérdida del conocimiento si la concentración del aire es de 1000 partes por millón o más (se acepta como nivel normal para una jornada de ocho horas, 100 ppm).

En concentraciones más bajas, actúa como irritante de los ojos y vías respiratorias superiores.

Este último efecto, junto con su mal olor, provee al operario de una especie de alarma natural que hace que este tipo de accidentes sean raros.

En caso de intoxicación con vapores de diluyente, basta en general con llevar al accidentado al aire libre; en casos extremos puede ser necesario practicarle respiración artificial, pero nunca intente reanimarlo acercándole a la nariz cosas de olor penetrante.

Recuerde que además de irritantes y narcóticos, los vapores de diluyente son inflamables y hasta explosivos.

ACCIDENTES POR INGESTION:

En caso de ingestión de gel - coat o resina, debe hacerse vomitar al accidentado.

Para esto dele a tomar un cuarto litro de agua y luego póngale sus dedos en la base de la lengua, o dele a probar agua tibia con jabón.

Hágale tomar leche, y llévelo rápidamente al médico.

Nunca suministre eméticos (ni ninguna otra cosa por vía oral) si el accidentado se encuentra inconsciente.

INCENDIOS:

En caso de producirse un incendio en el depósito, debe cortarse rápidamente el suministro de electricidad y atacarse con extinguidores de espuma química.

Si el incendio es de grandes proporciones, sólo el agua, y en cantidades abundantes, puede apagarlo.

Si el fuego es de poca magnitud, y sólo en este caso, puede intentarse apagarlo con matafuegos de gas carbónico.

Recuerde que los extinguidores son aparatos cuyo manejo debe aprenderse con tiempo, son demasiado frecuentes los casos de quemaduras causadas por su uso en forma incorrecta.

Recuerde también que, por regla general, el matafuegos que se usa es el que está más cerca del incendio, de modo que es conveniente que tenga siempre extinguidores de espuma química donde haya resina o gel - coats.

PRIMEROS AUXILIOS:

Salpicaduras de catalizador:

En la piel: lavar con alcohol y luego agua fría y jabón. Aplicar pomada cicatrizante tipo Hipoglós.

En los ojos: lavar con solución de bicarbonato de sodio al 5 %, e inmediatamente con el contenido de una o más ampollas de Redoxon inyectable; llevar rápidamente al oculista.

Salpicaduras de resina, gel - coat o diluyente

En la piel: lavar a fondo con agua fría y jabón.

En los ojos: lavar durante 15 minutos con abundante agua. Aplicar colirio tipo Kalopsis u Otto.

Ingestión de resina, gel - coats o diluyente

Dar a tomar un cuarto litro de agua y luego hacer vomitar al accidentado poniéndole los dedos sobre la base de la lengua.

Darle de tomar leche y llevar rápidamente al médico.

COMPLEMENTO DEL BOTIQUIN PARA ESTE TIPO DE ACCIDENTES:

Un pan de algún buen jabón neutro.

Pomada cicatrizante del tipo Hipoglós.

Solución de bicarbonato al 2 % puesta en un frasco vertedor para el lavado de los ojos.

Colirio tipo Kalopsis u Otto.

Ampollas de vitamina C tipo Redoxon inyectable de 1000 miligramos.

PARA EL MEDICO:

Los llamados gel - coat y resina, están compuestos fundamentalmente por poliesteres no saturados disueltos en monómero de estireno.

El poliester contiene algunos irritantes primarios (glicolres, annidridos de ácidos orgánicos) pero en muy pequeña cantidad.

El estireno en cambio puede producir una fuerte irritación en la boca, esófago y estómago si es ingerido oralmente, y de todas las vías respiratorias si es aspirado, pero su toxicidad es baja; resulta fatal sólo cuando se respira por más de media hora en ambiente que contenga más de 10.000 partes por millón de monómero de estireno.

Ni el poliester ni el estireno son solubles en agua, de modo que las salpicaduras de resina, gel - coat, etc. deben quitarse con solventes (benzol, acetona) o bien agua jabonosa, si hay heridas.

El llamado "acelerante" o "acelerador" o "cobalto", es un jabón de cobalto disuelto en monómero de estireno, con una concentración de cobalto metálico de 5 mg. por mililitro.

El llamado "catalizador", es un peróxido orgánico poco soluble en agua, de poder oxidante similar al agua oxigenada de 150 volúmenes, disuelto en un éster ligeramente ácido.

Se absorbe por la piel.

En caso de salpicaduras en los ojos, puede ser destruído con un reductor (por ejemplo, vitamina C).

El llamado "agente de despegue", es una solución de poli-alcohol vinílico (PVAl) en una mezcla de alcohol metílico y agua.

Carece de toxicidad, exceptuando el alcohol metílico.

En caso de ingestión, basta con haberlo hecho vomitar.

Existe además otro "agente de despegue" que es una cera disuelta en solvente.

☆ ☆ ☆

Crucero SEA STAR, tipo day-cruiser, fabricado en plástico reforzado por Astilleros Fiart S.P.A. de Italia. Tiene una eslora total de 7,50 m. y 2,46 m. de manga máxima y desplaza (sin unidad propulsora) 800 kg. Está adecuado a la instalación de uno o dos motores dentro-fuera de borda, de hasta 260 HP.

Lancha tipo automóvil "Mariner" construída en plástico reforzado por el astillero Fiart de Italia. Sus características son:

Eslora total = 4,02 m.
Manga máxima = 1,68 m.
Puntal al centro = 0,68 m.
Desplazamiento = 190 Kg.
Máxima potencia aplicable = 50 HP.

El "Sport fisherman 25", construído en plástico reforzado por la firma Bertram (U.S.A.), es un crucero semi-cabina destinado especialmente a la pesca deportiva. Sus características principales son:

Eslora total = 7,81 m.
Manga = 3,02 m.
Desplazamiento = 2.315 Kg.

Está equipado con dos motores del tipo dentro-fuera de borda de 165 HP cada uno.

La firma italiana "Nautiplast", fabrica este pequeño deslizador a vela en plástico reforzado, el "Spark-S". Sus características son las siguientes:

Eslora total = 4,13 m.
Manga = 1,22 m.
Puntal = 0,40 m.
Peso total = 50 Kg.
Superficie vélica = 9,60 m^2

El "Arcachonnais", es un pequeño velero de orza con cabina, construído en plástico reforzado por el astillero Jeanneau de Francia.

Sus características son:

Eslora total = 5,22 m.
Eslora en flotación = 4,65 m.
Manga máxima = 2,30 m.
Calado = 0,43 m.
Calado con orza = 1.00 m.
Desplazamiento = 525 Kg.
Superficie vélica = 14 m^2

Veleros de dimensiones importantes son construídos en la actualidad en plástico reforzado. En la foto, se aprecia el "ALFA – 12,70" producido en serie por el astillero Alpa de la ciudad de Cremona (Italia). Las características principales de este velero son las siguientes:

Eslora total = 12,70 m.
Eslora en flotación = 9,15 m.
Manga = 3,48 m.
Calado máximo = 2,06 m.
Superficie vélica = 73 m^2

Cuenta con un motor auxiliar de 45 HP de potencia.

Crucero con cabina "SUVERYOR" que fabrica en plástico reforzado Astilleros FIART de Italia. Sus características son:

Eslora total = 5,64 m.
Manga máxima = 2,00 m.
Desplazamiento (sin motor) = 450 Kg.

Potencia máxima admisible = Motores dentro-fuera de borda de 90 a 115 HP.

El "Marinella", es un pequeño bote utilitario con fondo tipo trimarán que fabrica el Astillero FIART de Italia. Con 3,15 m. de eslora y 1,50 m. de manga, desplaza sólo 55 Kg. y tiene capacidad para cuatro personas. Está previsto para la propulsión con motores del tipo de fuera de borda de hasta 10 HP de potencia.

BIBLIOGRAFIA

DUILIO D'ARSIE — Los Plásticos Reforzados con Fibras de Vidrio

Editorial Americalée - Buenos Aires.

J. GORDON COOK — Enciclopedia del Plástico.

Editorial Hobby - Buenos Aires.

JUAN BAADER — Cruceros y Lanchas Veloces.

Edit. Náutica Baader - Buenos Aires.

POLIPERL S.A.I.C. — Boletines Técnicos

VIDRIOTECNICA TEXTIL S.A.C.I. — Boletines Técnicos.

MIGUEL A. SEGOVIA — Plásticos Modernos.

Editorial Hobby - Buenos Aires.

EDUARDO E. SICILIANO — Diseño y Construcción de Pequeño Botes, Cruceros y Veleros.

Editorial Hobby - Buenos Aires.

JORGE M. ITHURBIDE — Construcción del Yate.

Editorial Glem - Buenos Aires